高等学校教材

计算机应用

Web程序设计
——ASP.NET实用网站开发

沈士根 汪承焱 许小东 编著

清华大学出版社

北京

内 容 简 介

　　ASP. NET 是 Web 应用程序开发的主流技术。本书以 Windows Server 2003 Standard、Visual Studio 2008 和 SQL Server 2005 Express 为开发平台，以技术应用能力培养为主线，介绍网站配置、开发环境、与 ASP. NET 3.5 结合的 C♯ 2008 基础、ASP. NET 3.5 常用服务器控件、用户控件、验证控件、状态管理、数据源控件和 LINQ 访问数据库、数据绑定控件、用户和角色管理、主题、母版、Web 部件、网站导航、ASP. NET AJAX、Web 服务、WCF 服务、文件处理等，最后的实例 MyPetShop 综合了开发全过程，为读者提供了 ASP. NET 3.5 网站开发的学习模板。书中包含的实例来自作者多年的教学积累和项目开发经验，颇具实用性。

　　为方便教师教学和读者自学，本书有配套的实验指导书《Web 程序设计——ASP. NET 上机实验指导》，还有免费配套的课件、教学大纲、实验大纲、实例源代码等。

　　本书概念清晰，逻辑性强，内容由浅入深、循序渐进，适合高等院校计算机相关专业的 Web 程序设计、网络程序设计、Web 数据库应用等课程的教材，也适合对 Web 应用程序开发有兴趣的人员自学使用。希望本书能成为初学者从入门到精通的阶梯。

图书在版编目（CIP）数据

Web 程序设计：ASP.NET 实用网站开发/沈士根，汪承焱，许小东编著. —北京：清华大学出版社，2009.5

（高等学校教材·计算机应用）

ISBN 978-7-302-19803-1

Ⅰ. W…　Ⅱ. ①沈…　②汪…　③许…　Ⅲ. 主页制作－程序设计－高等学校－教材

Ⅳ. TP393.092

中国版本图书馆 CIP 数据核字（2009）第 045645 号

责任编辑：闫红梅　李　晔
责任校对：焦丽丽
责任印制：杨　艳

出版发行：清华大学出版社　　　　　　　　　　　地　　　址：北京清华大学学研大厦 A 座
　　　　　http：//www.tup.com.cn　　　　　　 邮　　　编：100084
　　　　　社　总　机：010-62770175　　　　 邮　　　购：010-62786544
　　　　　投稿与读者服务：010-62776969，c-service@tup.tsinghua.edu.cn
　　　　　质　量　反　馈：010-62772015，zhiliang@tup.tsinghua.edu.cn
印　刷　者：北京市清华园胶印厂
装　订　者：三河市新茂装订有限公司
经　　　销：全国新华书店
开　　　本：185×260　印　张：25.5　字　　数：621 千字
版　　　次：2009 年 5 月第 1 版　　印　　　次：2009 年 5 月第 1 次印刷
印　　　数：1～3000
定　　　价：39.00 元

　　本书如存在文字不清、漏印、缺页、倒页、脱页等印装质量问题，请与清华大学出版社出版部联系调换。联系电话：(010)62770177 转 3103　　　产品编号：032451-01

出版说明

改革开放以来,特别是党的十五大以来,我国教育事业取得了举世瞩目的辉煌成就,高等教育实现了历史性的跨越,已由精英教育阶段进入国际公认的大众化教育阶段。在质量不断提高的基础上,高等教育规模取得如此快速的发展,创造了世界教育发展史上的奇迹。当前,教育工作既面临着千载难逢的良好机遇,同时也面临着前所未有的严峻挑战。社会不断增长的高等教育需求同教育供给特别是优质教育供给不足的矛盾,是现阶段教育发展面临的基本矛盾。

教育部一直十分重视高等教育质量工作。2001 年 8 月,教育部下发了《关于加强高等学校本科教学工作,提高教学质量的若干意见》,提出了十二条加强本科教学工作提高教学质量的措施和意见。2003 年 6 月和 2004 年 2 月,教育部分别下发了《关于启动高等学校教学质量与教学改革工程精品课程建设工作的通知》和《教育部实施精品课程建设提高高校教学质量和人才培养质量》文件,指出"高等学校教学质量和教学改革工程"是教育部正在制定的《2003—2007 年教育振兴行动计划》的重要组成部分,精品课程建设是"质量工程"的重要内容之一。教育部计划用五年时间(2003—2007 年)建设 1500 门国家级精品课程,利用现代化的教育信息技术手段将精品课程的相关内容上网并免费开放,以实现优质教学资源共享,提高高等学校教学质量和人才培养质量。

为了深入贯彻落实教育部《关于加强高等学校本科教学工作,提高教学质量的若干意见》精神,紧密配合教育部已经启动的"高等学校教学质量与教学改革工程精品课程建设工作",在有关专家、教授的倡议和有关部门的大力支持下,我们组织并成立了"清华大学出版社教材编审委员会"(以下简称"编委会"),旨在配合教育部制定精品课程教材的出版规划,讨论并实施精品课程教材的编写与出版工作。"编委会"成员皆来自全国各类高等学校教学与科研第一线的骨干教师,其中许多教师为各校相关院、系主管教学的院长或系主任。

按照教育部的要求,"编委会"一致认为,精品课程的建设工作从开始就要坚持高标准、严要求,处于一个比较高的起点上;精品课程教材应该能够反映各高校教学改革与课程建设的需要,要有特色风格、有创新性(新体系、新内容、新手段、新思路,教材的内容体系有较高的科学创新、技术创新和理念创新的含量)、先进性(对原有的学科体系有实质性的改革和发展、顺应并符合新世纪教学发展的规律、代表并引领课程发展的趋势和方向)、示范性(教材所体现的课程体系具有较广泛的辐射性和示范性)和一定的前瞻性。教材由个人申报或各校推荐(通过所在高校的"编委会"成员推荐),经"编委会"认真评审,最后由清华大学出版社审定出版。

目前,针对计算机类和电子信息类相关专业成立了两个"编委会",即"清华大学出版社计算机教材编审委员会"和"清华大学出版社电子信息教材编审委员会"。首批推出的特色精品教材包括:

(1) 高等学校教材·计算机应用——高等学校各类专业,特别是非计算机专业的计算机应用类教材。

(2) 高等学校教材·计算机科学与技术——高等学校计算机相关专业的教材。

(3) 高等学校教材·电子信息——高等学校电子信息相关专业的教材。

(4) 高等学校教材·软件工程——高等学校软件工程相关专业的教材。

(5) 高等学校教材·信息管理与信息系统。

(6) 高等学校教材·财经管理与计算机应用。

清华大学出版社经过 20 多年的努力,在教材尤其是计算机和电子信息类专业教材出版方面树立了权威品牌,为我国的高等教育事业做出了重要贡献。清华版教材形成了技术准确、内容严谨的独特风格,这种风格将延续并反映在特色精品教材的建设中。

清华大学出版社教材编审委员会

E-mail:dingl@tup.tsinghua.edu.cn

目前,Web 程序设计一般都使用 ASP. NET、JSP 或 PHP。ASP. NET 由 Microsoft 提出,易学易用、开发效率高,可配合任何一种 . NET 语言进行开发。JSP 由 Sun 提出,需配合使用 Java 语言。PHP 的优点是开源,缺点是缺乏大公司支持。JSP 和 PHP 较之于 ASP. NET 要难学。实际上,国内外越来越多的软件公司,开始应用 ASP. NET 技术进行 Web 应用系统开发。

ASP. NET 3.5 建立在 . NET Framework 3.5 的基础上,是 Microsoft 目前最新的 Web 应用系统开发版本。它强调开发人员的工作效率,着力提升系统运行性能和可扩展性。新增的 LINQ 技术直接将操作数据库的功能引入到 . NET Framework 3.5 支持的语言中,实现与编程语言的整合。新增的 ASP. NET AJAX 极大地简化了网站中使用 AJAX 特性的方式,而且在其开发平台 Visual Studio 2008 中可以直接调试 JavaScript。

本书紧扣基于 ASP. NET 3.5 的 Web 应用程序开发所需要的知识、技能和素质要求,以技术应用能力培养为主线构建教材内容;强调以学生为主体,覆盖基础知识和理论体系,突出实用性和可操作性,强化实例教学,通过实际训练加强对理论知识的理解;注重知识和技能结合,把知识点融入到实际项目的开发中。在这种思想指导下,本书内容组织如下:

第 1 章着重介绍 ASP. NET 3.5 的运行和开发环境、网站配置等。

第 2 章以知识够用原则介绍 ASP. NET 3.5 Web 应用程序开发的准备知识,主要包括核心的 XHTML 元素、网页模型、实现布局的 CSS、提高用户体验的 JavaScript、标准的数据交换格式语言 XML、配置文件等。

第 3 章给出了 C# 2008 的浓缩版,并且在介绍时直接与 ASP. NET 3.5 结合。

第 4 章和第 5 章介绍 ASP. NET 3.5 标准控件和验证控件应用。

第 6 章介绍 ASP. NET 3.5 网页运行时的 HTTP 请求、响应、状态管理机制。

第 7 章介绍利用数据源控件和 LINQ 技术访问数据库。其实,熟练掌握 LINQ 技术可实现任何数据访问要求。

第 8 章介绍利用数据绑定控件呈现数据库中数据的技术。

第 9 章从用户和角色管理角度介绍 ASP. NET 3.5 的安全性,以及利用登录系列控件建立安全页的技术。

第 10 章从网站整体风格统一角度介绍主题、母版、用户控件，还介绍了目前越来越流行的个性化服务所需要的 Web 部件。

第 11 章介绍网站导航技术。

第 12 章介绍能给用户提供最佳体验的 ASP.NET AJAX 技术。

第 13 章介绍 Internet 上广泛调用的 Web 服务和 Microsoft 新推出的 WCF 服务。

第 14 章介绍 Web 服务器上的文件处理。

第 15 章纵览全局，以一个综合实例 MyPetShop 综合 ASP.NET 3.5 Web 应用程序开发全过程，给出了一个很好的学习模板。

本书以 Windows Server 2003 Standard、Visual Studio 2008 和 SQL Server 2005 Express 为开发平台，使用 C♯ 2008 开发语言，提供大量来源于作者多年教学积累和项目开发经验的实例。

为方便教师教学和读者自学，本书有配套的实验指导书《Web 程序设计——ASP.NET 上机实验指导》，还有配套的免费课件、教学大纲、实验大纲、实例源代码等。有关课件、实例源代码等可到 http://www.tup.com.cn 下载。

本书概念清晰，逻辑性强，内容由浅入深、循序渐进，适合作为高等院校计算机相关专业的 Web 程序设计、网络程序设计、Web 数据库应用等课程的教材，也适合对 Web 应用程序开发有兴趣的人员自学使用。

本书由沈士根负责统稿，其中，沈士根编写了第 1～9 章，汪承焱编写了第 10～14 章，许小东编写了第 15 章。应红振为综合实例 MyPetShop 的开发和调试投入了很多精力。在此一并表示衷心感谢。

希望本书能成为初学者从入门到精通的阶梯。书中存在的疏漏及不足之处，欢迎读者发邮件与我们共同交流，以便再版时改进。我们的邮箱是：ssgwcyxxd@gmail.com。

编　者

2008 年 12 月

目 录

实例目录

第 1 章

ASP.NET 3.5预备知识

本章要点:

☞ 了解 ASP.NET 3.5 的基础 .NET Framework。

☞ 熟悉 ASP.NET 3.5 运行环境、网站设置、虚拟目录设置。

☞ 熟悉 ASP.NET 3.5 的开发环境 Visual Studio 2008。

☞ 掌握创建网站、发布网站、复制网站的过程。

1.1 .NET Framework

.NET Framework 是一套应用程序开发框架,主要目的是要提供一个一致的开发模型,其最新版本是 .NET Framework 3.5。本节将介绍 .NET Framework 概述和 .NET Framework 3.5 体系结构。

1.1.1 .NET Framework 概述

作为 Windows 的一种组件,.NET Framework 为下一代应用程序和 XML Web 服务提供支持。在 .NET Framework 提出时,Microsoft 确定要实现下列目标:提供一个一致的面向对象的编程环境;提供一个将软件部署和版本控制冲突最小化的执行环境;提供一个可提高代码安全性的执行环境;提供一个可消除因脚本或解释执行而导致性能下降的执行环境;使开发人员在面对 Windows 应用程序和 Web 应用程序时保持一致。

.NET Framework 具有两个主要组件:公共语言运行库(Common Language Runtime, CLR)和 .NET Framework 类库。CLR 是 .NET Framework 的基础,提供内存管理、线程管理和远程处理等核心服务,并且还强制实施严格的类型安全,提高代码执行的安全性和可靠性。通常把以 CLR 为基础运行的代码称为托管代码,而不以 CLR 为基础运行的代码称为非托管代码。.NET Framework 类库完全面向对象,与 CLR 紧密集成,可以使用它开发多种应用程序和服务。主要包括控制台应用程序、Windows 窗体应用程序、Windows Presentation Foundation (WPF)应用程序、ASP.NET 网站、Web 服务、Windows 服务、基于 WCF 的面向服务的应用程序和基于 WF 的启用工作流程的应用程序等。

1.1.2   .NET Framework 3.5 体系结构

.NET Framework 3.5 包含 .NET Framework 2.0、.NET Framework 2.0 SP1、.NET Framework 3.0 和 .NET Framework 3.0 SP1。如果在计算机上安装 .NET Framework 3.5 时缺少这些组件，则会自动安装它们。.NET Framework 3.5 与 .NET Framework 2.0 使用相同的 CLR 和基类库。其中 .NET Framework 2.0 包含了 CLR、对泛型类型和方法的支持、语言（C♯、Visual Basic、C++ 和 J♯）的编译器、基类库、ADO.NET、ASP.NET、Windows 窗体和 Web 服务等。

.NET Framework 3.0 引入了 WPF、WCF、WF。WPF 是一组 .NET Framework 类型，可用于创建 Windows 客户端应用程序的可视外观。WPF 包括许多功能，如可扩展应用程序标记语言（Extensible Application Markup Language，XAML）、控件、数据绑定、布局、二维和三维图形、动画、样式、模板、文档、媒体、文本和版式等。WCF 实质是一个类库和一组 API，用于创建在 Web 服务与客户端之间发送消息的系统。WF 实质是一种编程模型、引擎和工具，用于在 Windows 上快速生成启用工作流的应用程序。

.NET Framework 3.5 引入了 LINQ 查询、语言（C♯、Visual Basic 和 C++）的新编译器、ASP.NET AJAX 和一些附加类。

1.2   ASP.NET 概述

ASP.NET 基于 .NET Framework，使用 .NET 语言调用 .NET Framework 类库，实现 Web 应用系统开发，其最新版本是 ASP.NET 3.5。本节将概要介绍 ASP.NET 和 ASP.NET 3.5。

1.2.1   ASP.NET 是什么

ASP.NET 是一个统一的 Web 开发模型，能使用尽可能少的代码生成企业级 ASP.NET 网站所必需的各种服务。概括起来，ASP.NET 具有以下特性。

1. 与 .NET Framework 完美整合

ASP.NET 作为 .NET Framework 的一部分，可以像开发其他 .NET 应用程序一样地使用类库，也就是说在 Microsoft 提供的开发工具 Visual Studio 2008 中，ASP.NET 网站和 Windows 应用程序的开发原理是一致的。并且，ASP.NET 网站的开发可使用任何一种 .NET 语言，本书的所有实例均采用 C♯ 2008。

2. ASP.NET 是编译型而非解释型的

ASP.NET 网站的编译有两个阶段。第一阶段，当 ASP.NET 页面被首次访问或 ASP.NET 网站被预编译时，包含的语言代码将被编译成微软中间语言（Microsoft Intermediate Lanuage，MSIL）代码，这种编译模式使得 ASP.NET 网站可以使用不同的后台语言进行混合编程。第二阶段，当 ASP.NET 页面实际执行前，MSIL 代码将以即时编译（Just-In-Time, JIT）形式被编译成机器语言。图 1-1 给出了编译流程。

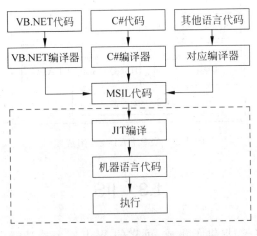

图 1-1　ASP.NET 页面编译流程图

1.2.2　ASP.NET 3.5

自 Microsoft 提出 ASP.NET 至今，已历经 1.0、1.1、2.0、3.5 版本。

与 ASP.NET 1.x 相比，ASP.NET 2.0 在提高开发效率、简化管理和提高性能等方面进一步增强。主要表现在：更丰富的服务器控件，增加了 40 多个控件类；增加了主题和母版页，使得网站更容易建立统一的风格和布局；成员资格和角色管理实现了模块化和自动化的成员资格和角色管理模式；增加的数据控件能更加方便地连接数据源和绑定数据；Web 部件的增加为用户浏览页面提供了布局调整等多种个性化页面功能；个性化用户配置的增加为存储单个用户的配置数据提供了方便。

与 ASP.NET 2.0 相比，ASP.NET 3.5 是一个逐步演进的版本。与 .NET Framework 3.5 类似，ASP.NET 3.5 在 ASP.NET 2.0 基础上增加了功能，而保留了 ASP.NET 2.0 中的 CLR、ASP.NET 引擎、类库，所以，在构建 ASP.NET 3.5 网站时，选择的 ASP.NET 版本为 2.0.50727。但在编译 ASP.NET 3.5 网站时使用新的 C# 2008 编译器和 VB 2008 编译器。图 1-2 给出了 ASP.NET 3.5 的组成。

ASP.NET 3.5 新增的语言集成查询（Lanuage Integrated Query, LINQ）提供了一种跨各种数据源和数据格式查询数据的一致模型，可以使用相同的基本编码模式来查询 XML 文档、SQL 数据库、DataSet 和 .NET 集合中的数据。目前使用 LINQ 的形式主要有 LINQ to XML、LINQ to SQL、LINQ to DataSet 和 LINQ to Objects。

另外，ASP.NET 3.5 新增的 ASP.NET AJAX 极大地简化了在 ASP.NET 3.5 网站中使用 AJAX 特性的方式，而且在 Visual Studio 2008 中还可以调试页面上使用的 JavaScript。ASP.NET 3.5 AJAX 主要包括客户端脚本库和服务器组件两大部分。客户端脚本库提供了组件支持、浏览器兼容性、网络和核心服务的库。服务器组件提供了一组服务器控件，用于管理用户界面、验证和控件扩展等。

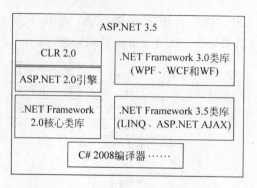

图 1-2　ASP.NET 3.5 组成图

1.3　IIS

　　IIS(Internet 信息服务)提供了集成、可靠的 Web 服务器功能,实际运行的 ASP.NET 网站需要 IIS 支持。IIS 的版本与不同的操作系统有关,如 Windows Server 2008 和 Windows Vista 对应 IIS 7.0,Windows Server 2003 对应 IIS 6.0。本节将介绍 IIS 6.0 的安装及配置。

　　注意:采用 Visual Studio 2008 开发工具建立网站时,若选择"文件系统"网站,则可以不安装 IIS。

1.3.1　IIS 的安装

　　IIS 安装需要对应操作系统的光盘,下面以 Windows Server 2003 上安装 IIS 6.0 为例说明。

　　(1)选择"开始"→"设置"→"控制面板"→"添加或删除程序"命令。单击"添加/删除 Windows 组件"图标。

　　(2)选择"应用程序服务器"复选框,如图 1-3 所示。

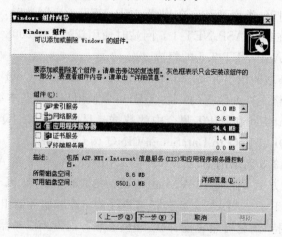

图 1-3　选择"应用程序服务器"复选框

（3）单击"详细信息（D）"按钮，如图 1-4 所示，选择 ASP.NET 复选框。

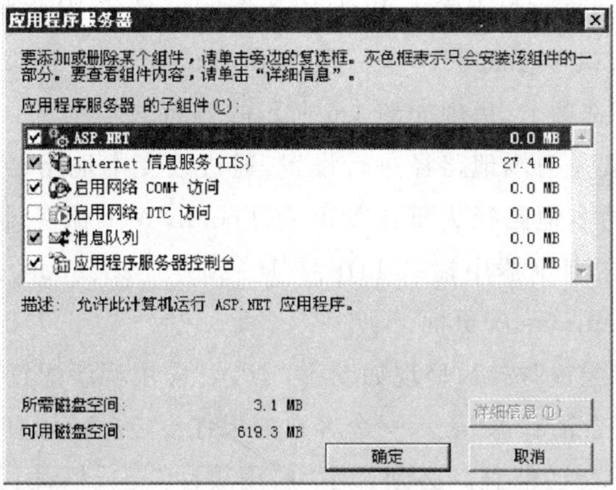

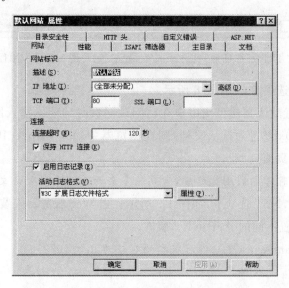

图 1-4 选择 ASP.NET 复选框

注意：若 IIS 在 Visual Studio 2008 安装后再安装，为使 IIS 能运行 ASP.NET 3.5 页面，需注册 ASP.NET。其步骤是：选择"开始"→"程序"→Microsoft Visual Studio 2008 → Visual Studio Tools 命令，在 Visual Studio 2008 命令提示对话框中再输入命令 aspnet_regiis-i 完成注册。

1.3.2 IIS 网站设置

IIS 安装完后，网站运行前需要一定的配置，主要步骤如下：

（1）选择"开始"→"程序"→"管理工具"→"Internet 信息服务（IIS）管理器"命令。

（2）选择"网站"选项卡，右击"默认网站"，在弹出的快捷菜单中选择"属性"命令，呈现如图 1-5 所示的界面。

图 1-5 "默认网站属性"对话框

在图 1-5 中,主要对"TCP 端口"进行设定。在默认的情况下,HTTP 协议的端口号为 80,用户在访问网站中网页时只需输入 Web 服务器的域名或 IP 地址就可以了,如 http://10.200.1.23,但若将端口号改成 8000,则访问形式变成 http://10.200.1.23:8000。

(3) 单击"主目录"选项卡,呈现如图 1-6 所示的界面。

在图 1-6 中,最主要是对本地路径进行设置,通过改变本地路径,可以使网站对应不同的内容。如网站对应的本地路径为 E:\ASPNETbook,Web 服务器 IP 地址为 10.200.1.23,端口号为 8000,则在浏览器中输入 http://10.200.1.23:8000/default.aspx 表示访问 E:\ASPNETbook\default.aspx 页面。

在图 1-6 中,单击"配置"按钮,呈现如图 1-7 所示"应用程序配置"对话框。

在图 1-7 中,"启用会话状态"表示一个客户如果在设定"会话超时"期限内没有操作,则服务器会放弃该用户的会话信息。必须选中"启用缓冲"复选框,因为 ASP.NET 3.5 网站需要利用缓冲输出数据。

图 1-6 "主目录"选项卡

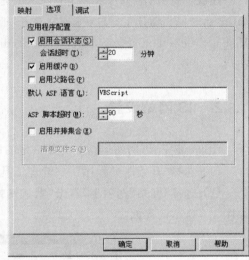

图 1-7 "应用程序配置"对话框

(4) 单击"文档"选项卡,如图 1-8 所示。

在图 1-8 中,设置默认文档可使用户在访问该网页时即使不输入网页名也能访问该文档。如将 default.aspx 设置为默认文档,则在浏览器中输入 http://10.200.1.23:8000 即可访问 default.aspx 页面。

注意:实际使用时考虑到浏览速度,常删除多余的系统内置默认文档,仅保留一个。

(5) 切换到 ASP.NET 选项卡,如图 1-9 所示。当 Web 服务器安装有多个版本的 .NET Framework 时,可设置不同的 ASP.NET 版本。

注意:.NET Framework 2.0 以后版本均对应为 2.0.50727。

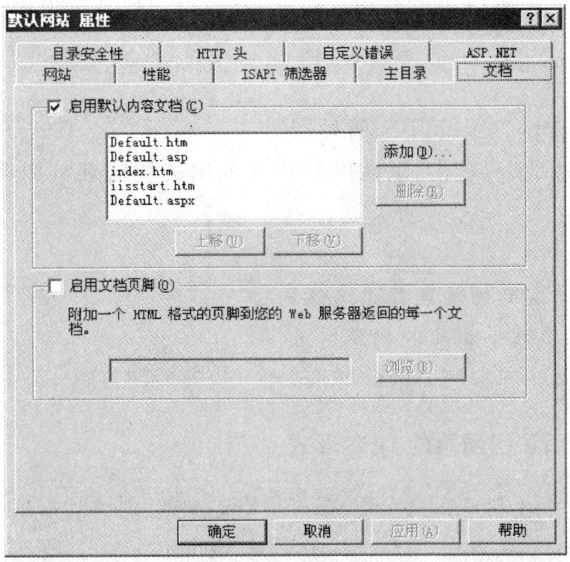

图 1-8 "文档"选项卡

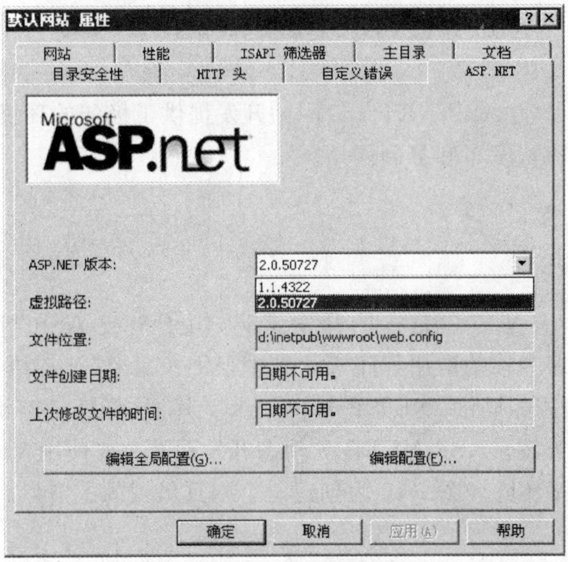

图 1-9 ASP.NET 选项卡

1.3.3 虚拟目录

虚拟目录是服务器硬盘上通常不在主目录下的文件夹的一个好记名称(别名)。由于别名可以设置成比物理目录的路径名短,便于用户输入。使用别名也较安全,因为用户不知道文件在服务器上的物理位置,所以无法使用这些信息来修改文件。使用别名也可以方便地移动站点中的文件夹,此时只需要更改别名与文件夹之间的映射即可。另外,使用别名还可以发布多个文件夹下的内容以供所有用户访问,并能单独控制每个虚拟目录的读写权限。

1. 创建虚拟目录的步骤

(1) 启动"Internet 信息服务(IIS)管理器"。

(2) 选择"网站"选项卡,右击"默认网站",在弹出的快捷菜单中选择"新建"→"虚拟目录"命令。

(3) 输入"别名"。

注意:"别名"可与实际的物理目录名不同。

(4) 输入"路径",也就是对应的物理目录。

(5) 设置虚拟目录访问权限,选择"读取"和"运行脚本"权限。

2. 建立虚拟目录后访问网页的 URL 形式

假设虚拟目录名 xxxy 对应 E:\ASPNETbook 文件夹,则访问 E:\ASPNETbook\default.aspx 的 URL 为:http://10.200.1.23:8000/xxxy/default.aspx。要访问 E:\ASPNETbook\chap7\7-2.aspx 的 URL 为:http://10.200.1.23:8000/xxxy/chap7/7-2.aspx。

1.4　Visual Studio 2008

Visual Studio 2008 为 ASP.NET 3.5 网站开发提供了极佳的环境。本节将介绍开发环境及常用配置,如何新建、发布和复制网站。

1.4.1　环境概览

Visual Studio 2008 是一套完整的开发工具,用于生成 ASP.NET 网站、XML Web Services、桌面应用程序和移动应用程序等。其中,VB、C♯、C++等语言都使用相同的集成开发环境(IDE),并使用相同的.NET Framework 类库,这样就能够实现工具共享,并轻松地创建混合语言解决方案。ASP.NET 3.5 动态开发网站主要使用 Visual Studio 2008 中的 Visual Web Developer 环境。图 1-10 为创建一个网页呈现的主窗口。

1. 工具栏

工具栏上提供了一些方便程序员编程工作的按钮。"向后定位" 按钮可以定位到文档先前访问过的位置。"启动调试" 按钮能启动网站调试过程。

注意: 按钮首先启动的是网站的启动项,所以在启动调试之前需要设置网站的启动页面。

"编排整个文档的格式" 按钮适用于当前窗口为"源"视图的窗口,对其中包含的 XHTML 元素、ASP.NET 元素自动编排格式。

"注释选中行" 按钮适用于在程序调试时对选中行集中注释。与此功能相反的是"取消对选中行的注释" 按钮。

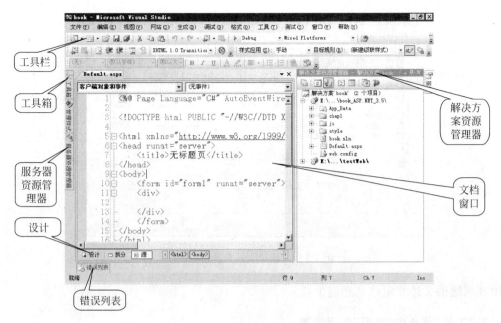

图 1-10　Visual Studio 2008 主窗口

2. 常用窗口

为能在屏幕上尽可能多地呈现文档窗口,大部分其他窗口都有"自动隐藏" 按钮,该按钮能使窗口自动隐藏。

在文档窗口中,源代码有三种视图呈现方式:"设计"、"拆分"和"源"。当处于源视图形式时,支持 IntelliSense(智能感知),即输入代码时能智能列出控件所有的属性和事件。要建立 ASP.NET 控件,可以直接从"工具箱"中拖放或双击,也可以直接在"源"视图中输入代码实现。

在"解决方案资源管理器"窗口中可以组织、管理目前正在编辑的项目,可以创建、重命名、删除文件夹和文件。右击不同的项目会弹出一些很常用的菜单,如建立各种类型文件、浏览建立的页面和设置项目启动项等。

在"属性"窗口中可方便设置 ASP.NET 控件、XHTML 元素等对象的属性。

注意:对初学者,建议通过属性窗口设置页面上 ASP.NET 控件和 XHTML 元素的属性,再由 Visual Studio 2008 自动生成源代码。

"工具箱"窗口针对不同类型的网页,提供不同组合的控件列表。要建立相应的控件,只需拖放或双击控件图标。在"工具箱"窗口中右击,在弹出的快捷菜单中选择"选择项"命令,呈现如图 1-11 所示的对话框,可添加 .NET Framework 组件、COM 组件、WPF 组件和Activities。

在"服务器资源管理器"窗口中可以打开数据库连接,显示数据库、系统服务等。如果将节点直接拖到项目中,就可以创建引用数据资源或监视其活动的数据组件。

在"错误列表"窗口中可以显示出编辑和编译代码时产生的"错误"、"警告"和"消息",可以查找 IntelliSense 所标出的语法错误,可以查找部署错误等。双击错误信息项,就可以打

图 1-11　"选择工具箱项"对话框

开出现问题的文件并定位到相应位置。

3."工具"菜单中"选项"常用设置

1）仅使用本地帮助

对初学者,建议在安装 Visual Studio 2008 时同时安装 MSDN。为了提高搜索关键字的载入速度,可选择如图 1-12 所示的"仅在本地尝试,而不联机尝试"。

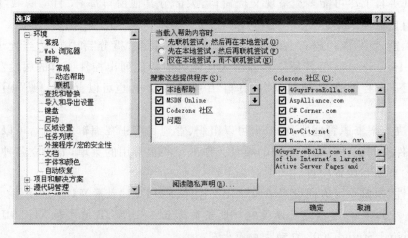

图 1-12　仅使用本地帮助界面图

2）设置编辑器

编辑器的设置主要包括字体和颜色等。例如,如图 1-13 所示,可以将字号调大一些,使学生能看清在"源"视图中呈现的代码。

3）输入 XHTML 元素属性值时自动加引号

Visual Studio 2008 建立的"HTML 页"默认遵循 XHTML 1.0 Transitional 标准,该标准要求对所有的 XHTML 元素的属性值加引号,选中"键入时插入属性值引号"复选框可以在输入 XHTML 元素属性值时自动加引号,如图 1-14 所示。

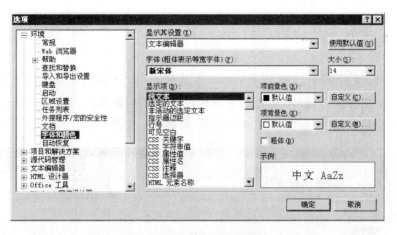

图 1-13 设置编辑器界面图

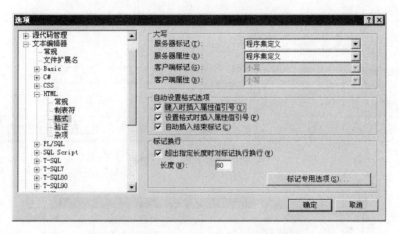

图 1-14 输入 XHTML 元素属性值时自动加引号设置界面图

4）添加行号

通过选中"行号"复选框能方便开发人员快速定位指定行，图 1-15 呈现了为所有语言添加行号的对话框。

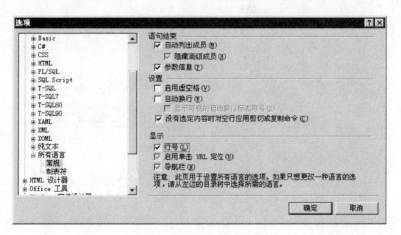

图 1-15 添加行号界面图

1.4.2　新建网站

网站开发前需新建网站,单击"文件"→"新建"→"网站"命令,呈现如图 1-16 所示的"新建网站"对话框。在图 1-16 中,可以为新建网站选择不同版本的 .NET Framework。单击"浏览"按钮,呈现如图 1-17 所示的"选择位置"对话框。

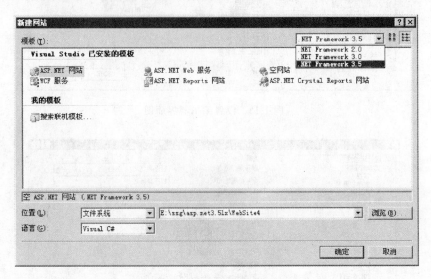

图 1-16　"新建网站"对话框

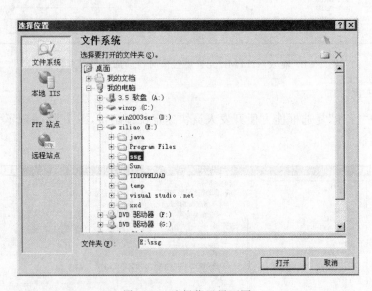

图 1-17　选择位置界面图

在图 1-17 中,"文件系统"、"本地 IIS"、"FTP 站点"和"远程站点"代表了不同的四种网站类型。

"文件系统"网站指将网站的文件放在本地硬盘上的一个文件夹中,或放在局域网上的一个共享位置。对网站的开发、运行和调试都无需 IIS 支持，而使用内置的 ASP.NET Development Server Web 服务器。

注意："文件系统"网站适合本机未安装 IIS 的开发人员运行和调试网站，当网站建完后，要部署到运行 IIS 的服务器上。

"本地 IIS"网站需要在本地安装 IIS。如图 1-18 所示，单击"创建新 Web 应用程序"按钮表示创建的网站文件夹存储在默认的"［驱动器］:\Inetpub\wwwroot"中。单击"创建新虚拟目录"按钮表示可以新建虚拟目录，从而可将网站的网页和文件夹存储在用户可以访问的任何文件夹中。

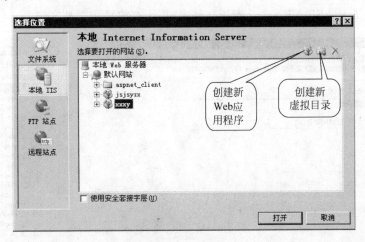

图 1-18 选择"本地 IIS"界面图

如图 1-19 所示，"FTP 站点"网站将网站建立在具有读/写权限的 FTP 服务器上，并在 FTP 服务器上创建和编辑网页。如果 FTP 服务器上配置有 ASP.NET 和一个指向 FTP 目录的 IIS 虚拟目录，则还可以运行、测试 ASP.NET 3.5 网页。

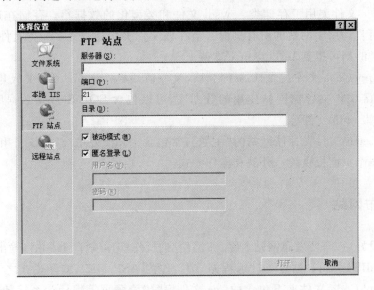

图 1-19 选择"FTP 站点"界面图

如图 1-20 所示，"远程站点"网站将网站建立在已安装 IIS 并配置有 Microsoft FrontPage 2002 服务器扩展的远程计算机上。网站的网页和文件夹存储在默认的"[驱动器]：\Inetpub\wwwroot"，并通过远程计算机上的 IIS 运行、测试网页。这种类型适合于多个开发人员同时使用同一个网站进行开发。但要注意的是，当一个开发人员调试远程网站时，所有的其他请求将被挂起。

如图 1-21 所示，本书创建的网站选择"文件系统"网站，并在网站所在文件夹中建立子文件夹。其中 js 文件夹存放 JavaScript 代码文件；style 文件夹存放独立的与主题无关的 css 文件；chap 开始命名的文件夹存放各章节源代码文件。另外，App_Code、App_Date、App_Themes 属于 ASP.NET 3.5 专用文件夹，用于存放特定类型文件。

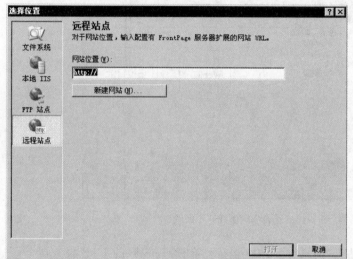
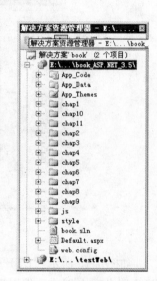

图 1-20 选择"远程站点"界面图   图 1-21 网站层次图

App_Code 文件夹用于存储类、.wsdl 文件和类型化的数据集。存储在这个文件夹中的所有项都可自动用于网站的所有页面。当在该文件夹中建立了 .cs 类文件后，Web 窗体中使用这些类时即可得到 IntelliSense 支持。

注意： App_Code 文件夹在预编译网站或发布网站后将被 bin 文件夹代替。

App_Data 文件夹存储网站使用的数据库，可以包含 SQL Server 数据库 .mdf 文件、Access 数据库 .mdb 文件等。

App_Themes 文件夹存储网站的"主题"，常包含 .skin 文件、.css 文件和图像文件等，使得网站上每个页面提供统一外观和操作方式。

1.4.3　发布网站

网站建设好后，需要发布网站。"发布网站"的操作将预编译网站并将输出复制到"文件系统"、"本地 IIS"、"FTP 站点"或"远程站点"。作为 ASP.NET 编译模式之一的预编译能将网站中 App_Code 文件夹下包含的 .cs 文件、代码隐藏页等编译为系统随机命名的 .dll 程序集文件，并发现任何编译错误，使得网页的初始响应速度更快且在发布的网站中不再包含任何 C♯程序代码。

注意：ASP.NET 3.5 的另一种编译模式为动态编译，即如果一个网页第一次访问或被修改保存后再被访问时，.NET 环境会自动调用编译器进行编译，并缓存编译输出。

"发布网站"的操作步骤如下：

右击网站项目名，在弹出的快捷菜单中选择"发布网站"命令，呈现如图 1-22 所示的对话框，单击 … 按钮，可选择将网站发布到"文件系统"、"本地 IIS"、"FTP 站点"或"远程站点"。

注意："发布网站"操作将删除目标文件夹中所有内容。

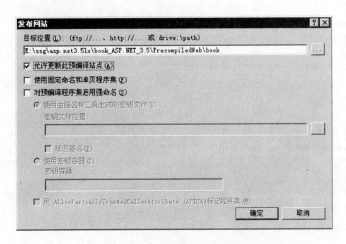

图 1-22　"发布网站"对话框

1.4.4　复制网站

"复制网站"实质是在当前网站与另一站点之间复制文件，对当前网站不会预编译。可以在 Visual Studio 2008 中创建的任何类型网站之间复制文件。复制网站时，同时支持同步功能，即能检查两个站点上的文件并确保所有文件都是最新的。

"复制网站"在无法从远程站点打开文件以进行编辑的情况下特别有用。可以使用"复制网站"将某个文件复制到本地计算机上，再编辑这个文件后将它们重新复制到远程站点。另外，"复制网站"还常用于将网站从"测试服务器"复制到"商业服务器"。

注意：为保护 C♯源代码不被随意窃取，可组合使用"发布网站"和"复制网站"。即先将网站发布到本地某个文件夹，再利用"复制网站"同步服务器网站上文件。

"复制网站"的操作步骤如下：

(1) 右击网站项目名，在弹出的快捷菜单中选择"复制网站"命令，呈现如图 1-23 所示的窗口，单击"连接到远程网站" 连接 按钮可选择将网站复制到"文件系统"、"本地 IIS"、"FTP 站点"或"远程站点"。

(2) 选择相应文件，再使用 → 按钮复制文件。

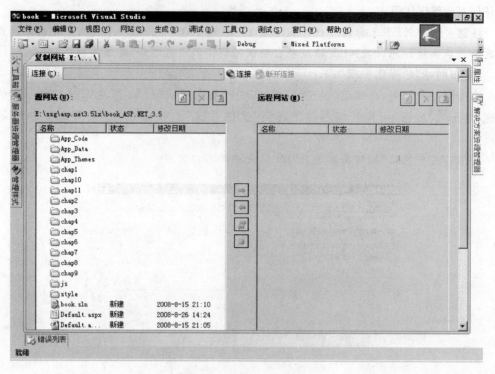

图 1-23 "复制网站"界面图

1.5 小   结

本章主要介绍 ASP.NET 3.5 网站开发的预备知识。

.NET Framework 3.5 为建立 ASP.NET 3.5 网站提供了基础。ASP.NET 3.5 是一个逐步演进的版本,在 ASP.NET 2.0 的基础上增加了 LINQ、ASP.NET AJAX 等,使动态网站的开发更加方便。IIS 为 ASP.NET 3.5 提供了运行环境,利用虚拟目录技术使得一个 Web 服务器可以提供不同内容的网站成为可能。Visual Studio 2008 为 ASP.NET 3.5 的开发提供了极佳的环境,可以非常方便地实现从建立网站到发布网站的全过程。

1.6 习   题

1. 填空题

(1).NET Framework 主要包括_____和_____。

(2) ASP.NET 网站在编译时,首先将语言代码编译成_____。

(3) 一台 IIS Web 服务器 IP 地址为 210.78.60.19,网站端口号为 8000,则要访问虚拟目录 xxxy 中 default.aspx 的 URL 为_____。

(4) 可以通过_____同步网站上的一个文件。

2. 是非题

（1）托管代码是以 CLR 为基础的代码。（　　　）

（2）ASP.NET 3.5 仍使用 ASP.NET 2.0 引擎。（　　）

（3）.NET Framework 3.0 是 .NET Framework 3.5 的一部分。（　　　）

（4）ASP.NET 3.5 是边解释边执行的。（　　　）

（5）在 Visual Studio 2008 环境中开发网站必须安装 IIS。（　　　）

3. 选择题

（1）.NET Framework 3.5 不包括（　　　）。

A. .NET Framework 1.1　　　　　　　B. .NET Framework 2.0

C. LINQ　　　　　　　　　　　　　D. ASP.NET AJAX

（2）下面（　　　）网站在建立时要求安装 Microsoft FrontPage 服务器扩展。

A. 文件系统　　　　B. 本地 IIS　　　　C. FTP 站点　　　　D. 远程站点

（3）发布网站后不可能存在的文件夹是（　　　）。

A. App_Data　　　　B. App_Code　　　　C. App_Themes　　　　D. bin

4. 简答题

（1）一个学校有多个分院，每个分院有各自的网站，如果仅提供一台 Web 服务器，如何设置？

（2）在访问一些网站时，为什么只需输入域名就可访问网站主页？

（3）"文件系统"、"本地 IIS"、"FTP 站点"和"远程站点"的区别是什么？

（4）查找资料，说明什么是虚拟主机。Internet 上提供的虚拟主机是如何运作的？

5. 上机操作题

（1）将一台计算机上某网站的端口号设置为 8001，从另一台计算机访问该网站。

（2）设置网站默认文档，使得在另一台计算机上仅输入 IP 地址即可访问主页。

（3）建立一个虚拟目录并能访问其中的网页。

（4）配置 Visual Studio 2008。

（5）新建一个网站并发布及复制网站。

第 **2** 章

创建第一个ASP.NET 3.5网站

本章要点：

☞ 了解 ASP.NET 3.5 网站组成。

☞ 熟悉 .htm 文件及 XHTML 常用元素。

☞ 理解 Web 窗体页的两种模型：单文件模型和代码隐藏页模型。

☞ 熟悉 CSS 样式定义、存放位置。

☞ 了解 JavaScript 常识，熟悉代码存放位置。

☞ 了解 XML 常识，熟悉 XML 文件结构。

☞ 熟悉 web.config 配置文件结构和配置方法。

2.1 .htm 文件和 XHTML

在 ASP.NET 3.5 网站中，.htm 文件是一种静态网页文件，它不包含任何服务器控件，而是由 HTML 元素组成。客户端浏览器访问 .htm 文件时，IIS 不经过任何处理就直接送往浏览器，由浏览器解释执行。在 Visual Studio 2008 中建立 .htm 文件，默认使用 XHTML 1.0 Transitional 文件类型。

可扩展超文本标记语言(eXtensible Hyper Text Markup Language，XHTML)是被国际标准化组织机构 W3C 认定，用于替代 HTML 的标记语言。它能被所有的浏览器识别，是网页生成的基础。所有包含 ASP.NET 元素的动态网页文件最终都要转化为相应的 XHTML 才能被浏览器识别。本节将介绍 .htm 文件结构和常用的 XHTML 元素。

2.1.1 .htm 文件结构

在 Visual Studio 2008 建立的 .htm 文件基本结构如下：

```
<!DOCTYPE html PUBLIC " - //W3C//DTD XHTML 1.0 Transitional//EN" "http://www.w3.org/TR/
xhtml1/DTD/xhtml1 - transitional.dtd">
<html xmlns = "http://www.w3.org/1999/xhtml">
<head>
    <title>无标题页</title>
```

```
</head>
<body>
  ⋮
</body>
</html>
```

其中所有的 XHTML 元素由＜、／、小写英文字母和＞组成，如＜html＞、＜/html＞。所有的元素都有结束标记，如开始元素为＜html＞，则结束元素为＜/html＞；有些结束标记包含在一个元素中，如＜br /＞。在开始和结束元素之间的内容则受到 XHTML 元素的控制，如"＜h1＞第一章＜/h1＞"在浏览器上将"第一章"以 1 级标题形式显示。若要进行更多的控制，可设置元素属性，如"＜font face＝"宋体"＞HTML 概述＜/font＞"在浏览器上将"HTML 概述"以宋体形式显示。

2.1.2　常用 XHTML 元素

常用的 XHTML 元素主要包括：

(1)＜!DOCTYPE...＞表示文档类型声明。

(2)＜html＞...＜/html＞表示这是一个 XHTML 文档，其他所有的 XHTML 元素都位于这两个元素之间。

(3)＜head＞...＜/head＞表示文档头部信息。

(4)＜title＞...＜/title＞表示浏览器标题栏中的信息，应包含于＜head＞...＜/head＞中。

(5)＜style＞...＜/style＞表示 CSS 样式信息，应包含于＜head＞...＜/head＞中。

(6)＜body＞...＜/body＞表示文档主体部分。

(7)＜p＞...＜/p＞表示一个段落。

(8)＜br /＞表示换行。

(9)＜hr /＞表示水平线。

(10)＜table＞

＜caption＞表格标题信息＜/caption＞

＜tr＞

　　＜td＞...＜/td＞ ＜td＞...＜/td＞

＜/tr＞

＜tr＞

＜td＞...＜/td＞ ＜td＞...＜/td＞

＜/tr＞

＜/table＞表示一个表格，其中＜tr＞表示一行，＜td＞表示一个单元格。

(11)＜a href＝"intro. htm"＞我的简介＜/a＞表示在浏览器上显示超链接"我的简介"，单击后链接到 intro. htm。

(12)＜a href＝"mailto:kxsg@21cn. com"＞我的邮箱＜/a＞表示浏览器上显示超链接"我的邮箱"，单击链接后给 kxsg@21cn. com 发邮件。

一些常用的实体符号如表 2-1 所示。

表 2-1　常用的实体符号表

字符	表示方法	字符	表示方法	字符	表示方法
空格		<	&lt;	>	&gt;
"	&quot;	'	&apos;	&	&amp;
©	&copy;	®	&reg;	¥	&yen;

实例 2-1　认识常用 XHTML 元素

学习 XHTML 元素的方法不需死记硬背,可在 Internet 上找一些 .htm 或 .html 为扩展名的文件,然后在浏览器中浏览该文件效果。再选择浏览器中的"查看"→"源文件"命令可看到 .htm 文件的源代码,将浏览看到的效果与源代码中的 XHTML 元素对比,从而了解 XHTML 元素的作用。下面的实例可在浏览器中直接浏览,部分元素含义说明已包含在 2-1. htm 中。

源程序:2-1. htm

```
<!DOCTYPE html PUBLIC " - //W3C//DTD XHTML 1.0 Transitional//EN"
"http://www.w3.org/TR/xhtml1/DTD/xhtml1 - transitional.dtd">
<html xmlns = "http://www.w3.org/1999/xhtml">
<head>
    <title>XHTML 示范页</title>
    <meta http - equiv = "Content - Type" content = "text/html; charset = UTF - 8" />
    <meta content = "all" name = "robots" />
    <meta name = "author" content = "kxsg(at)21cn.com,阿毛" />
    <meta name = "Copyright" content = "自由版权,任意转载" />
    <meta name = "description" content = "网页示范" />
    <meta content = "css 布局, xhtml" name = "keywords" />
    <style type = "text/css">
        .style1 { font - family: 宋体, Arial, Helvetica, sans - serif; font - style: italic; }
        .style2 { width: 100 % ; }
    </style>
</head>
<body>
    <p class = "style1" style = "text - align: center; font - weight: 700; font - size: x - large">
        学习 XHTML 知识</p>
    <p>
        <a href = "http://www.21cn.com">www.21cn.com</a></p>
    <p>
        <a href = "mailto:邮箱 kxsg@21cn.com">kxsg@21cn.com</a></p>
    <table class = "style2">
        <tr>
            <td>
            表格标题 1
            </td>
            <td>
                表格标题 2
            </td>
        </tr>
        <tr>
```

```
            <td>
                    &lt;html&gt;...&lt;/html&gt;
            </td>
            <td>
                    这是一个 html 文档
            </td>
        </tr>
    </table>
    <p>
        从工具箱双击产生的<input id = "Button1" type = "button" value = "button" />，ASP.
NET 中有替代的服务器控件</p>
    <div>
        布局常用的 div 元素</div>
</body>
</html>
```

操作步骤：

右击 chap2 文件夹，在弹出的快捷菜单中选择"添加新项"命令，选择"HTML 页"模板并将文件重命名为 2-1.htm。在"设计"视图输入内容并设置格式、建立表格、从工具箱中双击建立 XHTML 元素，相应的源代码由 Visual Studio 2008 自动产生。在"设计"视图或"源"视图中右击，也可以在解决方案资源管理器窗口中右击 2-1.htm，然后在弹出的快捷菜单中选择"在浏览器中查看"命令可看到浏览效果。

程序说明：

<!DOCTYPE...>表示 XHTML 采用的文件类型，可以有 Strict、Transitional 和 Frameset 三种类型，其中最常用的是 Transitional。

<html xmlns = "http://www.w3.org/1999/xhtml">中 xmlns 属性值表示名字空间，在名字空间中包含了所有 XHTML 元素的定义。

<meta http-equiv = "Content-Type" content = "text/html; charset=UTF-8" />表示定义了语言编码的字符集为 UTF-8。

<meta content = "all" name = "robots" />表示允许搜索机器人搜索站内的所有链接。

<meta name = "author" content = "kxsg(at)21cn.com，阿毛" />表示站点作者信息。

<meta name = "Copyright" content = "自由版权，任意转载" />表示站点版权信息。

<meta name = "description" content = "网页示范" />表示站点的简要介绍。

<meta content = "css 布局，xhtml" name = "keywords" />表示站点的关键词。

<style...>...</style>表示样式规则。

2.2　.aspx 文件

.aspx 文件（Web 窗体）在 ASP.NET 3.5 网站中占据主体部分。作为一个完全面向对象的系统，Web 窗体直接或间接地继承自 System.Web.UI.Page 类。因此，每个 Web 窗体具有 Page 类定义的属性、事件和方法等，如常用于判断页面是否第一次访问的 IsPostBack 属性，页面载入 Page_Load 事件等。

每个 Web 窗体的页面代码包括两部分：一部分是处于<body>元素之间的显示界面代码，包括必须的 XHTML 元素和服务器控件的界面定义信息；另一部分是包含事件处理等的 C#代码。其中 C#代码存储时有两种模型：单文件页模型和代码隐藏页模型。

2.2.1　单文件页模型

在单文件页模型中，显示界面代码和逻辑处理代码（事件、函数处理等）都放在同一个 .aspx文件中。逻辑处理代码包含于<script>元素中。<script>元素位于<head>元素之间，且包含 runat="server"属性。

实例 2-2　单文件页模型

程序包含 TextBox、Label、Button 控件各一个，当在 TextBox1 中输入内容后再单击 Button1，则在 Label1 中显示"不管您输入什么，我都喜欢 ASP.NET!"。

源程序：2-2.aspx

```
<%@ Page Language = "C#" %>
<!DOCTYPE html PUBLIC " - //W3C//DTD XHTML 1.0 Transitional//EN" "http://www.w3.org/TR/
xhtml1/DTD/xhtml1 - transitional.dtd">
<script runat = "server">
    protected void Button1_Click(object sender, EventArgs e)
    {
        Label1.Text = "不管您输入什么，我都喜欢 ASP.NET!";
    }
</script>
<html xmlns = "http://www.w3.org/1999/xhtml">
<head runat = "server">
    <title>单文件页模型</title>
</head>
<body>
    <form id = "form1" runat = "server">
    <p>
        <asp:TextBox ID = "TextBox1" runat = "server">请输入内容</asp:TextBox>
        <asp:Label ID = "Label1" runat = "server" ForeColor = "#FF9933"></asp:Label>
    </p>
    <p>
        <asp:Button ID = "Button1" runat = "server" OnClick = "Button1_Click" Text = "确定" />
    </p>
    </form>
</body>
</html>
```

操作步骤：

（1）右击 chap2 文件夹，在弹出的快捷菜单中选择"添加新项"命令，选择"Web 窗体"模板，重命名为 2-2.aspx，不要选中"将代码放在单独的文件中"复选框，单击"添加"按钮。

（2）在"设计"视图中从工具箱添加 TextBox、Label、Button 控件各一个，设置相应属性。此时，Visual Studio 2008 会自动生成这些界面代码。

（3）双击 Button1 控件，输入 2-2.aspx 源程序中阴影部分的内容。

（4）在浏览器中查看效果。

程序说明：

单文件页模型在读代码时可先看＜body＞元素中内容，主要关注有哪些控件对象、对象的 ID 属性、对象的事件名。再由对象的事件名到＜script＞元素中找对应的执行函数。

OnClick＝"Button1_Click"表示 Click 事件，单击 ID 为 Button1 的按钮后执行位于＜script＞元素中的 Button1_Click 方法。

2.2.2　代码隐藏页模型

代码隐藏页模型非常适用于多个开发人员共同创建网站的情形，它可以清楚地分清显示界面和逻辑处理代码，这样可以让设计人员处理显示界面代码，再由程序员处理逻辑代码。

在代码隐藏页模型中，显示界面的代码包含于.aspx 文件，而逻辑处理代码包含于对应的.aspx.cs 文件。与单文件页模型不同，.aspx 文件不再包含＜script＞元素，但在@page指令中需包含引用的外部文件。

实例 2-3　代码隐藏页模型

本实例实现的是与实例 2-2 相同的功能。

源程序：2-3.aspx

```
< % @ Page Language = "C#" AutoEventWireup = "true" CodeFile = "2-3.aspx.cs" Inherits = "chap2
_2_3" % >
<!DOCTYPE html PUBLIC " - //W3C//DTD XHTML 1.0 Transitional//EN" " http://www.w3.org/TR/
xhtml1/DTD/xhtml1 - transitional.dtd">
<html xmlns = "http://www.w3.org/1999/xhtml">
<head runat = "server">
    <title>代码隐藏页模型</title>
</head>
<body>
    <form id = "form1" runat = "server">
    <div>
        <asp:TextBox ID = "TextBox1" runat = "server">请输入内容</asp:TextBox>
         <asp:Label ID = "Label1" runat = "server" ForeColor = " #FF9966"></asp:Label>
        <br />
        <asp:Button ID = "Button1" runat = "server" OnClick = "Button1_Click" Text = "确定" />
    </div>
    </form>
</body>
</html>
```

源程序：2-3.aspx.cs

```
using System;
public partial class chap2_2_3 : System.Web.UI.Page
{
    protected void Button1_Click(object sender, EventArgs e)
    {
        Label1.Text = "不管您输什么,我都喜欢 ASP.NET!";
    }
}
```

操作步骤：

（1）右击 chap2 文件夹，在弹出的快捷菜单中选择"添加新项"命令，选择"Web 窗体"模板，重命名为 2-3.aspx，选中"将代码放在单独的文件中"复选框，单击"添加"按钮。

（2）在"设计"视图中从工具箱添加 TextBox、Label、Button 控件各一个，设置相应属性。此时，Visual Studio 2008 会自动生成这些界面代码。

（3）双击 Button1 控件，输入 2-3.aspx.cs 源程序中阴影部分内容。在文档窗口中右击，在弹出的快捷菜单中选择"组织 using"→"移除未使用的 using"命令。最后，在浏览器中浏览 2-3.aspx 查看效果。

程序说明：

代码隐藏页模型在读代码时可先看".aspx 文件"中内容，主要关注有哪些控件对象、对象的 ID 属性、对象的事件名。再由对象的事件名到相应的".aspx.cs 文件"中找对应的执行方法。

在 2-3.aspx 的开始处，增加了@Page 指令，其中 AutoEventWireup＝"true" 指定页面事件自动触发；CodeFile＝"2-3.aspx.cs" 指定后台编码文件，使得显示界面和后台编码文件相互关联；Inherits＝"chap2_2_3" 指定继承的类名，该类的定义存储于相应的后台编码文件中。

在 2-3.aspx.cs 开始处的"using System;"等语句表示导入命名空间。

2.3　.css 文件和 CSS 常识

XHTML 能限定浏览器中网页元素的显示格式，但可控性不强，如统一网站风格需要逐个网页去修改。级联样式表（Cascading Style Sheet，CSS）是应用于网页中元素的样式规则，现已为各类浏览器所接受。在 XHTML 基础上，CSS 提供了精确定位和重新定义 XHTML 元素属性的功能。一个 CSS 样式文件可以作用到多个 XHTML 文件，这样，当要同时改变多个 XHTML 网页风格时，只要修改 CSS 样式文件即可。本节将介绍 CSS 样式的定义和位置。

2.3.1　定义 CSS 样式

每个 CSS 样式有两个主要部分：选择器（如 h1）和声明（如 color:blue）。声明由一个属性(color)及其值(blue)组成。

根据定义的不同用途,CSS 样式包括基于元素的样式、基于类的样式和基于 ID 的样式。

注意:当这三种样式运用于同个 XHTML 元素时,基于 ID 的样式优先级最高,其次是基于类的样式,最后是基于元素的样式。

1. 基于元素的样式

基于元素的样式将重新定义指定 XHTML 元素的属性,其选择器即为 XHTML 元素名,如对所有段落(p 标记中的内容)创建左右均为 25 像素的边距,其样式规则为:

```
p { margin-left: 25px; margin-right: 25px; }
```

2. 基于类的样式

同一个基于类的样式可以应用于不同的 XHTML 元素或某个 XHTML 元素的子集(如应用于部分段落而不是全部段落)。定义时,要在选择器名前加“.”,如对类名 intro 定义为红色的样式规则为:

```
.intro { color: #ff0000; }
```

在页面中,用 class="类名"的方法调用,如:

```
<p class="intro">
```

3. 基于 ID 的样式

基于 ID 的样式应用于由 ID 值确定的 XHTML 元素的属性,且常用于单个 XHTML 元素的属性设置。定义时,需在选择器(ID 名)前加“#”。例如,在网页 CSS 布局中主要靠层 div 实现,而 div 的样式常采用基于 ID 的样式。如要对定义的层<div id="menubar">...</div>设置背景色为绿色的样式规则为:

```
#menubar { background-color: #008000; }
```

2.3.2　CSS 样式位置

CSS 样式规则可以放在不同的位置,包括与 XHTML 元素的内联、位于页面的<style>元素中和外部样式表(.css 文件)中。

注意:不同位置 CSS 样式规则的优先级是内联样式最高,其次是页面中的 CSS 样式,最后是外部样式表。

1. 创建内联样式

当要为单个元素定义属性而不想重用该样式时,可以使用内联样式。内联样式规则在 XHTML 元素的 style 属性中定义,如:

```
<p style = "font - weight: bold; font - style: italic">
```

操作步骤：

在 Visual Studio 2008 中可直接在相应元素属性窗口的 style 属性中设置，设置完成后会自动生成样式规则。

2. 创建特定页的 CSS 样式

当要为特定页中的元素设置样式规则时，可以在＜head＞元素中的＜style＞元素内定义。定义时可采用基于元素的样式、基于类的样式或基于 ID 的样式。

实例 2-4　创建特定页的 CSS 样式

源程序：2-4.htm

```
<! DOCTYPE html PUBLIC " - //W3C//DTD XHTML 1.0 Transitional//EN" "http://www.w3.org/TR/
xhtml1/DTD/xhtml1 - transitional.dtd">
<html xmlns = "http://www.w3.org/1999/xhtml">
<head>
    <title>无标题页</title>
    <style type = "text/css">
        p { color: #FF0000; }
        .classTest { color: #0000FF; }
        #divTest { color: #808080; }
    </style>
</head>
<body>
    <p>
        基于元素的样式</p>
    <p class = "classTest">
        基于类的样式  </p>
    <div id = "divTest">
        基于 ID 的样式</div>
</body>
</html>
```

操作步骤：

(1) 右击 chap2 文件夹，在弹出的快捷菜单中选择"添加新项"命令，选择"HTML 页"模板，重命名为 2-4.htm。

(2) 在"设计"窗口输入"基于元素的样式"、"基于类的样式"；在"工具箱"的 HTML 选项卡中双击 div，在 div 中输入"基于 Id 的样式"，设置 Id 属性值为 divTest。

(3) 选择"视图"→"管理样式"→"新建样式"命令，选择器选择 p，设置颜色属性，单击"应用"按钮，建立样式。

(4) 选择器选择 classTest，设置颜色属性，单击"应用"按钮，建立样式。

(5) 选择器选择 divTest，设置颜色属性，单击"应用"按钮，建立样式。

注意：若在选择器下拉框中看不到 #divTest，可将光标定位到 div 处再新建样式。

(6) 设置"基于类的样式"的＜p＞元素的 Class 属性值为 classTest。最后，浏览

2-4.htm查看效果。

3. 创建外部样式表

外部样式表中的样式规则常应用于整个网站,这些规则包含于独立的.css文件中。在调用时,使用<link>元素可以将样式表链接到网页,如将"1-3.css"文件中的样式规则应用于当前页的代码为:

```
<link rel = "stylesheet" type = "text/css" href = "1-3.css" />
```

外部样式表中包含的样式规则可以有基于元素的样式、基于类的样式或基于ID的样式。可以将外部样式表链接到多个XHTML页,这样可以很方便地管理整个网站的显示风格。

实例2-5　外部样式表

源程序:2-5.css

```
p
{
    color: #FF0000;
}
.classTest
{
    color: #000080;
}
#divTest
{
    color: #800080;
}
```

操作步骤:

(1) 右击style文件夹,在弹出的快捷菜单中选择"添加新项"命令,选择"样式表"模板,重命名为2-5.css。

(2) 右击"CSS大纲"窗口中的"样式表"→"添加样式规则"命令,选择元素p。

(3) 展开"元素",右击p,在弹出的快捷菜单中选择"生成样式"命令,设置属性。

(4) 类似地,添加类名classTest样式规则、ID名divTest样式规则。

源程序:2-5.htm

```
<!DOCTYPE html PUBLIC " -//W3C//DTD XHTML 1.0 Transitional//EN" "http://www.w3.org/TR/
xhtml1/DTD/xhtml1 - transitional.dtd">
<html xmlns = "http://www.w3.org/1999/xhtml">
<head>
    <title>创建外部样式表</title>
    <link href = "../style/2-5.css" rel = "stylesheet" type = "text/css" />
</head>
<body>
    <p>
        调用2-5.css中基于元素的样式</p>
    <p class = "classTest">
```

```
            调用 2-5.css 中基于类的样式</p>
<div id = "divTest">
            调用 2-5.css 中基于 ID 的样式</div>
</body>
</html>
```

操作步骤：

（1）在 chap2 文件夹中新建 2-5. htm。

（2）在"设计"窗口输入"调用 2-5. css 中基于元素的样式"、"调用 2-5. css 中基于类的样式"；建立 div 并在其中输入"调用 2-5. css 中基于 ID 的样式"。

（3）选择"格式"→"附加样式表"命令，在 style 文件夹中选择 2-5. css 文件。此时，在 2-5. htm 中会自动添加 < link href = "…/style/2-5. css" rel = " stylesheet" type = "text/css"/>。

（4）设置"调用 2-5. css 中基于类的样式"所在<p>元素的 class 属性值为 classTest。

（5）设置 div 的 ID 属性值为 divTest。最后，浏览 2-5. htm 查看效果。

2.4　.js 文件和 JavaScript 常识

JavaScript 是由 NetScape 公司开发的基于对象和事件驱动的解释型语言。作为一种脚本语言可以直接嵌入到 XHTML 页面中，不需要 Web 服务器端的解释执行即可由浏览器实现动态网页处理。目前，所有的浏览器均支持 JavaScript。

典型的 JavaScript 用途主要有：

- 在 XHTML 中创建动态文本。
- 响应客户端事件。
- 可以读取并改变 XHTML 元素的内容。
- 在数据提交到服务器之前，验证这些数据。
- 可检测访问者的浏览器，并根据检测到的浏览器类型载入相应的页面。
- 用来创建 Cookies。
- 关闭窗口。
- 页面上显示时间。

本节将介绍 JavaScript 代码位置，并以几个综合实例说明 JavaScript 的用途。

2.4.1　JavaScript 代码位置

JavaScript 的代码存放位置形式有三种：在<head>元素中、在<body>元素中和独立的 .js 文件中。

1. 在<head> 元素中

<head>元素中的 JavaScript 代码包含于 < script type = " text/JavaScript" >…</script>元素之间，只有在被调用或当事件被触发时才会执行。

实例 2-6　＜head＞元素中的 JavaScript 代码

源程序：2-6.htm

```
<!DOCTYPE html PUBLIC "-//W3C//DTD XHTML 1.0 Transitional//EN" "http://www.w3.org/TR/
xhtml1/DTD/xhtml1-transitional.dtd">
<html xmlns="http://www.w3.org/1999/xhtml">
<head>
     <title>head 元素中 JavaScript</title>
     <script type="text/javascript">
function message()
{
alert("在<head>中")
}
     </script>
</head>
<body onload="message()">
</body>
</html>
```

操作步骤：

(1) 在 chap2 文件夹中建立 2-6.htm。

(2) 在"源"窗口输入阴影部分的内容。最后，浏览 2-6.htm 查看效果。

程序说明：

当网页执行到＜body＞元素时，触发 load 事件，再调用 message()函数，最后在浏览器中显示"在＜head＞中"信息。

2. 在<body> 元素中

与＜head＞元素中的 JavaScript 类似，＜body＞元素中的 JavaScript 代码也要包含于＜script type="text/JavaScript"＞...＜/script＞之间。

实例 2-7　＜body＞元素中的 JavaScript 代码

源程序：2-7.htm

```
<!DOCTYPE html PUBLIC "-//W3C//DTD XHTML 1.0 Transitional//EN" "http://www.w3.org/TR/
xhtml1/DTD/xhtml1-transitional.dtd">a
<html xmlns="http://www.w3.org/1999/xhtml">
<head>
     <title>在 body 元素中</title>
</head>
<body>
     <script type="text/javascript">
document.write("在 &ltbody&gt 元素中")
     </script>
```

```
</body>
</html>
```

程序说明：

在页面载入时执行 document. write 方法输出 XHTML 文本"在 &ltbody&gt 元素中"，浏览器上显示效果是"在＜body＞元素中"。与在＜head＞元素中的 JavaScript 相比较，包含于＜body＞元素中的 JavaScript 肯定会执行，而＜head＞元素中的 JavaScript 只有被调用才执行。

注意："＜"在程序中用"&lt"表示；"＞"用"&gt"表示。

3. 在独立的 .js 文件中

独立的 .js 文件常用于多个页面需要调用相同 JavaScript 代码的情形。通常把所有 .js 文件放在同一个脚本文件夹中，这样容易管理。在调用外部 JavaScript 文件时，需在＜script＞元素中加入 src 属性值。

实例 2-8   独立的 .js 文件

源程序：2-8. htm

```
<!DOCTYPE html PUBLIC " -//W3C//DTD XHTML 1.0 Transitional//EN" "http://www.w3.org/TR/
xhtml1/DTD/xhtml1 - transitional.dtd">
<html xmlns = "http://www.w3.org/1999/xhtml">
<head>
    <title>在独立的.js 文件中</title>
    <script src = "../js/2 - 8.js" type = "text/javascript">
    </script>
</head>
<body onload = "message()">
</body>
</html>
```

源程序：2-8. js

```
function message()
{
alert("在外部 2 - 8.js 中")
}
```

操作步骤：

（1）在 chap2 文件夹中建立 2-8. htm，输入阴影部分的内容。

（2）右击 js 文件夹，在弹出的快捷菜单中选择"添加新项"命令，选择"JScript 文件"模板，重命名为 2-8. js，输入阴影部分的内容。最后，浏览 2-8. htm 查看效果。

程序说明：

在 2-8. htm 文件中，阴影部分中的 src 属性表示独立的 .js 文件存放位置；当网页执行到＜body＞元素时，触发 load 事件并调用 2-8. js 中的 message()函数。

注意：在 2-8. js 中不要包含＜script＞元素。

2.4.2 综合实例

实例 2-9 检测浏览器类型

本实例将检测浏览器类型,如果浏览器为 Netscape 或 4.0 以上版本的 IE,则显示"您的浏览器满足要求!",否则显示"请更新您的浏览器!"。

源程序:2-9.htm

```
<! DOCTYPE html PUBLIC " - //W3C//DTD XHTML 1.0 Transitional//EN" "http://www.w3.org/TR/
xhtml1/DTD/xhtml1 - transitional.dtd">
<html xmlns = "http://www.w3.org/1999/xhtml">
<head>
    <title>检测浏览器类型</title>
    <script type = "text/javascript">
function detectBrowser()
{
  //browser 变量存放"浏览器名"
  var browser = navigator. appName
  //b_version 变量存放字符型"浏览器版本号"
  var b_version = navigator. appVersion
  //version 变量存放浮点数型"浏览器版本号"
  var version = parseFloat(b_version)
  if ((browser == "Netscape"||browser == "Microsoft Internet Explorer") && (version>= 4))
      {alert("您的浏览器满足要求!")}
  else
      {alert("请更新您的浏览器!")}
}
    </script>
</head>
<body onload = "detectBrowser()">
</body>
</html>
```

程序说明:

"//…"表示语句注释,navigator. appName 返回"浏览器名",navigator. appVersion 返回"浏览器版本号",parseFloat()将字符型数据转化为浮点型数据。

实例 2-10 按钮动画

源程序:2-10.htm

```
<! DOCTYPE html PUBLIC " - //W3C//DTD XHTML 1.0 Transitional//EN" "http://www.w3.org/TR/
xhtml1/DTD/xhtml1 - transitional.dtd">
<html xmlns = "http://www.w3.org/1999/xhtml">
<head>
    <title>按钮动画</title>
    <script type = "text/javascript">
```

```
function mouseOver()
{
  document.b1.src = "../pic/eg_mouse.jpg"
}
function mouseOut()
{
  document.b1.src = "../pic/eg_mouse2.jpg"
}
    </script>
</head>
<body>
    <a href = "http://www.sina.com" target = "_blank">
        <img border = "0" alt = "访问 sina!" src = "../pic/eg_mouse2.jpg" name = "b1"
onmouseover = "mouseOver()" onmouseout = "mouseOut()" /></a>
</body>
</html>
```

程序说明：

网页载入后显示 eg_mouse2.jpg；当鼠标指针指向图片时触发 mouseover 事件调用 mouseOver()函数显示 eg_mouse.jpg，移开时触发 mouseout 事件调用 mouseOut()函数显示 eg_mouse2.jpg；单击后链接到 www.sina.com。

实例 2-11   计时器

源程序：2-11.htm

```
<!DOCTYPE html PUBLIC " - //W3C//DTD XHTML 1.0 Transitional//EN" "http://www.w3.org/TR/
xhtml1/DTD/xhtml1 - transitional.dtd">
<html xmlns = "http://www.w3.org/1999/xhtml">
<head>
    <title>计时器</title>
    <script type = "text/javascript">
function startTime()
{
  //获取客户机当前系统日期
  var today = new Date()
  var h = today.getHours()
  var m = today.getMinutes()
  var s = today.getSeconds()
  // 调用 checkTime()函数,在小于 10 的数字前加 0
  m = checkTime(m)
  s = checkTime(s)
  //设置层'txt'内容
  document.getElementById('txt').innerHTML = h + ":" + m + ":" + s
  //过 500 毫秒后再调用'startTime()'函数
  t = setTimeout('startTime()',500)
}
//如果 i<10,就在数字前加 0
function checkTime(i)
{
```

```
    if (i<10)
       {i = "0" + i}
       return i
}
    </script>
</head>
<body onload = "startTime()">
    <div id = "txt">
    </div>
</body>
</html>
```

程序说明：

网页载入后调用 startTime() 函数在 div 层 txt 上显示当前系统时间。

2.5　.xml 文件和 XML 常识

在 ASP.NET 3.5 网站中，.xml 文件常用于解决跨平台交换数据的问题，这种格式实际上已成为 Internet 数据交换标准格式。

XML(eXtensible Markup Language)是一种可以扩展的标记语言，可以根据实际需要，定义相应的语义标记。与 XHTML 相比，XHTML 被设计用来显示数据，而 XML 旨在传输和存储数据。

实例 2-12　XML 格式早餐菜单

下面的示例描述了一个早餐菜单，其中包括食物名称、价格、描述、热量等。

源程序：2-12.xml

```
<?xml version = "1.0" encoding = "utf-8" ?>
<!-- 早餐菜单 -->
<breakfast_menu>
  <food>
    <name>豆浆</name>
    <price>￥2.0</price>
    <description>营养丰富,能量较低</description>
    <calories>40</calories>
  </food>
  <food>
    <name>油条</name>
    <price>￥3.0</price>
    <description>非常好吃,油脂较多</description>
    <calories>300</calories>
  </food>
  <food>
    <name>杂粮馒头</name>
    <price>￥1.0</price>
    <description>味道不好,极力推荐</description>
```

```
        <calories>140</calories>
    </food>
</breakfast_menu>
```

操作步骤：

(1) 右击 chap2 文件夹，在弹出的快捷菜单中选择"添加新项"命令，选择"XML 文件"模板，重命名为 2-12.xml；再输入全部内容。

(2) 在解决方案资源管理器窗口中右击 2-12.xml，在弹出的快捷菜单中选择"在浏览器中查看"命令浏览效果。

程序说明：

<? xml...? >表示 XML 声明。其中 version 属性指明 .xml 文件遵循哪个版本的 XML 规范；encoding 属性指明使用的编码字符集。

<! -- ... -->表示注释。

<breakfast_menu>表示根元素，在一个 .xml 文件中必须包含且只能包含一个根元素。

<food>...</food>使用子元素描述一种早餐。各个子元素<food>形成兄弟关系。

2.6   web.config

网站的配置文件是一个 XML 格式文件，用来存储配置信息。它们可以出现在网站的多个文件夹中，并形成一定的层次关系。最高层的配置文件是 machine.config，默认安装于"[硬盘]：\WINDOWS\Microsoft.NET\Framework\v2.0.50727\CONFIG"文件夹下。machine.config 存储了本机所有网站的基本配置信息，通常不需要修改该文件。下一层的配置文件是位于网站根文件夹中的 web.config，再下一层的是位于根文件夹下子文件夹中的 web.config。这些配置文件形成继承关系，根文件夹中 web.config 继承 machine.config，子文件夹中 web.config 继承根文件夹中的 web.config。不同的 web.config 分别作用于各自所在的文件夹和下一级文件夹。

2.6.1   web.config 基本结构

web.config 文件的基本结构如下：

```
<?xml version = "1.0" encoding = "utf - 8"?>
<! -- 注意：除了手动编辑此文件以外，您还可以使用... -- >
<configuration>
    <configSections>
        ⋮
    </configSections>
        ⋮
</configuration>
```

其中<configuration>表示 web.config 文件的根元素。根据配置要求的不同，可形成多个包含于<configuration>中的下一级元素。

2.6.2　配置 web.config

web.config 的配置信息可以直接手工输入或采用管理工具进行配置的方法,推荐使用管理工具方式。管理工具有两种方式:ASP.NET MMC 管理单元和 ASP.NET 网站管理工具。当网站已发布到 IIS Web 服务器后,可选择 ASP.NET MMC 进行配置;而对于"文件系统"网站,只能使用 ASP.NET 网站管理工具。

1. ASP.NET MMC

启动"Internet 信息服务(IIS)管理器",右击某网站或虚拟目录,在弹出的快捷菜单中选择"属性"命令,单击 ASP.NET 选项卡,呈现如图 2-1 所示的界面。

单击图 2-1 中的"编辑配置"按钮,呈现如图 2-2 所示的界面。在图 2-2 中,"常规"选项卡主要用于设置数据库连接字符串;"应用程序"选项卡主要用于设置是否选中"启用调试",用于启动当前网站的调试功能,而在网站正式发布时,为得到更好的性能,不需要启动该功能。

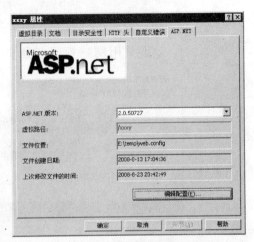

图 2-1　ASP.NET 选项卡

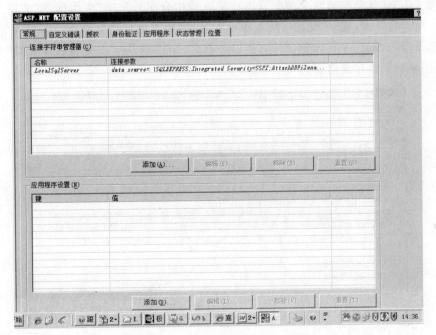

图 2-2　"ASP.NET 配置设置"对话框

2. Visual Studio 2008 中 ASP.NET 配置

在 Visual Studio 2008 环境中,选择"网站"→"ASP.NET 配置"命令,将呈现如图 2-3 所示的界面。

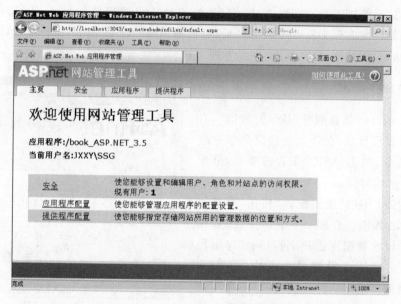

图 2-3 ASP.NET 网站管理工具界面图

在图 2-3 中(有关网站安全的配置将在第 9 章中介绍),单击"应用程序"选项卡后呈现如图 2-4 所示的界面,其中"创建应用程序设置"链接用于创建数据库连接字符串等;"配置 SMTP 电子邮件设置"主要设置邮件发送服务器名、端口号等;"配置调试和跟踪"主要设置是否"启用调试"、自定义错误页等。

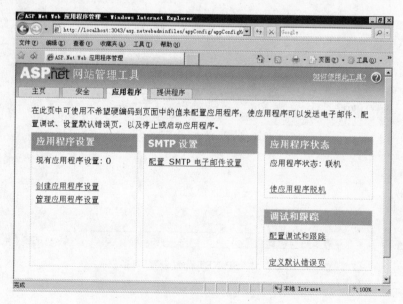

图 2-4 "应用程序"选项卡

2.7　小　　结

本章主要介绍 ASP.NET 3.5 网站的组成,主要包含 . htm 文件、. aspx 文件、. aspx. cs 文件、. css 文件、. js 文件、. xml 文件和 web. config 等。

. htm 文件由浏览器解释执行,所有的 . aspx 都要转化为 XHTML 才能在浏览器中查看。对应网页的 C# 代码存储时有单文件模型和代码隐藏页模型。代码隐藏页模型能将 C# 代码编译成程序集,从而保护 C# 代码不易被窃取。因此,软件公司在开发网站时大都采用该模型。CCS 样式能使网站保持统一风格。JavaScript 为静态网页提供动态功能,也是以后学习 ASP.NET AJAX 的基础。XML 已成为 Internet 数据交换的标准格式,了解 XML 文件为 ASP.NET 访问 XML 文件打下基础。web. config 能实现应用程序配置、安全性配置,使网站的运行更安全。

2.8　习　　题

1. 填空题

(1) Visual Studio 2008 默认建立的 XHTM 文件类型是_____。

(2) 利用 XHTML 建立一个链接到 jxst@126. com 邮箱的元素是_____。

(3) 存放 Web 窗体页 C# 代码的模型有单文件页模型和_____。

(4) 单文件页模型中,C# 代码必须包含于_____之间。

(5) 外部样式表通过_____元素链接到网页。

(6) XML 主要用于_____数据。

2. 是非题

(1) XHTML 是 HTML 的子集。(　　　)

(2) XHTML 中每个元素都有结束标记。(　　　)

(3) . htm 文件不需要编译,直接从 Web 服务器下载到浏览器执行即可。(　　　)

(4) 基于类的样式在定义时要加前缀"#"。(　　　)

(5) JavaScript 代码必须包含在<script>元素中。(　　　)

3. 选择题

(1) CSS 样式不包括(　　　)。

A. 基于元素的样式　　　　　　　B. 基于类的样式

C. 基于 ID 的样式　　　　　　　D. 基于文件的样式

(2) 下面(　　　)是静态网页文件的扩展名。

A. . asp　　　　B. . htm　　　　C. . aspx　　　　D. . jsp

(3) APP_Code 文件夹用来存储(　　　)。

A. 数据库文件　B. 共享文件　　C. 代码文件　　D. 主题文件

(4) web. config 文件不能用于(　　　)。

A. Application 事件定义　　　　　B. 数据库连接字符串定义

C. 对文件夹访问授权　　　　　　D. 基于角色的安全性控制

4. 简答题

(1) 简述静态网页和动态网页的区别。

(2) 为何可把 .htm 文件的扩展名改为 .aspx,而不能把 .aspx 文件的扩展名改为 .htm?

(3) 简述 web.config 文件特点及作用。

5. 上机操作题

(1) 建立并调试本章的所有实例。

(2) 查找资料,分别采用 table 和 Div 结合 CSS 方式对一个网站页面进行布局。

(3) 建立一个外部样式表,控制多个网页。

(4) 查找资料,实现利用 JavaScript 关闭当前窗口的功能。

(5) 建立一个能表达学生信息的 XML 文件。

(6) 在 Visual Studio 2008 中配置 web.config。

第 3 章

C#和ASP.NET 3.5

本章要点：

☞ 了解 C#语言特点和编程规范。

☞ 了解常用 .NET 命名空间。

☞ 熟悉 C#基础语法、流程控制。

☞ 能创建简单的类。

3.1 C# 概 述

C#是 Microsoft 专门为 .NET 量身打造的一种全新的编程语言。目前，C#已经分别被 ECMA 和 ISO/IEC 组织接受并形成 ECMA-334 标准和 ISO/IEC 23270 标准。它与 .NET Framework 有密不可分的关系，C#的类型即 .NET Framework 所提供的类型，并直接使用 .NET Framework 所提供的类库。另外，C#的类型安全检查、结构化异常处理等都交给 CLR 处理。实际上，ASP.NET 3.5 本身就采用 C#语言开发，所以 C#不仅非常适用于 Web 应用程序的开发，也适用于开发强大的系统程序。总体来说，它具有以下典型特点：

（1）C#代码在 .NET Framework 提供的环境下运行，不允许直接操作内存，增强了程序的安全性。C#不推荐使用指针，若要使用指针，就必须添加 unsafe 修饰符，且在编译时使用/unsafe 参数。

（2）使用 C#能构建健壮的应用程序。C#中的垃圾回收将自动回收不再使用的对象所占用的内存；异常处理提供了结构化和可扩展的错误检测和恢复方法；类型安全的设计则避免了读取未初始化的变量、数组索引超出边界等情形。

（3）统一的类型系统。所有 C#类型都继承于一个唯一的根类型 object。因此，所有类型都共享一组通用操作。

（4）完全支持组件编程。现代软件设计日益依赖自包含和自描述功能包形式的软件组件，通过属性、方法和事件来提供编程模型。C#可以容易地创建和使用这些软件组件。

3.2 Framework 命名空间

.NET Framework 提供几千个类用于对系统功能的访问，这些类是建立应用程序、组件和控件的基础。在 .NET Framework 中，组织这些类的方式即是命名空间。作为组织类的逻辑单元,命名空间即成了应用程序的内部组织形式,也成了应用程序的外部组织形式。而且,使用命名空间可以解决类名冲突问题。

要在 ASP.NET 网站中使用这些命名空间,可以使用 using 语句,如"using system;"表示导入 system 命名空间。导入命名空间后使得要访问包含的类时可省略命名空间。例如,若没有使用"using system;"语句,"string strNum = "100";"这个语句就会出现编译错误,此时就应该用"System. String strNum = "100";"代替。

注意:C♯语言区分大小写。语句"System. String strNum = "100";"中的 String 首字母大写,其实这里的 String 是 System 命名空间中的一个类。而"string strNum = "100";"中的 string 表示一种数据类型。

常用于 ASP.NET 3.5 页面的命名空间有:

- System——提供基本类,如提供字符串操作的 String 类。
- System. Configuration——提供处理配置文件中数据的类,如能获取 web. config 文件中数据库连接字符串的 ConnectionStringSettings 类。
- System. Data——提供对 ADO. NET 类的访问,如提供数据缓存的 Dataset 类。
- System. Ling——提供使用 LINQ 进行查询的类和接口,如包含标准查询运算符的 Queryable 类。
- System. Web——提供使浏览器与服务器相互通信的类和接口,如用于读取客户端信息的 HttpRequest 类。
- System. Web. Security——提供在 Web 服务器实现 ASP. NET 安全性的类,如用于验证用户凭据的 MemberShip 类。
- System. Web. UI——提供用于创建 ASP. NET 网站用户界面的类和接口,如每个 Web 窗体都继承的 Page 类。
- System. Web. UI. HtmlControls——提供在 Web 窗体页上创建 HTML 服务器控件的类,如对应元素<a>的 HtmlAnchor 类。
- System. Web. UI. WebControls——提供在 Web 窗体页上创建 Web 服务器控件的类,如按钮 Button 控件类。
- System. Web. UI. WebControls. WebParts——提供用于创建个性化 Web 部件页的类和接口,如呈现模块化用户界面的 Part 类。
- System. Xml. Linq——提供用于 LINQ to XML 的类,如获取 XML 元素的 Xelement 类。

3.3　编　程　规　范

良好的编程规范能极大地提高程序的可读性。本节将从程序注释和命名规则两方面来介绍编程规范。

3.3.1　程序注释

注释有助于理解代码,有效的注释是指在代码的功能、意图层次上进行注释,提供有用、

额外的信息,而不是代码表面意义的简单重复。程序注释需要遵守下面的规则:

(1)类、方法、属性的注释采用 XML 文档格式注释;多行代码注释采用"/ ＊ ... ＊/",单行代码注释采用"// ..."。示例如下:

```
public class Sample
    {
            //数据成员   (单行注释)
            private int  _Property;

            /// <summary>   (XML 注释)
            /// 示例属性
            /// </summary>
            public int Property
            {
                get
                {
                    return _Property;
                }
            / * set           (多行注释)
                {
                    _Property = value;
                } * /
            }
```

(2)类、接口头部应进行 XML 注释。注释必须列出内容摘要、版本号、作者、完成日期、修改信息等。示例如下:

```
/// <summary>
/// 版权所有:版权所有(C) 2004,
/// 内容摘要:本类的内容是…
/// 完成日期:2008 年 3 月 1 日
/// 版    本:V1.0
/// 作    者:小张
///
/// 修改记录 1:
/// 修改日期:2008 年 3 月 10 日
/// 版 本 号:V1.2
/// 修 改 人:小张
/// 修改内容:对方法…进行修改,修正故障 BUG…
/// 修改记录 2:
/// 修改日期:2008 年 3 月 20 日
/// 版 本 号:V1.3
/// 修 改 人:小张
/// 修改内容:对方法…进行进一步改进,修正故障…
/// </summary>
```

(3)公共方法前面应进行 XML 注释,列出方法的目的/功能、输入参数、返回值等。

(4)在{}中包含较多代码行的结束处应加注释,便于阅读,特别是多分支、多重嵌套的条件语句或循环语句。此时注释常用英文,方便查找对应的语句。示例如下:

```
void Main()
```

```
        {
            if (...)
            {
              ⋮
                while (...)
                {
                  ⋮
                }  /* end of while (...) */        // 指明该条 while 语句结束
                  ⋮
            }  /* end of if (...) */                // 指明是 if 语句结束
        } /* end of void main() */                  // 指明方法的结束
```

（5）对分支语句（条件分支、循环语句等）必须编写注释。这些语句往往是程序实现某一特殊功能的关键，对于维护人员来说，良好的注释有助于更好地理解程序，有时甚至优于看设计文档。

3.3.2　命名规则

命名时常考虑字母的大小写规则，主要有 Pascal 和 Camel 两种形式。Pascal 形式指将标识符的首字母和后面连接的每个单词的首字母都大写，如 BackColor。Camel 形式指标识符的首字母小写，而每个后面连接的单词的首字母都大写，如 backColor。常用标识符的大小写方式如表 3-1 所示。

表 3-1　常用标识符的大小写方式对应表

标识符	方式	示例	标识符	方式	示例
类	Pascal	AppDomain	接口	Pascal	IDisposable
枚举类型	Pascal	ErrorLevel	方法	Pascal	ToString
枚举值	Pascal	FatalError	命名空间	Pascal	System. Drawing
事件	Pascal	ValueChanged	参数	Camel	typeName
异常类	Pascal	WebException	属性	Pascal	BackColor
只读的静态字段	Pascal	RedValue	变量名	Camel	dateConnection

下面是命名时应遵守的其他规则：

（1）用正确的反义词组命名具有互斥意义的变量或相反动作的函数等。常用的反义词组有 add/remove、begin/end、create/destroy、insert/delete、first/last、get/release、increment/decrement、put/get、add/delete、lock/unlock、open/close、min/max、old/new、start/stop、next/previous、source/target、show/hide、send/receive、cut/paste、up/down。

（2）常量名都要使用大写字母，用下划线"_"分割单词，如 MIN_VALUE 等。

（3）一般变量名不得取单个字符（如 i、j、k 等）作为变量名，局部循环变量除外。

（4）类的成员变量（属性所对应的变量）使用前缀"_"，如属性名为 Name，则对应的成员变量名为_Name。

（5）控件命名采用"控件名简写＋英文描述"形式，英文描述首字母大写。常用控件名简写对照如表 3-2 所示。

表 3-2　常用控件名简写对照表

控件名	简写	控件名	简写
Label	lbl	TextBox	txt
Button	btn	LinkButton	lnkbtn
ImageButton	imgbtn	DropDownList	ddl
ListBox	lst	DataGrid	dg
DataList	dl	CheckBox	chk
CheckBoxList	chkls	AdRotator	ar
RadioButtonList	rdolt	Table	tbl
Panel	pnl	Calender	cld
RadioButton	rdo	Image	img
RangeValidator	rv	RequiredFieldValidator	rfv
CompareValidator	cv	ValidatorSummary	vs
RegularExpressionValidator	rev		

（6）接口命名在名字前加上 I 前缀，如 IDisposable。

3.4　常量与变量

常量和变量的使用在程序设计中必不可少。本节将介绍常量声明、变量声明、修饰符和局部变量使用范围等。

3.4.1　常量声明

常量具有在编译时值保持不变的特性，声明时使用 const 关键字，同时必须初始化。使用常量的好处主要有：常量用易于理解的名称替代了"含义不明确的数字或字符串"，使程序更易于阅读；常量使程序更易于修改。如个人所得税计算中，若使用 TAX 常量代表税率，当税率改变时，只需修改常量值而不必在整个程序中修改相应的税率。

常量的访问修饰符有 public、internal、protected internal 和 private 等。如：

```
public const string CORP = "一舟网络";
```

表示定义公共的字符型常量 CORP，值为"一舟网络"。

3.4.2　变量声明

变量具有在程序运行过程中值可以变化的特性，必须先声明再使用。变量名长度任意，可以由数字、字母、下划线等组成，但第一个字符必须是字母或下划线。C# 是区分大小写的，因此 strName 和 strname 代表不同的变量。变量的修饰符有 public、internal、protected、protected internal、private、static 和 readonly，C#中将具有这些修饰符的变量称为字段，而把方法中定义的变量称为局部变量。

注意：局部变量前不能添加 public、internal、protected、protected internal、private、 static 和 readonly 等修饰符。

3.4.3 修饰符

1. 访问修饰符

public、internal、protected、protected internal、private 修饰符都用于设置变量的访问级别,在变量声明中只能使用这些修饰符中的一个。它们的作用范围如表 3-3 所示。

表 3-3 访问修饰符作用范围表

修饰符	作用范围
public	访问不受限制,任何地方都可访问
internal	在当前程序中能被访问
protected	在所属的类或派生类中能被访问
protected internal	在当前的程序或派生类中能被访问
private	在所属的类中能被访问

2. static

使用 static 声明的变量称静态变量,又称为静态字段。对于类中的静态字段,在使用时即使创建了多个类的实例,都仅对应一个实例副本。访问静态字段时只能通过类直接访问,而不能通过类的实例来访问。

3. readonly

使用 readonly 声明的变量称为只读变量,这种变量被初始化后在程序中不能修改它的值。

3.4.4 变量作用范围

1. 块级

块级变量是作用域范围最小的变量,如包含在 if、while 等语句段中的变量。这种变量仅在块内有效,在块结束后即被删除。如下面程序段中的 strName 变量,在程序段结束之后即不能被访问。

```
if (nSum == 1)
{
    string strName = "张三";        // strName 是块级变量
}
lblMessage.Text = strName;          //不能访问 strName,会产生编译错误
```

2. 方法级

方法级变量作用于声明变量的方法中,在方法外即不能访问。

```
protected void Page_Load(object sender, EventArgs e)
{
    string strName = "张三";              // strName 是方法级变量
}
protected void Button1_Click(object sender, EventArgs e)
{
    lblMessage.Text = strName;          //不能访问 strName,会产生编译错误
}
```

3. 对象级

对象级变量可作用于定义类的所有方法中,只有相应的 ASP.NET 页面结束时才被删除。

```
public partial class _Default : System.Web.UI.Page
{
    string strName = "张三";               // strName 是对象级变量
    protected void Page_Load(object sender, EventArgs e)
    {
        strName = "李四";
    }
    protected void Button1_Click(object sender, EventArgs e)
    {
        lblMessage.Text = strName;    //能访问 strName
    }
}
```

3.5 数据类型

C#数据类型有值类型和引用类型两种。值类型的变量直接包含它们的数据,而引用类型存储对它们的数据的引用。对于值类型,一个变量的操作不会影响另一个变量;而对于引用类型,两个变量可能引用同一个对象,因此对一个变量的操作可能会影响到另一个变量。本节将介绍值类型、引用类型、装箱和拆箱等。

3.5.1 值类型

值类型分为简单类型、结构类型、枚举类型。简单类型再分为整数类型、布尔类型、字符类型和实数类型。

1. 简单类型

1) 整数类型
整数类型的值都为整数,在具体编程时应根据实际需要选择合适的整数类型,以免造成存储资源浪费。各整数类型的位数、取值范围等如表 3-4 所示。

表 3-4　整数类型对应表

类别	位数	类型	范围/精度
有符号整型	8	sbyte	$-128 \sim 127$
	16	short	$-32\,768 \sim 32\,767$
	32	int	$-2\,147\,483\,648 \sim 2\,147\,483\,647$
	64	long	$-9\,223\,372\,036\,854\,775\,808 \sim 9\,223\,372\,036\,854\,775\,807$
无符号整型	8	byte	$0 \sim 255$
	16	ushort	$0 \sim 65\,535$
	32	uint	$0 \sim 4\,294\,967\,295$
	64	ulong	$0 \sim 18\,446\,744\,073\,709\,551\,615$

2）布尔类型

布尔类型表示"真"和"假"，用 true 和 false 表示。

注意：布尔类型不能用整数类型代替，如数字 0 不能代替 false。

3）字符类型

字符类型采用 Unicode 字符集标准，一个字符长度为 16 位。字符类型的赋值形式有：

```
char x1 = 'A';        // 一般方式,值为字符 A
char x2 = '中';       //值为汉字"中"
char x3 = '\x0041';   // 十六进制方式,值为字符 A
char x4 = '\u0041';   //Unicode 方式,值为字符 A
char x5 = '\'';       //转义符方式,值为单引号',其中等号右边输入是"单引号、\、单引号、单引号"
```

常用的转义符如表 3-5 所示。

表 3-5　常用转义符对应表

转义符	对应字符	转义符	对应字符
\'	单引号	\a	感叹号
\"	双引号	\n	换行
\\	反斜杠	\r	回车
\0	空字符	\b	退格

注意：char 类型变量声明时必须包含在一对单引号中。如语句"char x6＝"A";"编译时将出错。

4）实数类型

实数类型分为单精度 float 类型、双精度 double 类型和十进制 decimal 类型。其中float、double 类型常用于科学计算，decimal 常用于金融计算，相应的位数、取值范围等如表 3-6 所示。

表 3-6　实数类型对应表

类别	位数	类型	范围/精度
浮点型	32	Float	$1.5 \times 10^{-45} \sim 3.4 \times 10^{38}$,7 位精度
	64	Double	$5.0 \times 10^{-324} \sim 1.7 \times 10^{308}$,15 位精度
小数	128	Decimal	$1.0 \times 10^{-28} \sim 7.9 \times 10^{28}$,28 位精度

注意：float 类型必须在数据后添加 F 或 f，decimal 类型必须添加 M 或 m，否则编译器以 double 类型处理，如"float fNum＝12.6f;"。

2. 结构类型

把一系列相关的变量组织在一起形成一个单一实体，这种类型叫结构类型，结构体内的每个变量称为结构成员。结构类型的声明使用 struct 关键字。下面的示例代码声明学生信息 StudentInfo 结构，其中包括 Name、Phone、Address 成员。

```
public struct StudentInfo
{
public string Name;
public string phone;
public string Address;
}
StudentInfo stStudent;     // stStudent 为一个 StudentInfo 结构类型变量
```

对结构成员访问使用"结构变量名.成员名"形式，如"stStudent.Name＝"张三";"。

3. 枚举类型

枚举类型是由一组命名常量组成的类型，使用 enum 关键字声明。枚举中每个元素默认是整数类型，且第一个值为 0，后面每个连续的元素依次加 1 递增。若要改变默认起始值 0，可以通过直接给第一个元素赋值的方法。枚举类型的变量在某一时刻只能取某一枚举元素的值。

实例 3-1　枚举类型变量应用

本实例首先定义枚举类型 Color，再声明 enTest 枚举变量，最后以两种形式输出 enTest 值。

源程序：enum.aspx 部分代码

```
<% @ Page Language = "C#" AutoEventWireup = "true" CodeFile = "enum.aspx.cs" Inherits =
"chap3_enum" %>
…(略)
```

源程序：enum.aspx.cs

```
using System;
public partial class chap3_enum : System.Web.UI.Page
{
    //声明枚举类型 Color
    enum Color
    {
        Red = 1, Green, Blue
    }
    protected void Page_Load(object sender, EventArgs e)
    {
        Color enTest = Color.Green;
        int i = (int) Color.Green;
        Response.Write("enTest 的值为：" + enTest + "</br>");     //输出 Green
```

```
        Response.Write("i的值为： " + i);        //输出 2
    }
}
```

操作步骤：

（1）在 chap3 文件夹中新建 enum. aspx。

（2）在 enum. aspx. cs 中输入阴影部分内容。最后，浏览 enum. aspx，呈现如图 3-1 所示的界面。

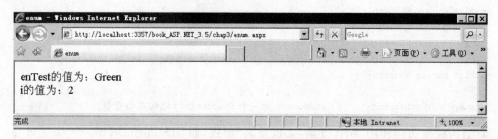

图 3-1   enum. aspx 浏览效果图

3.5.2   引用类型

C♯引用类型包括 class 类型、接口类型、数组类型和委托类型。

1. class 类型

class 类型定义了一个包含数据成员（字段）和函数成员（方法、属性等）的数据结构，声明使用 class 关键字。在 3.8 节中将较详细地介绍有关类的内容。

1）object 类型

作为 class 类型之一的 object 类型，在 .NET Framework 实质是 System. Object 类的别名。object 类型在 C♯的统一类型系统中有特殊作用，所有类型（预定义类型、用户定义类型、引用类型和值类型）都是直接或间接地从 System. Object 类继承，因此，可以将任何类型的数据转化为 object 类型。

2）string 类型

另外一种作为 class 类型的 string 类型在 C♯中实质是一种数组，即字符串可看作是一个字符数组。在声明时要求放在一对双引号之间。对于包含"\"字符的字符串，要使用转义符形式，如下面的示例代码：

```
string strPath = "c:\\ASP\\default.aspx";
```

对需要转义符定义的字符串，C♯中的@字符提供了另一种解决方法，即在字符串前加上@后，字符串的所有字符都会被看作原来的含义，如上面的示例代码可写成：

```
string strPath = @"c:\ASP\default.aspx";
```

另外，[]运算符可访问字符串中各个字符，如：

```
string strTest = "abcdefg";
char x = strTest[2];    //x 的值为'c'
```

注意：string 类型声明需要一对双引号，而 char 类型声明需要一对单引号。

实际编程时经常遇到要将其他数据类型转化为 string 类型的情形，这可以通过 ToString()方法实现。如：

```
string strInt = 23.ToString();
```

ToString()方法还提供了很实用的用于转换成不同格式的参数，如下面示例中 P 表示百分比格式，D 表示长日期格式，其他的参数详见 MSDN。

```
Response.Write(0.234.ToString("P"));        //输出 23.4%
Response.Write(DateTime.Now.ToString("D")); //输出系统日期"2008 年 4 月 21 日"
```

若要将 string 类型转化为其他类型，可使用 Parse()方法或 Convert 类的相应方法，如：

```
int iString = Int32.Parse("1234");                  //将 string 类型转化为 int 类型
string strDatetime = Convert.ToString(DateTime.Now); //将日期型转化为字符型
```

2. 接口类型

接口常用来描述组件对外能提供的服务，如组件与组件之间、组件和用户之间的交互都是通过接口完成。接口中不能定义数据，只能定义方法、属性、事件等。包含在接口中的方法不定义具体实现，而是在接口的继承类中实现。

3. 数组类型

数组是一组数据类型相同的元素集合。要访问数组中的元素时，可以通过"数组名[下标]"形式获取，其中下标编号从 0 开始。数组可以是一维的，也可以是多维的。下面是数组声明的多种形式：

```
string[] s1;                                //定义一维数组，但未初始化值
int[] s2 = new int[] { 1, 2, 3 };           //定义一维数组并初始化
int[,] s3 = new int[,] { { 1, 2 }, { 4, 5 } }; //定义二维数组并初始化
```

4. 委托类型

委托是一种安全地封装方法的类型，类似于 C 和 C++中的函数指针。与 C 中的函数指针不同，委托是类型安全的。通过委托可以将方法作为参数或变量使用。

3.5.3　装箱和拆箱

装箱和拆箱是实现值类型和引用类型相互转换的桥梁。装箱的核心是把值类型转化为对象类型，也就是创建一个对象并把值赋给对象。示例代码如下：

```
int i = 100;
object objNum = i;    //装箱
```

拆箱的核心是把对象类型转换为值类型,即把值从对象实例中复制出来。示例代码如下:

```
int i = 100;
object objNum = i;          //装箱
int j = (int)objNum;        //拆箱
```

3.6　运　算　符

C#包含多种运算符,表 3-7 总结了常用的运算符,并按优先级从高到低的顺序列出各运算符。

表 3-7　运算符对应表

类别	表达式	说　明
基本	x. m	成员访问
	x(...)	方法和委托调用
	x[...]	数组和索引器访问
	x++	后增量
	x--	后减量
	new T(...)	对象和委托创建
	new T(...){...}	使用初始值设定项创建对象
	new {...}	匿名对象初始值设定项
	new T[...]	数组创建
	typeof(T)	获得 T 的 System. Type 对象
	checked(x)	在 checked 上下文中计算表达式
	unchecked(x)	在 unchecked 上下文中计算表达式
	default(T)	获取类型 T 的默认值
	delegate {...}	匿名函数(匿名方法)
一元	-x	求相反数
	!x	逻辑求反
	~x	按位求反
	++x	前增量
	--x	前减量
	(T)x	显式将 x 转换为类型 T
乘除	x * y	乘法
	x / y	除法
	x % y	求余
加减	x ＋ y	加法、字符串串联、委托组合
	x － y	减法、委托移除
移位	x ≪ y	左移
	x ≫ y	右移

类别	表达式	说　　明
关系和类型检测	x < y	小于
	x > y	大于
	x <= y	小于或等于
	x >= y	大于或等于
	x is T	如果 x 属于 T 类型,则返回 true,否则返回 false
	x as T	返回转换为类型 T 的 x,如果 x 不是 T 则返回 null
逻辑操作	x == y	若 x 等于 y,则为 true,否则 false
	x != y	若 x 不等于 y,则为 true,否则 false
	x & y	整型按位 AND,布尔逻辑 AND
	x ^ y	整型按位 XOR,布尔逻辑 XOR
	x | y	整型按位 OR,布尔逻辑 OR
	x && y	仅当 x 为 true 才对 y 求值
	x || y	仅当 x 为 false 才对 y 求值
条件	x ? y : z	如果 x 为 true,则对 y 求值,如果 x 为 false,则对 z 求值
赋值或匿名函数	x = y	赋值
	x op= y	复合赋值;支持的运算符有: *= /= %= += -= <<= >>= &= ^= |=
	(T x) => y	匿名函数(lambda 表达式)

3.7　流　程　控　制

与其他语言类似,C#提供了选择、循环等结构。用于选择结构的有 if 语句和 switch 语句;用于循环结构的有 while 语句、do-while 语句、for 语句和 foreach 语句。

3.7.1　选择结构

1. If 语句

语法格式一:

```
if (条件表达式)
{
    //语句序列
}
```

执行顺序:

(1) 计算条件表达式。

(2) 当条件表达式为 true 时,执行"语句序列",否则执行 if 语句的后续语句。

语法格式二:

```
if (条件表达式)
```

```
    {
        //语句序列 1
    }
    else
    {
        //语句序列 2
    }
```

执行顺序：

(1) 计算条件表达式。

(2) 当条件表达为 true 时执行"语句序列 1"，否则执行"语句序列 2"。

注意：条件表达式在判断是否相等时一定要用"＝＝"。

2. switch 语句

if 语句实现的是两路分支功能，若要用 if 语句实现两路以上的分支时，必须嵌套 if 语句。而使用 switch 能很方便地实现多路分支功能。语法格式如下：

```
switch（控制表达式）
{
    case 常量1：
        //语句序列 1
    case 常量2：
        //语句序列 2
        ⋮
    default：
        //语句序列 n
}
```

执行顺序：

(1) 计算控制表达式。

(2) 若控制表达式的值与某一个 case 后面的常量值匹配，则执行此 case 后面的语句，若与所有 case 后面的常量值均不匹配则执行 default 语句块。

注意：每一个 case 块的结束必须有 break 结束语句或 goto 跳转语句。

实例 3-2   switch 语句应用

如图 3-2 所示，本实例根据今天是星期几在页面上输出相应信息。

图 3-2   switch. aspx 浏览效果图

源程序：switch.aspx 部分代码

```
＜%@ Page Language = "C#" AutoEventWireup = "true" CodeFile = "switch.aspx.cs" Inherits =
"chap3_switch" %＞
…(略)
```

源程序：switch.aspx.cs

```csharp
using System;
public partial class chap3_switch : System.Web.UI.Page
{
protected void Page_Load(object sender, EventArgs e)
    {
        //获取今天的系统日期
        DateTime dtToday = DateTime.Today;
        switch (dtToday.DayOfWeek.ToString()) //枚举值转换为字符型
        {
            case "Monday":
                Response.Write("星期一");
                break;
            case "Tuesday":
                Response.Write("星期二");
                break;
            case "Wednesday":
                Response.Write("星期三");
                break;
            case "Thursday":
                Response.Write("星期四");
                break;
            case "Friday":
                Response.Write("星期五");
                break;
            default:
                Response.Write("今天可以休息了!");
                break;
        }
    }
}
```

操作步骤：

在 chap3 文件夹中建立 switch.aspx 和 switch.aspx.cs,浏览 switch.aspx,呈现如图 3-2 所示的界面。

3.7.2　循环结构

1. while 语句

while 语句根据条件表达式的值,执行 0 次或多次循环体。语法格式如下：

```
while (条件表达式)
{
```

```
    //语句序列
}
```

执行顺序：

(1) 计算条件表达式。

(2) 当条件表达式为 true 时，执行循环体中语句序列，然后返回(1)。当条件表达式为 false 时，执行 while 后续语句。

实例 3-3　　while 语句应用

如图 3-3 和图 3-4 所示，本实例在页面上的 TextBox 中输入一个值 n，单击 Button 按钮后计算 S=1+3+...+n，并在一个 Label 控件中输出值。

源程序：while.aspx 部分代码

```
<% @ Page Language = "C♯" AutoEventWireup = "true" CodeFile = "while.aspx.cs" Inherits =
"chap3_while" %>
...(略)
<form id = "form1" runat = "server">
    <div>
        <asp:TextBox ID = "txtInput" runat = "server">请输入一个数字</asp:TextBox>
        <asp:Label ID = "lblOutput" runat = "server" Text = "Label"></asp:Label>
        <br />
        <asp:Button ID = "btmSubmit" runat = "server" OnClick = "btmSubmit_Click" Text =
"Button" />
    </div>
</form>
...(略)
```

源程序：while.aspx.cs

```
using System;
public partial class chap3_while : System.Web.UI.Page
{
    protected void btmSubmit_Click(object sender, EventArgs e)
    {
        int iSum = 0;                           //iSum 存放和
        int iInput = int.Parse(txtInput.Text);  //iInput 存放转换后的文本框输入值
        int i = 1;                              //循环变量 i
        while (i <= iInput)
        {
            iSum += i;
            i += 2;
        }
        lblOutput.Text = "和为：" + iSum.ToString();
    }
}
```

操作步骤：

在 chap3 文件夹中建立 while.aspx，添加 TextBox、Label、Button 控件各一个，设置相应属性；建立 while.aspx.cs，并输入代码。浏览 while.aspx 呈现如图 3-3 所示的界面；在文本框中输入1000，单击Button按钮后呈现如图3-4所示的界面。

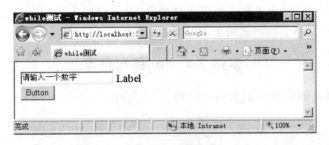

图 3-3　while.aspx 浏览效果图（一）

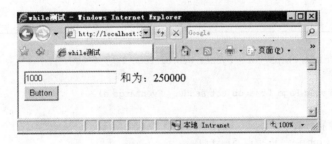

图 3-4　while.aspx 浏览效果图（二）

2. do-while 循环

语法格式如下：

```
do
{
    //语句序列
}
while（条件表达式）
```

执行顺序：

（1）执行循环体内语句序列。

（2）计算条件表达式，若为 true 返回（1），否则执行后续语句。

注意：与 while 语句不同，do-while 循环体内语句序列会在计算条件表达式之前执行一次。

3. for 语句

for 语句较适用于循环次数已知的循环，循环体中语句可能执行 0 次或多次。语法格式如下：

```
for（循环变量初始化；条件表达式；循环控制表达式）
{
    //语句序列
}
```

执行顺序：

（1）初始化循环变量，并赋初值。

（2）计算条件表达式,若为 true,则执行循环体内语句序列,否则跳出循环。

（3）根据循环控制表达式改变循环变量的值,返回(2)。

注意：当使用 for（；；)形式时表示死循环,需要 break 语句跳出。

实例 3-4　for 语句应用

本实例利用 for 语句在网页上输出三角形。

源程序：for.aspx 部分代码

```
< % @ Page Language = "C # " AutoEventWireup = "true" CodeFile = "for. aspx. cs" Inherits =
"chap3_for" % >
…(略)
```

源程序：for.aspx.cs

```
using System;
public partial class chap3_for : System. Web. UI. Page
{
    protected void Page_Load(object sender, EventArgs e)
    {
        //控制行数
        for (int i = 1; i < 5; i++)
        {
            //控制输出每行前的空格数
            for (int k = 1; k <= 20 - i; k++)
            {
                Response.Write(" ");
            }
            //控制输出每行的 * 数
            for (int j = 1; j <= 2 * i - 1; j++)
            {
                Response.Write(" * ");
            }
            //换行
            Response.Write("<br />");
        }
    }
}
```

操作步骤：

在 chap3 文件夹中建立 for. aspx 和 for. aspx. cs,浏览 for. aspx,呈现如图 3-5 所示的界面。

图 3-5　for. aspx 浏览效果图

4. foreach 语句

foreach 语句常用于枚举数组、集合中每个元素，并针对每个元素执行循环体内语句序列。foreach 语句不能改变集合中各元素的值。语法格式如下：

```
foreach (数据类型 循环变量 in 集合)
{
    //语句序列
}
```

实例 3-5　foreach 语句应用

本实例先给数组赋值，再逐个输出数组元素。

源程序：foreach.aspx 部分代码

```
< % @ Page Language = "C#" AutoEventWireup = "true" CodeFile = "foreach.aspx.cs" Inherits =
"chap3_foreach" % >
...(略)
```

源程序：foreach.aspx.cs

```
using System;
public partial class chap3_foreach : System.Web.UI.Page
{
    protected void Page_Load(object sender, EventArgs e)
    {
        //数组赋值
        string[] strNames = { "张犯","周振","王涛"};
        //升序排列数组
        Array.Sort(strNames);
        //逐个输出数组元素
        foreach (string n in strNames)
        {
            Response.Write("姓名：" + n + "<br />");
        }
    }
}
```

操作步骤：

在 chap3 文件夹中建立 foreach.aspx 和 foreach.aspx.cs，浏览 foreach.aspx，呈现如图 3-6 所示的界面。

图 3-6　foreach.aspx 浏览效果图

3.7.3　异常处理

异常的产生常由于激发了某个异常的条件,使得操作无法正常进行,如算术运算中的除零操作、内存不足、数组索引越界等。异常处理能使程序更加健壮,容易让程序员对捕获的错误进行处理。异常处理常使用两种形式:throw 语句和 try...catch...finally 结构。

1. throw 语句

throw 语句用于抛出异常错误信息。它可以使用在 try...catch...finally 结构中的 catch 块,也可以使用在其他的结构中,如 if 语句。

实例 3-6　throw 语句应用

本实例当除零操作时,抛出"除数不能为零!"的错误信息。

源程序:throw.aspx 部分代码

```
< % @ Page Language = "C#" AutoEventWireup = "true" CodeFile = "throw.aspx.cs" Inherits =
"chap3_throw" % >
...(略)
```

源程序:throw.aspx.cs

```csharp
using System;

public partial class chap3_throw : System.Web.UI.Page
{
protected void Page_Load(object sender, EventArgs e)
{
    int i = 10;
    int j = 0;
    int k;
    if (j == 0)
    {
        throw new Exception("除数不能为零!");
    }
    else
    {
        k = i / j;
    }
    Response.Write(k);
    }
}
```

操作步骤:

在 chap3 文件夹中建立 throw.aspx 和 throw.aspx.cs 后,浏览 throw.aspx,呈现如图 3-7 所示的界面。

程序说明:

本实例主要为了说明 throw 语句的应用。在实际工程中,变量值应来源于某个输入控

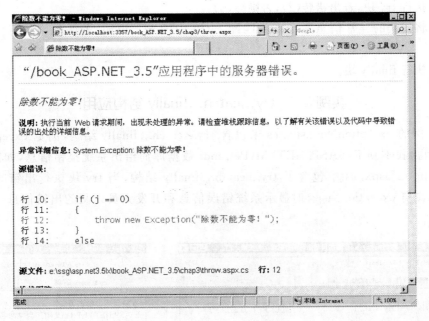

图 3-7　throw.aspx浏览效果图

件,直接赋值毫无意义。

2. try...catch...finally 结构

在 try...catch...finally 结构中,异常捕获由 try 块完成,处理异常的代码放在 catch 块,而在 finally 块中的代码不论是否有异常发生总会被执行。其中 catch 块可多个,而 finally 块不是必需的。在实际应用中,finally 常完成一些善后工作,如数据库操作中的数据库关闭等。语法格式如下:

```
try
{
    //可能出错的语句序列
}
catch(异常声明1)
{
    //捕获异常后执行的语句序列
}
catch(异常声明2)
{
}
⋮
finally
{
    //总是执行的语句块
}
```

执行顺序:

（1）执行 try 块，若出错转（2），否则转（3）。

（2）将捕获的异常信息逐个查找匹配 catch 中的异常声明，若匹配则执行内嵌语句序列。

（3）执行 finally 块。

实例 3-7   try…catch…finally 结构应用

本实例的 exceptionNo. aspx. cs 未包含 try…catch…finally 结构，浏览 exceptionNo. aspx 时因为找不到 E:\ASP. NET\MyPet. mdf 数据库而给出系统报错信息，如图 3-8 所示。exception. aspx. cs 中包含了 try…catch…finally 结构，当 try 块执行出错时将执行 catch 块，浏览 exception. aspx 时显示系统错误信息和开发人员定义的出错信息，如图 3-9 所示。

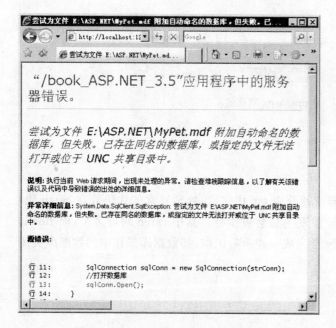

图 3-8   exceptionNo. aspx 浏览效果图

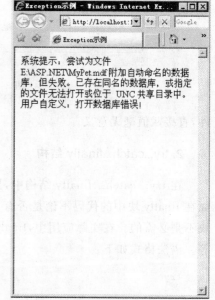

图 3-9   exception. aspx 浏览效果图

源程序：exceptionNo.aspx 部分代码

```
< % @ Page Language = "C♯" AutoEventWireup = "true" CodeFile = "exceptionNo. aspx. cs" Inherits =
"chap3_ExceptionNo" % >
…（略）
```

源程序：exceptionNo.aspx.cs

```
using System;
using System. Data. SqlClient;

public partial class chap3_ExceptionNo : System. Web. UI. Page
{
    protected void Page_Load(object sender, EventArgs e)
    {
        //定义连接 SQL Server 2005 Express 数据库的连接字符串
```

```
        string strConn = @"Data Source = .\SQLEXPRESS;AttachDbFilename = E:\ASP.NET\MyPet.
mdf;Integrated Security = True;User Instance = True";
        //建立连接对象
        SqlConnection sqlConn = new SqlConnection(strConn);
        //打开数据库
        sqlConn.Open();
    }
}
```

源程序：exception.aspx 部分代码

```
<%@ Page Language = "C#" AutoEventWireup = "true" CodeFile = "exception.aspx.cs" Inherits =
"chap3_Exception" %>
…(略)
```

源程序：exception.aspx.cs

```
using System;
using System.Data.SqlClient;

public partial class chap3_Exception : System.Web.UI.Page
{
    protected void Page_Load(object sender, EventArgs e)
    {
        string strConn = @"Data Source = .\SQLEXPRESS;AttachDbFilename = E:\ASP.NET\MyPet.
mdf;Integrated Security = True;User Instance = True";
        SqlConnection sqlConn = new SqlConnection(strConn);
        try
        {
            sqlConn.Open();
        }
        catch (Exception ee)
        {
            //输出捕获的错误信息
            Response.Write("系统提示：" + ee.Message + "<br />");
            //输出用户自定义的错误信息
            Response.Write("用户自定义：" + "打开数据库错误!");
        }
        finally
        {
            sqlConn.Close(); //关闭数据库
        }
    }
}
```

3.8　自定义 ASP.NET 类

实际上，ASP.NET 3.5 是完全面向对象的，任何对象都由类生成，而自定义类能进一步扩展功能。本节将介绍自定义类需创建的属性、构造函数、方法、事件和继承等。

3.8.1　类的常识

　　.NET 的底层全部是用类实现的,不管是界面上的按钮,还是前面讲的数据类型。在考虑实现 ASP.NET 3.5 网站功能时要尽量从类的角度去实现。那么什么是类呢? 简单地说,类就是一种模板,通过类的实际例子(实例)就能使用模板中定义的属性、方法等。类具有封装性、继承性和多态性的特点。封装性指的是将具体实现方法封闭起来,只向用户暴露属性、方法等。就是说,用户不需要知道类内部到底如何实现的,只要会调用属性和方法就可以了。继承性指的是一个类可以继承另一个类的特征(属性、方法、事件等)。多态性指的是具有继承关系的不同类拥有相同的方法名称,当调用这些类的相同方法时,执行的动作却不一样。

　　与 ASP.NET 3.5 页面对应的类包含在 .aspx.cs 文件中。而对自定义的类应该放在 App_Code 文件夹下,Visual Studio 2008 会自动编译该文件夹中包含的类,并且在使用这些类时能得 IntelliSense 的支持。

　　创建类的语法格式如下:

```
修饰符 class 类名
{
    ⋮
}
```

　　类创建完后,使用 new 关键字可建立类的实例对象。类的常用修饰符主要有访问修饰符、abstract、static、partial、sealed。

　　abstract 修饰符表示该类只能是其他类的基类,又称为抽象类,对这种类中的成员必须通过继承来实现。

　　static 修饰符表示该类为静态类,这种类在使用时不能使用 new 创建类的实例,但能够直接访问数据和方法。

　　partial 修饰符在 ASP.NET 3.5 网站建设中使用相当频繁,在每个 aspx 页面对应的代码隐藏页中定义的类都包含了该修饰符。使用 partial 可以将类的定义拆分到两个或多个源文件中。每个源文件包含定义的一部分,当编译应用程序时 .NET Framework 会将所有部分组合起来形成一个类。

　　sealed 修饰符表示该类为密封类,意味着该类不能被继承。

　　下面将结合一个简单的银行帐户类 Account 说明创建一个类时通常涉及的属性、构造函数、方法、事件和继承等。

3.8.2　属性

　　通过属性可以获取或改变类中私有字段的内容,这种方式充分地体现了封装性,即不直接操作类的数据内容,而是通过访问器进行访问。访问器有 get 访问器和 set 访问器,分别用于获取和设置属性值。当仅包含 get 访问器时,表示该属性是只读的。

实例 3-8　类 Account 的属性定义

本实例描述类 Account 中的三个属性：帐户编号（ID）、帐户所有者（Name）、帐户余额（Balance）。

源程序：Account.cs 属性代码

```
public class Account
{
    private string _ID; //对应 ID 属性
    private string _Name; //对应 Name 属性
    private decimal _Balance; //对应 Balance 属性
    public string ID
    {
        get
        {
            return this._ID;
        }
        set
        {
            this._ID = value;
        }
    }

    public string Name
    {
        get
        {
            return this._Name;
        }
        set
        {
            this._Name = value;
        }
    }

    public decimal Balance
    {
        get
        {
            return this._Balance;
        }
        set
        {
            this._Balance = value;
        }
    }
}
```

操作步骤：

(1) 右击 App_Code 文件夹，在弹出的快捷菜单中选择"添加新项"命令，选择"类"模板，重命名为 Account.cs，单击"添加"按钮。

(2) 输入阴影部分的内容。请大家在输入过程中仔细体会 IntelliSense。

3.8.3　构造函数

当使用 new 关键字实例化一个对象时，将调用对象的构造函数，所以说，在使用一个类时，最先执行的语句就是构造函数中的语句。每个类都有构造函数，如果没有定义构造函数，编译器会自动提供一个默认的构造函数。

注意：构造函数名与类名相同且总是 public 类型。

实例 3-9　类 Account 中构造函数定义

在银行帐户类 Account 中，需要构建一个对应的构造函数。

源程序：Account.cs 构造函数代码

```
public Account(string id,string name,decimal balance)
{
    this.ID = id;               //设置 ID 属性
    this.Name = name;           //设置 Name 属性
    this.Balance = balance;     //设置 Balance 属性
}
```

操作步骤：

在上面类 Account 属性代码的基础上输入上面阴影部分的内容。

程序说明：

从上面的代码中可看出，构造函数常用于类实例化时将参数值带入对象中。如建立对象时使用：

```
Account account = new Account("324001","李明",140);
```

这表示"324001"值传给属性 ID，再通过 set 访问器设置_ID 的值为"324001"。类似地，另两个参数值"李明"和 140 也分别传递给对象中的_Name 和_Balance。

3.8.4　方法

方法反映了对象的行为。方法的常用修饰符有访问修饰符、void 等。void 指定方法不返回值。

实例 3-10　类 Account 中存款和取款方法定义

存款方法先检查需存款的金额是否大于 0，若大于 0 则将原帐户余额与存款金额相加保存为新的存款金额，否则抛出异常信息。取款方法先检查取款金额是否小于原帐户余额，若是则将原帐户余额减去取款金额,再保存为新的存款金额,否则抛出异常。

源程序:Account.cs 方法代码

```
/// <summary>
///存款方法
/// </summary>
public void Deposit(decimal amount)
{
    if (amount > 0)
    {
        this._Balance += amount;
    }
    else
    {
        throw new Exception("存款金额不能小于或等于0!");
    }
}


///<summary>
///取款方法
///</summary>
public void Acquire(decimal amount)
{
    if (amount < this._Balance)
    {
        this._Balance -= amount;
    }
    else
    {
        throw new Exception("余额不足!");
    }
}
```

操作步骤:

在 Account.cs 中输入上面阴影部分的内容。

实例 3-11 Account 类和 ASP.NET 网页结合

源程序:Account.aspx.cs

```
using System;

public partial class chap3_Account : System.Web.UI.Page
{
    protected void Page_Load(object sender, EventArgs e)
    {
        //建立 account 对象
        Account account = new Account("03401", "李明", 200);
        //输出初始余额信息
```

```
            Response.Write("初始余额为：" + account.Balance.ToString() + "<br />");
            //存款 100
            account.Deposit(100);
            //输出存款 100 后余额信息
            Response.Write("存款 100 后" + "<br />");
            Response.Write(account.Name + "的存款余额为：" + account.Balance.ToString() +
    "<br />");
            //取款 150
            account.Acquire(150);
            //输出取款 150 后余额信息
            Response.Write("取款 150 后" + "<br />");
            Response.Write(account.Name + "的存款余额为：" + account.Balance.ToString());
        }
    }
```

操作步骤：

在 chap3 文件夹中建立 Account.aspx 和 Account.aspx.cs。浏览 Account.aspx，呈现如图 3-10 所示的界面。

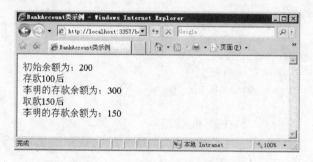

图 3-10   Account.aspx 浏览效果图

程序说明：

new Account("03401", "李明", 200)调用构造函数 Account()创建实例对象。

account.Balance.ToString()获取 account 对象的 Balance 属性值，并转化为 string 类型数据。

account.Deposit(100)表示调用 account 对象的 Deposit 方法。

3.8.5   事件

事件是一种用于类和类之间传递消息或触发新的行为的编程方式。通过提供事件的句柄，客户能够把控件和可执行代码联系在一起。如开发人员在 Button 控件的 Click 事件中编写代码后，用户单击 Button 就触发 Click 事件并执行其中的代码。

事件的声明通过委托来实现。先定义委托，再用委托定义事件，激发事件的过程实质是调用委托。常见的事件声明语法格式如下：

```
public delegate void EventHandler(object sender, EventArgs e);      //定义委托
public event EventHandler MyEvent;                                  //定义事件
```

EventHandler 委托定义了两个参数,分别是 object 类型和 EventArgs 类型。如果需要更多参数,可以通过派生 EventArgs 类实现。sender 表示触发事件的对象,e 用于在事件中传递参数。如单击 Button 按钮,则 sender 表示 Button 按钮,e 表示 Click 事件参数。

MyEvent 事件使用 EventHandler 委托定义,其中使用了 public 修饰符,也可以使用 private、protected 等修饰符。

实例 3-12　类 AccountEvent 中增加余额不足事件和事件应用

该事件在取款余额不足时触发。为避免与类 Account 冲突,本实例在类 Account 基础上新建一个类 AccountEvent,定义的事件将在取款余额不足时被触发。

源程序: AccountEvent.cs 中 Overdraw 事件代码

```
public event EventHandler Overdraw; //Overdraw 事件声明
...
///<summary>
///余额不足事件
///<summary>
public void OnOverdraw(object sender, EventArgs e)
{
    if (Overdraw ! = null)
    {
        Overdraw(this, e);
    }
}
```

注意:事件声明时定义的事件名前无 On,而函数名前加 On,如函数 OnOverdraw 对应 Overdraw 事件。

定义完事件后,还需要在方法中放置事件的触发点。下面在类 Account 的基础上修改 Acquire 方法,在其中加入触发事件的代码。

源程序: AccountEvent.cs 中 Acquire 方法代码

```
///<summary>
///取款方法
///</summary>
public void Acquire(decimal amount)
{
    if (amount < this._Balance)
    {
        this._Balance -= amount;
    }
    else
    {
        OnOverdraw(this,EventArgs.Empty);
        return;
    }
}
```

至此,已经声明了事件并增加了事件触发点。但若在页面上使用这些事件,还需要运算符"＋＝"注册事件,并要在相应的事件内编写代码。下面的代码说明了如何应用 Overdraw 事件。

源程序：AcountEvent.aspx.cs

```
using System;

public partial class chap3_AccountEvent : System.Web.UI.Page
{
    protected void Page_Load(object sender, EventArgs e)
    {
        //建立 account 对象
        AccountEvent account = new AccountEvent("03401", "李明", 200);
        //注册事件
        account.Overdraw += new EventHandler(account_Overdraw);
        //取款 400
        account.Acquire(400);
    }

    private void account_Overdraw(object sender, EventArgs e)
    {
        Response.Write("余额不足了!");
    }
}
```

操作步骤：

在 chap3 文件夹中建立 AccountEvent.aspx 和 AccountEvent.aspx.cs,在 AccountEvent.aspx.cs 中输入阴影部分代码。浏览 AccountEvent.aspx,呈现如图 3-11 所示的界面。

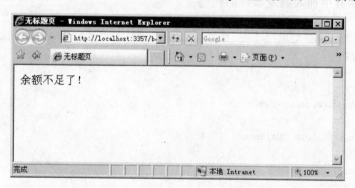

图 3-11　AccountEvent.aspx 浏览效果图

程序说明：

当程序执行"account.Acquire(400);"时将触发 Overdraw 事件,再执行 account_Overdraw()方法,输出信息"余额不足了!"。

3.8.6 继承

继承可以重用现有类的数据和行为,并扩展新的功能。继承以基类为基础,通过向基类添加成员创建派生类。通常基类又称为超类或父类,派生类又称为子类。

如在 Account 类这个例子中,如果针对企业帐户需要增加 Type 属性,那么利用类的继承性,只要添加一个新的属性就可以了。

实例 3-13 继承的实现

本实例建立的 EnterpriseAccount 类在继承 Account 类的基础上增加了 Type 属性。

源程序:EnterpriseAccount.cs

```
/// <summary>
///继承 Account 类,增加 Type 属性
/// </summary>
public class EnterpriseAccount:Account
{
    private string _Type; //对应 Type 属性

    public string Type
    {
        get
        {
            return _Type;
        }
        set
        {
            _Type = value;
        }
    }
}
```

3.9 小 结

本章主要介绍 C#基础知识,并结合 ASP.NET 3.5 说明 C#在网站开发时的应用。

C#作为 Microsoft 专门为.NET 打造的编程语言,非常适合于 ASP.NET 3.5 网页开发。.NET Framework 命名空间提供了.NET 类的组织方式。学习 ASP.NET 3.5 网页开发,需要了解常用的命名空间。

良好的编程规范是开发人员应当遵守的规则,这有助于代码理解、方便代码阅读。

掌握 C#基础语法是 ASP.NET 3.5 网页开发的基础,因此要理解常量的作用、修饰符的作用、变量的作用域、值类型与引用类型的区别。通过装箱和拆箱能较深入地理解 C#中任何东西都可作为对象对待的实质。流程控制提供了程序的运行逻辑,要熟悉选择结构、循

环结构的不同形式。异常处理能使程序更健壮,在编程过程中需要熟练地使用。尽管 .NET 类库提供了强大的功能支持,但仍有一些功能需进一步扩展,此时就需要自定义类。而且,在编程时要树立绝大部分的业务处理都通过自定义类实现的思想,这实际上也是 N 层应用程序的编程思想。但作为教学例子,考虑要降低系统复杂性,所以很多例子还是采用二层应用程序开发模式。

3.10　习　　题

1. 填空题

(1) C♯使用的类库就是_____提供的类库。

(2) 要在一个类中包含 System.Data 命名空间的语句是_____。

(3) 使用_____修饰符能调用未实例化的类中的方法。

(4) C♯中的数据类型包括_____和_____。

(5) _____是由一组命名常量组成的类型。

(6) 在 C♯统一类型系统中,所有类型都是直接或间接地从_____继承。

(7) 装箱实质是把_____转化为_____。

(8) 至少会执行一次循环的循环语句是_____。

(9) 较适用于已知循环次数的循环语句是_____。

(10) 如果类名为 UserInfo,那么它的构造函数名为_____。

(11) _____可以重用现有类的数据和行为,并扩展新的功能。

2. 是非题

(1) decimal 类型必须在数据末尾添加 M 或 m,否则编译器以 double 类型处理。(　　)

(2) 访问结构类型中成员的方式通常使用“结构名.成员名”形式。(　　)

(3) 枚举类型的变量可能同时取到枚举中两个元素的值。(　　)

(4) 数组可以由一组数据类型不相同的元素组成。(　　)

(5) 在 switch 结构中,每一个 case 块的结束必须要有 break 或 goto 语句。(　　)

(6) foreach 语句适用于枚举数组中的元素。(　　)

(7) 当一个类实例化时,它的构造函数中包含的代码肯定会执行。(　　)

3. 选择题

(1) 下列数据类型属于值类型的是(　　)。

A. struct　　　　B. class　　　　C. interface　　　　D. delegate

(2) 下列数据类型属于引用类型的是(　　)。

A. bool　　　　B. char　　　　C. string　　　　D. enum

(3) 下列运算符中(　　)具有三个操作数。

A. >>=　　　　B. &&　　　　C. ++　　　　D. ?

(4) 下面有关数据类型的描述中不正确的是(　　)。

A. 在引用类型中,有可能两个变量引用同一个对象

B. bool 类型中可以用数字 1 表示 true

C. byte 类型的取值范围是 0～255

D. 可以通过转义符方式输入字符

（5）下面对 proteced 修饰符说法正确的是（　　　）。

A. 只能在派生类中访问

B. 只能在所属的类中访问

C. 能在当前应用程序中访问

D. 能在所属的类或派生类中访问

（6）以下有关属性的说法错误的是（　　　）。

A. 通过属性能获取类中 private 字段的数据

B. 当属性定义时，若仅包含 set 访问器，表示该属性为只读属性

C. 属性的访问形式是"对象名.属性名"

D. 属性体现了对象的封装性

4. 简答题

（1）请说明修饰符 public、internal、protected、protected internal、private 的区别。

（2）值类型和引用类型有什么区别？

（3）举例说明装箱和拆箱的作用。

5. 上机操作题

（1）建立并调试本章的所有实例。

（2）设计一个网页，其中包含 TextBox 和 Button 控件各一个。当在 TextBox 中输入一个成绩，再单击 Button 控件时在网页上输出相应的等级信息。

（3）在网页上输出九九乘法表。

（4）在网页上输出如下形状：

```
  A
 BBB
CCCCC
 DDD
  E
```

（5）设计一个网页，其中包含 TextBox 和 Button 控件各一个。当在 TextBox 中输入一组以空格间隔的一组数字，再单击 Button 控件时在网页上输出该组数字的降序排列。（要求使用数组）。

（6）设计一个网页，其中包含两个 TextBox 和一个 Button 控件。当在 TextBox 中各输入一个数值，再单击 Button 控件时在网页上输出两者相除的数值。（要求包含异常处理）。

（7）设计一个用于用户注册页面的用户信息类 UserInfo，它包括两个属性：姓名（Name）、生日（Birthday）；一个方法 DecideAge：用于判断用户是否达到规定年龄，对大于等于 18 岁的在页面上输出"您是成人了！"，而小于 18 岁的在页面上输出"您还没长大呢！"

（8）改写第（6）题中 DecideAge 方法，增加一个事件 ValidateBirthday：当输入的生日值大于当前日期或小于 1900-1-1 时被触发。

（9）设计网页并应用自己定义的 UserInfo 类。

第 4 章

ASP.NET 3.5标准控件

本章要点:

☞ 理解 ASP.NET 3.5 页面事件处理流程。

☞ 了解 HTML 服务器控件。

☞ 熟悉 ASP.NET 3.5 标准控件。

☞ 熟练掌握各个控件应用实例。

4.1 ASP.NET 3.5 页面事件处理

只有熟悉 ASP.NET 3.5 页面事件处理流程,才能理解代码的执行顺序。本节将介绍常用的页面事件和属性 IsPostBack。

4.1.1 ASP.NET 3.5 事件

每个 ASP.NET 3.5 页面在运行时都会经历一个生命周期,并在生命周期中执行一系列处理步骤。这些步骤包括初始化、实例化控件,运行事件处理程序代码到呈现页面。常用的页面处理事件如表 4-1 所示。

表 4-1 常用页面处理事件表

事 件	作 用
Page_PreInit	通过 IsPostBack 属性确定是否第一次处理该页、创建动态控件、动态设置主题属性、读取配置文件属性等
Page_Init	初始化控件属性
Page_Load	读取和更新控件属性
控件事件	处理特定事件,如 Button 控件的 Click 事件

在表 4-1 中,事件处理的先后顺序是 Page_PreInit、Page_Init、Page_Load 和控件的事件。平时使用的时候,控件的事件以 Click 事件和 Change 事件为主。Click 事件被触发时会引起页面往返处理。Change 事件被触发时,先将事件的信息暂时保存在客户端的缓冲区中,等到下一次向服务器传递信息时,再和其他信息一起发送给服务器。若要让控件的

Change 事件立即得到服务器的响应,就需要将该控件的属性 AutoPostBack 值设为 true。但是,这种设置太多会降低系统的运行效率。

4.1.2 属性 IsPostBack

当控件的事件被触发时,Page_Load 事件会在控件的事件之前被触发。如果想在执行控件的事件代码时不执行 Page_Load 事件中的代码,可以通过判断属性 Page.IsPostBack 实现。属性 IsPostBack 在用户第一次浏览网页时,会返回值 false,否则返回值 true。

实例 4-1 属性 IsPostBack 应用

本实例在页面第一次载入时显示"页面第一次加载!"。当单击按钮时显示"执行 Click 事件代码!"信息。

源程序:IsPostBack.aspx

```
<%@ Page Language = "C#" AutoEventWireup = "true" CodeFile = "IsPostBack.aspx.cs" Inherits =
"chap4_IsPostBack" %>
…(略)
<form id = "form1" runat = "server">
    <div>
        <asp:Button ID = "Button1" runat = "server" OnClick = "Button1_Click" Style = "font -
size: x - large"
            Text = "Button" />
    </div>
</form>
…(略)
```

源程序:IsPostBack.aspx.cs

```
using System;

public partial class chap4_IsPostBack : System.Web.UI.Page
{
    protected void Page_Load(object sender, EventArgs e)
    {
        if (!IsPostBack)
        {
            Response.Write("页面第一次加载!");
        }
    }
    protected void Button1_Click(object sender, EventArgs e)
    {
        Response.Write("执行 Click 事件代码!");
    }
}
```

程序说明:

当单击按钮时引起页面往返,此时首先处理 Page_Load 事件中代码,但因为"! IsPostBack"值为 false,所以不执行"Response.Write("页面第一次加载!");",然后处理

Click 事件中代码,显示"执行 Click 事件代码!"信息。

4.2　ASP.NET 3.5 服务器控件概述

ASP.NET 3.5 提供了两种不同类型的服务器控件: HTML 服务器控件和 Web 服务器控件。这两种类型的控件大不相同,那么哪种类型控件比较好呢? 答案取决于不同的场合和要取得的结果。HTML 服务器控件常用于升级原有的 ASP 3.0 页面到 ASP.NET 页面,而在目前的 ASP.NET 3.5 网站建设中,优先考虑 Web 服务器控件。当 Web 服务器控件无法完成特定的任务时,可考虑 HTML 服务器控件。

4.2.1　HTML 服务器控件简介

对包含在 .htm 文件中的 XHTML 元素,在服务器端是无法在 Web 窗体页上访问的,而是直接传递给浏览器由浏览器解释执行。HTML 服务器控件实现了将 XHTML 元素到服务器控件的转换,每个 XHTML 元素都有相应的 HTML 服务器控件相对应。经过转换后,Web 窗体页就可访问 XHTML 元素(HTML 服务器控件),从而实现在服务器端对 HTML 服务器控件的编程。

要转换 XHTML 元素到 HTML 服务器控件的方法是在 Visual Studio 2008 的"源"视图中找到 XHTML 元素,加上属性"runat="server""。例如 XHTML 元素为:

```
<input id = "Button2" type = "button" value = "button" />
```

如果将其转化成 HTML 服务器控件,则为:

```
<input id = "Button2" type = "button" value = "button" runat = "server" />
```

4.2.2　Web 服务器控件简介

Web 服务器控件在工作时不与特定的 XHTML 元素对应,也不需要通过一组 XHTML 元素的属性来定义。在构造由 Web 服务器控件组成的 Web 窗体页时,可以描述页面元素的功能、外观、操作方式和行为等,然后由 ASP.NET 确定如何输出该页面。对于不同的浏览器,可能会得到不同的 XHTML 输出。

Web 服务器控件根据功能不同分成标准控件、数据控件、验证控件、导航控件、登录控件、WebParts 控件、AJAX Extensions 控件和用户自定义控件等。

- 标准控件: 除 Web 窗体页中常用的按钮、文本框、下拉列表框等控件外,还包括一些特殊用途的控件,如日历等。
- 数据控件: 用于连接访问数据库,显示数据库数据等。
- 验证控件: 用于控制用户信息的输入,如必须要输入的信息、输入的值要在指定的范围等。
- 导航控件: 用于网站的导航。

- 登录控件：用于网站的用户注册、用户管理等。
- WebParts 控件：用于网站入口、定制用户界面等。
- AJAX Extensions 控件：用于只更新页面的局部信息而不往返整个页面。
- 用户自定义控件：用于扩展系统功能，保持网站的一些统一风格等。

4.3 标 准 控 件

ASP.NET 3.5 标准控件提供了构造 Web 窗体页的基本功能，这些控件具有一些常用的共有属性，如表 4-2 所示。

表 4-2　Web 服务器控件的共有属性表

属性名	说　　明	属性名	说　　明
AccessKey	控件的键盘快捷键	Font	控件的字体属性
Attributes	控件的所有属性集合	Height	控件的高度
BackColor	控件的背景色	ID	控件的编程标识符
BoderWidth	控件的边框宽度	Text	控件上显示的文本
BoderStyle	控件的边框样式	ToolTip	当鼠标悬停在控件上时显示的文本
CssClass	控件的 CSS 类名	Visible	控件是否在 Web 页上显示
Enabled	是否启用 Web 服务器控件	Width	控件的宽度

4.3.1　Label 控件

Label 控件用于在浏览器上显示文本，可以在服务器端动态地修改文本。通过 Text 属性指定控件显示的内容。定义的语法格式如下：

<asp:Label ID = "Label1" runat = "server" Text = "Label"></asp:Label>

Label 控件中有一个很实用的属性是 AssociatedControlID，它的值可把 Label 控件与窗体中另一个服务器控件关联起来。

实例 4-2　通过键盘快捷键激活特定文本框

如图 4-1 所示，当按下 ALT＋N 组合键时，将激活用户名右边的文本框；当按下 Alt＋P组合键时将激活密码右边的文本框。

图 4-1　Label.aspx 浏览效果图

源程序：Label.aspx部分代码

```
<%@ Page Language = "C#" AutoEventWireup = "true" CodeFile = "Label.aspx.cs" Inherits =
"chap4_Label" %>
…(略)
        <form id = "form1" runat = "server">
        <div>
            <asp:Label ID = "lblName" runat = "server" AccessKey = "N" AssociatedControlID =
"txtName"
                Text = "用户名(N)："></asp:Label>
            <asp:TextBox ID = "txtName" runat = "server"></asp:TextBox>
            <br />
            <asp:Label ID = "lblPassword" runat = "server" AccessKey = "P" AssociatedControlID =
"txtPassword"
                Text = "密码(P)："></asp:Label>
               
            <asp:TextBox ID = "txtPassword" runat = "server"></asp:TextBox>
        </div>
        </form>
…(略)
```

操作步骤：

在 chap4 文件夹中建立 Label.aspx，增加两个 Label 控件和两个文本框控件，并设置相应属性，界面设计如图 4-2 所示，属性设置如表 4-3 所示。最后，浏览 Label.aspx 进行测试。

图 4-2　Label.aspx 界面设计图

表 4-3　Label.aspx 中控件属性设置表

控　件	属　性　名	属　性　值
Label	ID	lblName
	Text	用户名(N)：
	AccessKey	N
	AssociatedControlID	txtName
Label	ID	lblPassword
	Text	密码(P)：
	Accesskey	P
	AssociatedControlID	txtPassword
TextBox	ID	txtName
TextBox	ID	txtPassword

4.3.2 TextBox 控件

TextBox 控件用于显示数据或输入数据。定义的语法格式如下:

<asp:TextBox ID = "TextBox1" runat = "server"></asp:TextBox>

实用的属性、方法和事件如表 4-4 所示。

表 4-4 TextBox 控件常用属性、方法和事件表

属性、方法和事件	说 明
TextMode 属性	值 SingleLine 表示单行文本框;值 Password 表示密码框,将显示特殊字符,如 *;值 MultiLine 表示多行文本框
AutoPostBack 属性	值 true 表示当文本框内容改变且把焦点移出文本框时触发 TextChanged 事件,引起页面往返处理
AutoCompleteType 属性	标注能自动完成的类型,如 E-mail 表示能自动完成邮件列表
Focus()方法	设置文本框焦点
TextChanged 事件	当改变文本框中内容且焦点离开文本框后触发

实例 4-3 控件 TextBox 综合应用

如图 4-3 所示,当 TextBox.aspx 页面载入时,焦点自动定位在用户名右边的文本框中;当输入用户名并把焦点移出文本框时,将触发 TextChanged 事件,判断用户名是否可用,若可用则在 lblValidate 中显示"√",否则显示"用户名已占用!";密码右边的文本框显示为密码框;E-mail 右边的文本框具有自动完成功能。

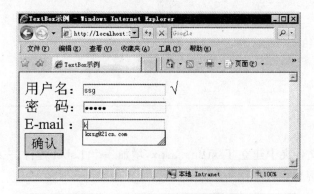

图 4-3 TextBox.aspx 浏览效果图

源程序:TextBox.aspx 部分代码

```
<%@ Page Language = "C#" AutoEventWireup = "true" CodeFile = "TextBox.aspx.cs" Inherits =
"chap4_TextBox" %>
…(略)
    <form id = "form1" runat = "server">
    <div>
        用户名: <asp:TextBox ID = "txtName" runat = "server" AutoPostBack = "True"
OnTextChanged = "txtName_TextChanged"></asp:TextBox>
```

```
        <asp:Label ID = "lblValidate" runat = "server"></asp:Label>
        <br />
        密       码：<asp:TextBox ID = "txtPassword" runat = "server" TextMode =
"Password"></asp:TextBox>
        <br />
        E-mail：<asp:TextBox ID = "txtMail" runat = "server" AutoCompleteType = "Email">
</asp:TextBox>
        <br />
        <asp:Button ID = "btnSubmit" runat = "server" Font - Size = "X - Large" Text = "确认" />
    </div>
    </form>
…(略)
```

源程序：TextBox.aspx.cs

```
using System;

public partial class chap4_TextBox : System.Web.UI.Page
{
protected void Page_Load(object sender, EventArgs e)
    {
        txtName.Focus();
    }

    protected void txtName_TextChanged(object sender, EventArgs e)
    {
        if (txtName.Text == "jxssg")
        {
            lblValidate.Text = "用户名已占用!";
        }
        else
        {
            lblValidate.Text = "√";
        }
    }
}
```

操作步骤：

(1) 在 chap4 文件夹中建立 TextBox.aspx，增加一个 Label 控件、三个 TextBox 控件、一个 Button 控件，界面设计如图 4-4 所示，属性设置如表 4-5 所示。

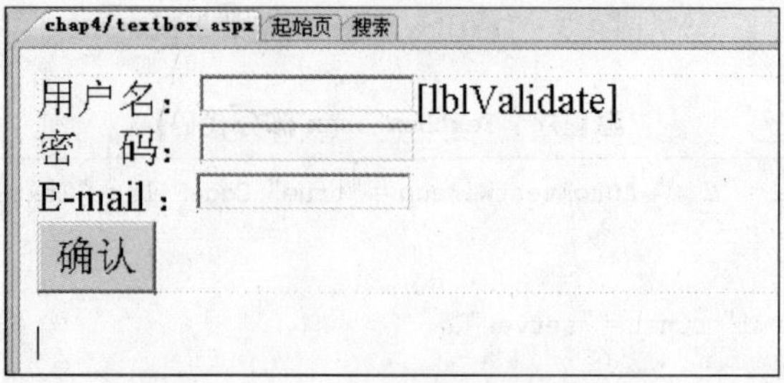

图 4-4　TextBox.aspx 界面设计图

表 4-5　TextBox.aspx 中控件主要属性设置表

控　件	属　性　名	属　性　值
TextBox	ID	txtName
	AutoPostBack	True
TextBox	ID	txtPassword
	TextMode	Password
TextBox	ID	txtMail
	AutoCompleteType	Email
Button	ID	btnSubmit

（2）在 TextBox.aspx 的"设计"视图中双击控件 txtName，Visual Studio 2008 自动打开 TextBox.aspx.cs，在其中输入阴影部分内容。

（3）浏览 TextBox.aspx 呈现如图 4-3 所示的界面，输入信息进行测试。

程序说明：

当页面载入时，触发 Page_Load 事件，将焦点定位在用户名右边的文本框中。

本示例中用户合法性判断是与固定用户名 jxssg 比较，实际使用需连接数据库，与数据库中保存的用户名比较。

要看到自动完成 Email 列表的效果，需先输入 E-mail 并单击确认后再次输入信息时才能看到效果，如图 4-3 所示。

4.3.3　Button、LinkButton 和 ImageButton 控件

Web 窗体中的按钮有 Button、LinkButton 和 ImageButton 三种形式。它们之间功能相同，只是外观上的区别。Button 呈现传统按钮外观；LinkButton 呈现超链接外观；ImageButton 呈现图形外观，其图像由 ImageUrl 属性设置。定义的语法格式如下：

```
<asp:Button ID = "Button1" runat = "server" Text = "Button" />
<asp:LinkButton ID = "LinkButton1" runat = "server" >LinkButton</asp:LinkButton>
<asp:ImageButton ID = "ImageButton1" runat = "server" ImageUrl = "~/pic/map.JPG" />
```

实用的属性和事件如表 4-6 所示。

表 4-6　按钮控件实用属性和事件表

属性和事件	说　　明
PostBackUrl 属性	单击按钮时发送到的 URL
Click 事件	当单击按钮时被触发，执行服务器端代码
ClientClick 事件	当单击按钮时被触发，执行客户端代码

注意：XHTML 元素<a>与 LinkButton 两者都能呈现超链接形式，但设置具体的跳转方法不同。在<a>元素中通过属性 href 设置，如：

```
<a href = "www.21cn.com">链接到 21 世纪</a>
```

而在 LinkButton 中需要设置属性 PostBackUrl 或在 Click 事件中输入代码，通过 Response

对象的重定向方法 Redirect()实现,如:

```
Response.Redirect("http://www.21cn.com");
```

有关 PostBackUrl 属性将在第 6 章中进一步说明,下面来看 Click 和 ClientClick 事件应用。

实例 4-4　利用 Button 控件执行客户端脚本

要在单击 Button 控件后执行客户端脚本,需要使用 ClientClick 事件和 JavaScript。下面以常用的在删除数据前弹出确认对话框为例说明,如图 4-5 和图 4-6 所示。

图 4-5　ClientClick.aspx 浏览效果图(一)

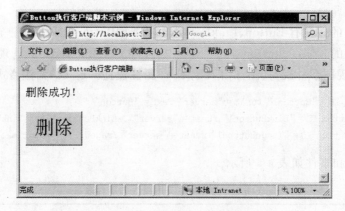

图 4-6　ClientClick.aspx 浏览效果图(二)

源程序: ClientClick.aspx 部分代码

```
<%@ Page Language = "C#" AutoEventWireup = "true" CodeFile = "ClientClick.aspx.cs" Inherits =
"chap4_ClientClick" %>
…(略)
    <form id = "form1" runat = "server">
    <div>
        <asp:Button ID = "Button1" runat = "server" Text = "删除" OnClientClick = "return
confirm('确定要删除记录吗?')"
            OnClick = "Button1_Click" Font - Size = "Large" style = "font - size: x - large" />
```

```
        </div>
        </form>
...(略)
```

源程序：ClientClick.aspx.cs

```
using System;

public partial class chap4_ClientClick : System.Web.UI.Page
{
        protected void Button1_Click(object sender, EventArgs e)
        {
                Response.Write("删除成功!");
        }
}
```

操作步骤：

（1）在 chap4 文件夹中建立 ClientClick.aspx，添加一个 Button 控件并设置属性，输入源程序 ClientClick.aspx 中阴影部分内容。

（2）双击按钮在 ClientCick.aspx.cs 中输入阴影部分内容。

（3）浏览 ClientClick.aspx，呈现如图 4-5 所示的界面，单击"确定"按钮后呈现如图 4-6 界面。

程序说明：

在图 4-5 中，当单击"删除"按钮时，触发 ClientClick 事件，执行 JavaScript 代码"return confirm('确定要删除记录吗?')"，弹出确认对话框。若单击"确定"按钮，触发 Click 事件，执行删除操作（这里仅输出信息，实际操作需连接数据库）；若单击"取消"按钮，将不再触发 Click 事件，运行结束。

4.3.4　DropDownList 控件

DropDownList 控件允许用户从预定义的下拉列表中选择一项，定义的语法格式如下：

<asp:DropDownList ID = "DropDownList1" runat = "server"></asp:DropDownList>

实用的属性、事件如表 4-7 所示。

表 4-7　DropDownList 控件实用属性、方法和事件表

属性、方法和事件	说　　明
DataSource 属性	使用的数据源
DataTextField 属性	对应数据源中的一个字段，该字段所有内容将被显示于下拉列表中
DataValueField 属性	数据源中的一个字段，指定下拉列表中每个可选项的值
Items 属性	列表中所有选项的集合，经常使用 Items.Add()方法添加项，Clear()方法删除所有项
SelectedItem 属性	当前选定项
SelectedValue 属性	当前选定项的属性 Value 值
SelectedIndexChanged 事件	当选择下拉列表中一项后被触发
DataBind()方法	绑定数据源

在 DropDownList 中,添加项的方式有三种。一种是在属性窗口中直接对属性 Items 进行设置,如图 4-7 所示。

图 4-7   属性 Items 设置图

在图 4-7 中,设置成员的属性 Selected 值为 True 可使该成员成为 DropDownList 控件的默认项,设置完 Items 属性后 Visual Studio 2008 自动生成如下代码:

```
<asp:DropDownList ID = "DropDownList1" runat = "server"
        <asp:ListItem>北京</asp:ListItem>
        <asp:ListItem>上海</asp:ListItem>
        <asp:ListItem>广州</asp:ListItem>
</asp:DropDownList>
```

另一种方法是利用 DropDownList 对象的 Items. Add()方法添加项,如:

```
DropDownList1.Items.Add(new ListItem("浙江", "zhejiang"));
```

第三种方法是通过属性 DataSource 设置数据源,再通过 DataBind()方法显示数据。这种方法通常与数据库相连,在实际工程项目中使用最多,有关内容将在第 8 章中说明。

实例 4-5   实现联动的下拉列表

联动的下拉列表在实际工程项目中非常普遍,如要查询某班级的课表,需要"学年—学期—分院—班级"这样联动的下拉列表。下面以日期联动为例说明,如图 4-8 所示,默认显示系统日期,当改变年或月时,相应的每月天数会随之而变。

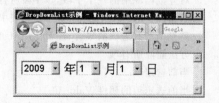

图 4-8   DropDownList. aspx 浏览效果图

源程序：DropDownList.aspx 部分代码

```
<% @ Page Language = "C#" AutoEventWireup = "true" CodeFile = "DropDownList.aspx.cs"
Inherits = "chap4_DropDownList" %>
…(略)
     <form id = "form1" runat = "server">
     <div>
          <asp:DropDownList ID = "ddlYear" runat = "server" Style = "font - size: large"
AutoPostBack = "True"
               OnSelectedIndexChanged = "ddlYear_SelectedIndexChanged" Width = "77px">
          </asp:DropDownList>
          年<asp:DropDownList ID = "ddlMonth" runat = "server" Style = "font - size: large"
Width = "47px"
               AutoPostBack = "True" OnSelectedIndexChanged = "ddlMonth_SelectedIndexChanged">
          </asp:DropDownList>
          月<asp:DropDownList ID = "ddlDay" runat = "server" Style = "font - size: large"
Width = "50px">
          </asp:DropDownList>
          日</div>
     </form>
…(略)
```

源程序：DropDownList.aspx.cs

```csharp
using System;
using System.Web.UI.WebControls;

public partial class chap4_DropDownList : System.Web.UI.Page
{
    protected void Page_Load(object sender, EventArgs e)
    {
        //页面第一次载入,向各下拉列表填充值
        if (!IsPostBack)
        {
            BindYear();
            BindMonth();
            BindDay();
        }
    }


    protected void BindYear()
    {
        //清空年份下拉列表中项
        ddlYear.Items.Clear();
        int startYear = DateTime.Now.Year - 10;
        int currentYear = DateTime.Now.Year;
        //向年份下拉列表添加项
        for (int i = startYear; i <= currentYear; i++)
        {
            ddlYear.Items.Add(new ListItem(i.ToString()));
        }
        //设置年份下拉列表默认项
        ddlYear.SelectedValue = currentYear.ToString();
```

```
    }

    protected void BindMonth()
    {
        ddlMonth.Items.Clear();
        //向月份下拉列表添加项
        for (int i = 1; i <= 12; i++)
        {
            ddlMonth.Items.Add(i.ToString());
        }
    }

    protected void BindDay()
    {
        ddlDay.Items.Clear();
        //获取年份下拉列表选中值
        string year = ddlYear.SelectedValue;
        string month = ddlMonth.SelectedValue;
        //获取相应年、月对应的天数
        int days = DateTime.DaysInMonth(int.Parse(year), int.Parse(month));
        //向日期下拉列表添加项
        for (int i = 1; i <= days; i++)
        {
            ddlDay.Items.Add(i.ToString());
        }
    }

    protected void ddlYear_SelectedIndexChanged(object sender, EventArgs e)
    {
        BindDay();
    }

    protected void ddlMonth_SelectedIndexChanged(object sender, EventArgs e)
    {
        BindDay();
    }
}
```

操作步骤：

（1）在 chap4 文件夹中建立 DropDownList.aspx。如图 4-9 所示，增加三个 DropDownList 控件 ddlYear、ddlMonth、ddlDay，设置 ddlYear 和 ddlMonth 的属性 AutoPostBack 值为 true。

（2）建立 DropDownList.aspx.cs 文件。最后，浏览 DropDownList.aspx 进行测试。

图 4-9 DropDownList.aspx
界面设计图

程序说明：

浏览时首先触发 Page_Load 事件，绑定年、月、日到三个 DropDownList 控件。当改变年或月份时，触发相应控件的 SelectedIndexChanged 事件形成页面往返，将相应月份的天数绑定到 ddlDay。

4.3.5 ListBox 控件

DropDownList 和 ListBox 控件都允许用户从列表中选择项，区别在于 DropDownList 的列表在用户选择前处于隐藏状态，而 ListBox 的选项列表是可见的，并且可同时选择多项。定义的语法格式如下：

<asp:ListBox ID = "ListBox1" runat = "server"></asp:ListBox>

ListBox 控件的属性、方法和事件等与 DropDownList 控件类似，但多了一个实用的属性 SelectionMode，其值为 Multiple 表示允许选择多项。

实例 4-6　实现数据项在 ListBox 控件之间的移动

如图 4-10 所示，当选择左边列表框中的项，再单击按钮后相应的项将移动到右边的列表框。

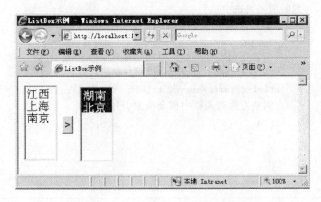

图 4-10　ListBox.aspx 浏览效果图

源程序：ListBox.aspx 部分代码

```
< % @ Page Language = "C#" AutoEventWireup = "true" CodeFile = "ListBox.aspx.cs" Inherits =
"chap4_ListBox" % >
…(略)
    <form id = "form1" runat = "server">
    <div>
        <asp:ListBox ID = "lstLeft" runat = "server" Rows = "5" SelectionMode = "Multiple"
Style = "font - size: large"
            Height = "140px" Width = "60px">
            <asp:ListItem Value = "hunan">湖南</asp:ListItem>
            <asp:ListItem Value = "jiangxi">江西</asp:ListItem>
            <asp:ListItem Value = "beijing">北京</asp:ListItem>
            <asp:ListItem Value = "shanghai">上海</asp:ListItem>
            <asp:ListItem Value = "nanjing">南京</asp:ListItem>
        </asp:ListBox>
        <asp:Button ID = "btnMove" runat = "server" OnClick = "btnMove_Click" Style = "font -
size: large;
            position: relative; top: - 55px; left: 4px" Text = "&gt;" />
```

```
                <asp:ListBox ID = "lstRight" runat = "server" Rows = "5" SelectionMode = "Multiple"
    Height = "140px"
                    Width = "60px" Style = "position: relative; top: 3px; left: 12px; font - size: large;
                    margin - right: 0px"></asp:ListBox>
        </div>
        </form>
    …(略)
```

源程序：ListBox.aspx.cs

```
using System;

public partial class chap4_ListBox : System.Web.UI.Page
{
    protected void btnMove_Click(object sender, EventArgs e)
    {
        //遍历左边列表框中所有项
        for (int i = 0; i < lstLeft.Items.Count; i++)
        {
            //判断项是否选中
            if (lstLeft.Items[i].Selected)
            {
                //向右边列表框添加选中的一项
                lstRight.Items.Add(lstLeft.Items[i]);
                lstLeft.Items.Remove(lstLeft.Items[i]);
                //调整左边列表框中剩余项索引号
                i--;
            }
        }
    }
}
```

图 4-11   ListBox.aspx
界面设计图

操作步骤：

(1) 在 chap4 文件夹中建立 ListBox.aspx。如图 4-11 所示，增加两个列表框 lstleft 和 lstRight，一个按钮 btnMove，设置相应属性。

(2) 建立 ListBox.aspx.cs。最后，浏览 ListBox.aspx，选择项并单击按钮进行测试。

4.3.6   CheckBox 和 CheckBoxList 控件

CheckBox 和 CheckBoxList 控件为用户提供"真/假"、"是/否"或"开/关"选项之间进行选择的方法，若需要多项选择，可以使用多个 CheckBox 或单个 CheckBoxList，但一般采用 CheckBoxList。定义的语法格式如下：

```
<asp:CheckBox ID = "CheckBox1" runat = "server" />
<asp:CheckBoxList ID = "CheckBoxList1" runat = "server"> </asp:CheckBoxList>
```

注意：判断 CheckBox 是否选中的属性是 Checked，而 CheckBoxList 作为集合控件，判断列表项是否选中的属性是成员的 Selected 属性。

在实际工程项目中,一般设置 CheckBoxList 的属性 AutoPostBack 值为 false。要提交数据到服务器,不采用 CheckBoxList 的自身事件,而是常配合 Button 控件实现。

实例 4-7 CheckBoxList 应用

如图 4-12 所示,当选择个人爱好并单击提交按钮后显示选中项的提示信息。

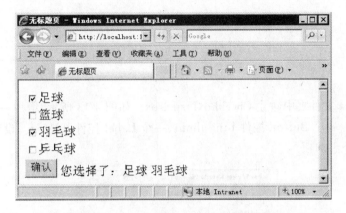

图 4-12 CheckBoxList.aspx 浏览效果图

源程序:CheckBoxList.aspx 部分代码

```
<%@ Page Language = "C#" AutoEventWireup = "true" CodeFile = "CheckBoxList.aspx.cs"
Inherits = "chap4_CheckBoxList" %>
…(略)
    <form id = "form1" runat = "server">
    <div>
        <asp:CheckBoxList ID = "chklsSport" runat = "server" Style = "font - size: large">
            <asp:ListItem Value = "football">足球</asp:ListItem>
            <asp:ListItem Value = "basketball">篮球</asp:ListItem>
            <asp:ListItem Value = "badminton">羽毛球</asp:ListItem>
            <asp:ListItem Value = "pingpong">乒乓球</asp:ListItem>
        </asp:CheckBoxList>
    </div>
    <asp:Button ID = "btnSubmit" runat = "server" OnClick = "btnSubmit_Click" Style = "font -
size: large"
        Text = "确认" />
    <asp:Label ID = "lblMsg" runat = "server" Style = "font - size: large"></asp:Label>
    </form>
…(略)
```

源程序:CheckBoxList.aspx.cs

```
using System;
using System.Web.UI.WebControls;

public partial class chap4_CheckBoxList : System.Web.UI.Page
{
    protected void btnSubmit_Click(object sender, EventArgs e)
    {
```

```
        lblMsg.Text = "您选择了：";
        //遍历复选框中所有项
        foreach (ListItem listItem in chklsSport.Items)
        {
            if (listItem.Selected)
            {
                lblMsg.Text = lblMsg.Text + listItem.Text + " ";
            }
        }
    }
}
```

操作步骤：

（1）在 chap4 文件夹中建立 CheckBoxList.aspx。如图 4-13 所示，增加一个 CheckBoxList 控件 chklsSport、一个 Button 控件 btnSubmit、一个 Label 控件 lblMsg。设置 chklsSport 的 Items 属性，逐个添加项。

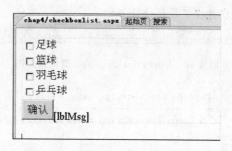

图 4-13　CheckBoxList.aspx 界面设计图

（2）建立 CheckBoxList.aspx.cs。最后，浏览 CheckBoxList.aspx，选择列表项并单击按钮进行测试。

4.3.7　RadioButton 和 RadioButtonList 控件

RadioButton 和 RadioButtonList 常用于在多种选择中只能选择一项的场合。单个的 RadioButton 只能提供单项选择，可以将多个 RadioButton 形成一组，方法是设置每个 RadioButton 的属性 GroupName 为同一名称。定义 RadioButton 的语法格式如下：

```
<asp:RadioButton ID = "RadioButton1" runat = "server" GroupName = "group" />
<asp:RadioButton ID = "RadioButton2" runat = "server" GroupName = "group" />
```

定义 RadioButtonList 的语法格式如下：

```
<asp:RadioButtonList ID = "RadioButtonList1" runat = "server">
        <asp:ListItem>男</asp:ListItem>
        <asp:ListItem>女</asp:ListItem>
</asp:RadioButtonList>
```

注意：判断 RadioButton 是否选中使用 Checked 属性，而获取 RadioButtonList 的选中项使用属性 SelectedItem。

4.3.8　Image 和 ImageMap 控件

Image 控件用于在 Web 窗体上显示图像，图像源文件可以使用 ImageUrl 属性在界面设计时确定，也可以在编程时指定。在工程实际项目中常与数据源绑定，根据数据源指定信息显示图像。定义的语法格式为：

＜asp：Image ID＝"Image1" runat＝"server" ImageUrl＝"～/pic/map.JPG" /＞

注意：Image 控件不包含 Click 事件，如果需要 Click 事件处理流程，可使用 ImageButton 控件代替 Image 控件。

ImageMap 控件除可以用来显示图像外，还可以实现图像的超链接。可以将显示的图像划分为不同形状的热点区域，分别链接到不同的网页。因此，在工程实际项目中，常用于导航条、地图等。如图 4-14 所示，热点区域通过属性 HotSpot 设置，划分的区域有圆形 CircleHotSpot、长方形 RectangleHotSpot 和任意多边形 PolygonHotSpot，每个区域通过属性 NavigateUrl 确定要链接到的 URL。

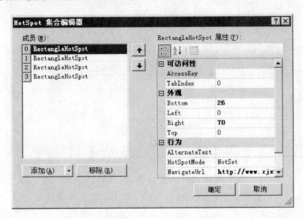

图 4-14　属性 HotSpot 设置图

ImageMap 控件定义的语法格式如下：

＜asp：ImageMap ID＝"ImageMap1" runat＝"server" ImageUrl＝"～/pic/imagemap.JPG"＞
　　＜asp：RectangleHotSpot Bottom＝"26"
　　　　　　　　NavigateUrl＝"http：//www.zjxu.edu.cn/info/jyjx.aspx" Right＝"70" /＞
　　＜asp：RectangleHotSpot Bottom＝"26" Left＝"72" NavigateUrl＝"http：//www.21cn.com"
Right＝"141" /＞
＜/asp：ImageMap＞

实例 4-8　利用 ImageMap 设计导航条

如图 4-15 所示，整个导航条是一张图片，当设置好热点区域后，单击不同区域将链接到不同网页。

源程序：ImageMap.aspx 部分代码

＜%@ Page Language＝"C♯" AutoEventWireup＝"true" CodeFile＝"ImageMap.aspx.cs" Inherits＝

```
"chap4_ImageMap" %>
…(略)
    <form id="form1" runat="server">
    <div>
        <asp:ImageMap ID="ImageMap1" runat="server" ImageUrl="~/pic/imagemap.JPG">
            <asp:RectangleHotSpot Bottom="26" NavigateUrl="http://www.zjxu.edu.cn/
info/jyjx.aspx"
                Right="70" />
            <asp:RectangleHotSpot Bottom="26" Left="72" NavigateUrl="http://www.
21cn.com" Right="141" />
            <asp:RectangleHotSpot Bottom="26" Left="143" Right="214" />
            <asp:RectangleHotSpot Bottom="26" Left="216" Right="287" />
        </asp:ImageMap>
    </div>
    </form>
…(略)
```

图 4-15　ImageMap.aspx 浏览效果图

操作步骤：

在 chap4 文件夹中建立 ImageMap.aspx。如图 4-16 所示，增加一个 ImageMap 控件，设置属性 ImageUrl 和 HotSpot，划分为多个长方形热点区域，分别设置不同区域的属性 NavigateUrl。最后，浏览 ImageMap.aspx，单击不同区域进行测试。

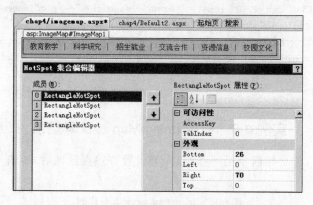

图 4-16　ImageMap.aspx 界面设计图

4.3.9 HyperLink 控件

HyperLink 控件用于在网页上创建链接,与元素<a>不同,HyperLink 控件可以与数据源绑定,定义的语法格式如下:

> <asp:HyperLink ID = "HyperLink1" runat = "server" Target = "_blank">
> HyperLink</asp:HyperLink>

属性 Target 是 HyperLink 控件的重要属性,它的常用取值为:框架名、_blank 和_self。框架名决定了在指定的框架中显示链接页,_blank 决定了在一个新窗口中显示链接页,而_self 决定了在原窗口中显示链接页。

注意:HyperLink 控件不包含 Click 事件,要使用 Click 事件可用 LinkButton 控件代替。

使用属性 ImageUrl 可以将链接设置为一幅图片。在同时设置属性 Text 和 ImageUrl 的情况下,ImageUrl 优先。若找不到图片则显示属性 Text 设置的内容。

在 HyperLink 中直接设置 ImageUrl 后显示的图形尺寸是不可调的,若要改变图形尺寸,可配合使用 Image 控件。

实例 4-9   组合使用 HyperLink 和 Image 控件

如图 4-17 所示,呈现页面中显示图片的尺寸与实际图片的尺寸不相同。

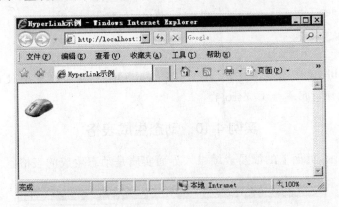

图 4-17   HyperLink.aspx 浏览效果图

源程序:HyperLink.aspx 部分代码

```
< % @ Page Language = "C#" AutoEventWireup = "true" CodeFile = "HyperLink.aspx.cs" Inherits =
"chap4_HyperLink" % >
…(略)
    <form id = "form1" runat = "server">
    <div>
        <asp:HyperLink ID = "HyperLink1" runat = "server" NavigateUrl = "http://www.21cn.com">
        <asp:Image ID = "Image1" runat = "server" ImageUrl = "~/pic/eg_mouse.jpg" Width = "50" />
    </asp:HyperLink>
```

```
        </div>
        </form>
    …（略）
```

操作步骤：

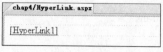

图 4-18   HyperLink. aspx
界面设计图

　　在 chap4 文件夹中建立 HyperLink. aspx。如图 4-18
所示，添加一个 HyperLink 控件，设置 NavigateUrl 属性。
在＜asp:HyperLink...＞＜/asp:HyperLink＞两个元素之
间插入一个 Image 控件，设置 Image 控件的属性 ImageUrl
和 Width 等。最后，浏览 HyperLink. aspx 进行测试。

4.3.10　Table 控件

　　Table 控件用于在 Web 窗体上动态地创建表格，是一
种容器控件。Table 对象由行（TableRow）对象组成，TableRow 对象由单元格（TableCell）
对象组成。定义的语法格式如下：

```
<asp:Table ID = "Table1" runat = "server" GridLines = "Both">
    <asp:TableRow runat = "server">
        <asp:TableCell runat = "server">学号</asp:TableCell>
        <asp:TableCell runat = "server">姓名</asp:TableCell>
        <asp:TableCell runat = "server">成绩</asp:TableCell>
    </asp:TableRow>
</asp:Table>
```

　　注意：向 Table 添加行使用属性 Rows，向 TableRow 添加单元格使用属性 Cells，向
TableCell 添加控件使用属性 Controls。

实例 4-10　动态生成表格

　　如图 4-19 所示，页面上的简易成绩录入界面实质是动态生成的表格。

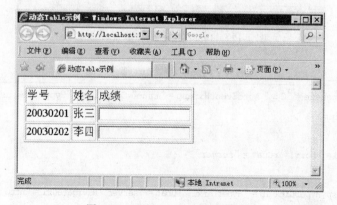

图 4-19　Table. aspx 浏览效果图

源程序：Table.aspx 部分代码

```
＜%@ Page Language = "C#" AutoEventWireup = "true" CodeFile = "Table.aspx.cs" Inherits =
"chap4_Table" %＞
…(略)
    ＜form id = "form1" runat = "server"＞
    ＜div＞
        ＜asp:Table ID = "tblScore" runat = "server" GridLines = "Both"＞
            ＜asp:TableRow runat = "server"＞
                ＜asp:TableCell runat = "server"＞学号＜/asp:TableCell＞
                ＜asp:TableCell runat = "server"＞姓名＜/asp:TableCell＞
                ＜asp:TableCell runat = "server"＞成绩＜/asp:TableCell＞
            ＜/asp:TableRow＞
        ＜/asp:Table＞
    ＜/div＞
    ＜/form＞
…(略)
```

源程序：Table.aspx.cs

```
using System;
using System.Web.UI.WebControls;

public partial class chap4_Table : System.Web.UI.Page
{
    protected void Page_Load(object sender, EventArgs e)
    {
        //设置初使值,实际工程中数据来源于数据库
        string[] number = { "20030201", "20030202" };
        string[] name = { "张三", "李四" };
        //动态生成表格
        for (int i = 1; i <= 2; i++)
        {
            //建立一个行对象
            TableRow row = new TableRow();
            //建立第一个单元格对象
            TableCell cellNumber = new TableCell();
            //建立第二个单元格对象
            TableCell cellName = new TableCell();
            //建立第三个单元格对象
            TableCell cellInput = new TableCell();
            //设置第一个单元格的属性 Text
            cellNumber.Text = number[i - 1];
            cellName.Text = name[i - 1];
            //建立一个文本框对象
            TextBox txtInput = new TextBox();
            //将文本框对象添加到第三个单元格中
            cellInput.Controls.Add(txtInput);
            //添加各单元格对象到行对象
            row.Cells.Add(cellNumber);
            row.Cells.Add(cellName);
            row.Cells.Add(cellInput);
            //添加行对象到表格对象
```

```
            tblScore.Rows.Add(row);
        }
    }
}
```

操作步骤：

（1）在 chap4 文件夹中建立 Table.aspx。如图 4-20 所示，添加一个 Table 控件 tblScore，设置属性 Rows，添加一个 TableRow，再设置 TableRow 的属性 Cells，添加三个 TableCell。

（2）建立 Table.aspx.cs。最后，浏览 Table.aspx 查看效果。

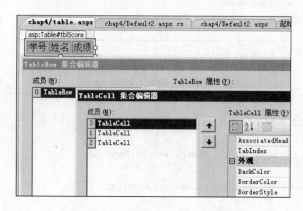

图 4-20　Table.aspx 界面设计图

4.3.11　Panel 和 PlaceHolder 控件

Panel 和 PlaceHolder 都是 Web 窗体上的容器控件，常用于动态地建立控件和不同情况下在同一个页面上显示不同内容。相比较而言，Panel 控件的属性要丰富得多。Panel 控件把包含在其中的控件组当成一个整体看待，这样可以统一设置属性。

Panel 控件定义的语法格式如下：

```
<asp:Panel ID = "Panel1" runat = "server"></asp:Panel>
```

PlaceHolder 控件定义的语法格式如下：

```
<asp:PlaceHolder ID = "PlaceHolder1" runat = "server"></asp:PlaceHolder>
```

实例 4-11　利用 Panel 实现简易注册页面

如图 4-21 所示，输入用户名，单击"下一步"按钮，呈现如图 4-22 所示的界面，再输入姓名、电话等信息，单击"下一步"按钮呈现如图 4-23 所示的用户注册信息确认界面。在上述流程中，通过建立三个 Panel 控件可以方便地对应三个步骤呈现的不同内容。

图 4-21　Panel. aspx 浏览效果图(一)

图 4-22　Panel. aspx 浏览效果图(二)

图 4-23　Panel. aspx 浏览效果图(三)

源程序：Panel. aspx 部分代码

```
<%@ Page Language = "C#" AutoEventWireup = "true" CodeFile = "Panel. aspx. cs" Inherits =
"chap4_Panel" %>
…(略)
    <form id = "form1" runat = "server">
    <div>
        <asp:Panel ID = "pnlStep1" runat = "server">
            第一步：输入用户名<br />
            用户名：<asp:TextBox ID = "txtUser" runat = "server" Style = "font - size：x -
large"></asp:TextBox>
            <br />
            <asp:Button ID = "btnStep1" runat = "server" OnClick = "btnStep1_Click" Style =
"font - size：x - large"
                Text = "下一步" />
        </asp:Panel>
    </div>
    <asp:Panel ID = "pnlStep2" runat = "server">
        第二步：输入用户信息<br />
        姓名：<asp:TextBox ID = "txtName" runat = "server" Style = "font - size：x - large">
</asp:TextBox>
        <br />
        电话：<asp:TextBox ID = "txtTelephone" runat = "server" Style = "font - size：x -
large"></asp:TextBox>
        <br />
        <asp:Button ID = "btnStep2" runat = "server" OnClick = "btnStep2_Click" Style =
"font - size：x - large"
            Text = "下一步" />
    </asp:Panel>
    <asp:Panel ID = "pnlStep3" runat = "server">
```

第三步：请确认您的输入信息
　　　　<asp:Label ID="lblMsg" runat="server"></asp:Label>
　　　　
　　　　<asp:Button ID="btnStep3" runat="server" Style="font-size：x-large" Text="确定" OnClick="btnStep3_Click" />
　　</asp:Panel>
　　</form>
…(略)

源程序：Panel.aspx.cs

```
using System;

public partial class chap4_panel : System.Web.UI.Page
{
    protected void Page_Load(object sender, EventArgs e)
    {
        if (!IsPostBack)
        {
            pnlStep1.Visible = true;
            pnlStep2.Visible = false;
            pnlStep3.Visible = false;
        }
    }
    protected void btnStep1_Click(object sender, EventArgs e)
    {
        pnlStep1.Visible = false;
        pnlStep2.Visible = true;
        pnlStep3.Visible = false;
    }
    protected void btnStep2_Click(object sender, EventArgs e)
    {
        pnlStep1.Visible = false;
        pnlStep2.Visible = false;
        pnlStep3.Visible = true;
        //输出用户信息
        lblMsg.Text = "用户名：" + txtUser.Text + "<br />姓名：" + txtName.Text +
"<br />电话：" + txtTelephone.Text;
    }
    protected void btnStep3_Click(object sender, EventArgs e)
    {
        //TODO:将用户信息保存到数据库
    }
}
```

操作步骤：

(1) 在 chap4 文件夹中建立 Panel.aspx。如图 4-24 所示，添加三个 Panel 控件，在每个 Panel 控件中添加其他控件并设置属性。

(2) 建立文件 Panel.aspx.cs。最后，浏览 Panel.aspx，输入信息进行测试。

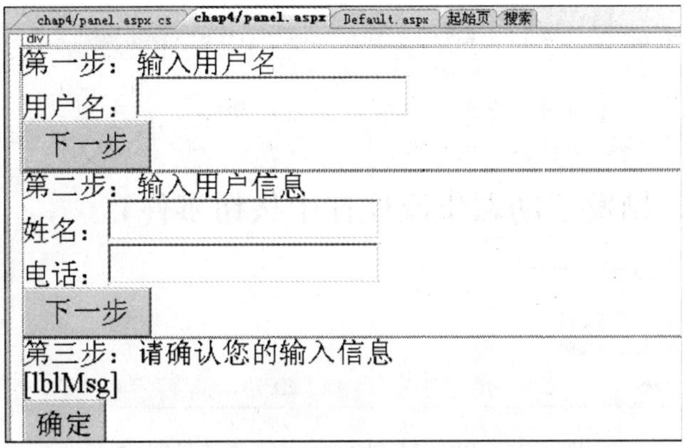

图 4-24　Panel.aspx 界面设计图

程序说明：

当页面载入时，首先执行 Page_Load 事件代码，将 pnlStep1 设置为可见，而将其他两个 Panel 控件设置为不可见。

在实现如图 4-21 所示的界面时，实际工程项目中将与数据库连接判断用户名是否重复。而在图 4-23 中，单击"确认"按钮后将这些信息保存到数据库中。

实例 4-12　利用 PlaceHolder 动态添加控件

PlaceHolder 控件在 Web 窗体上起到占位的作用，可向其中动态地添加需要的控件。如图 4-25 所示，页面上呈现的"确认"按钮和文本框是在页面载入时动态生成的。如图 4-26 所示，单击"确认"按钮输出信息。如图 4-27 所示，单击"获取"按钮将获取文本框中输入值并输出。

图 4-25　PlaceHolder.aspx 浏览效果图（一）

源程序：PlaceHolder.aspx 部分代码

```
<%@ Page Language = "C#" AutoEventWireup = "true" CodeFile = "PlaceHolder.aspx.cs" Inherits =
"chap4_PlaceHolder" %>
…(略)
    <form id = "form1" runat = "server">
    <asp:PlaceHolder ID = "PlaceHolder1" runat = "server"></asp:PlaceHolder>
    <br />
    <asp:Button ID = "btnAcquire" runat = "server" OnClick = "btnAcquire_Click" Text = "获取"
```

图 4-26　PlaceHolder.aspx 浏览效果图(二)

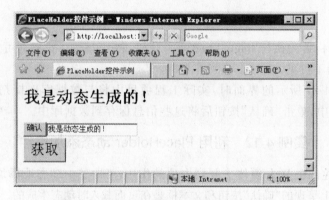

图 4-27　PlaceHolder.aspx 浏览效果图(三)

```
Style = "font - size: large" />
    </form>
...(略)
```

源程序：PlaceHolder.aspx.cs

```
using System;
using System.Web.UI.WebControls;

public partial class chap4_PlaceHolder : System.Web.UI.Page
{
    protected void Page_Load(object sender, EventArgs e)
    {
        //定义按钮控件 btnSubmit
        Button btnSubmit = new Button();
        btnSubmit.ID = "btnSubmit";
        btnSubmit.Text = "确认";
        //注册 Click 事件
        btnSubmit.Click += new EventHandler(btnSubmit_Click);
        //将 btnSubmit 控件添加到 PlaceHolder1 中
        PlaceHolder1.Controls.Add(btnSubmit);

        //定义文本框控件 txtInput
        TextBox txtInput = new TextBox();
```

```
        txtInput.ID = "txtInput";
        PlaceHolder1.Controls.Add(txtInput);
    }

    protected void btnSubmit_Click(object sender, EventArgs e)
    {
        Response.Write("触发了动态生成控件中按钮事件!");
    }

    protected void btnAcquire_Click(object sender, EventArgs e)
    {
        //查找 txtInput 控件
        TextBox txtInput = (TextBox)PlaceHolder1.FindControl("txtInput");
        Response.Write(txtInput.Text);
    }
}
```

操作步骤:

(1) 在 chap4 文件夹中建立 PlaceHolder. aspx,添加一个 PlaceHolder 控件和一个 Button 控件并设置属性,如图 4-28 所示。

(2) 建立 PlaceHolder. aspx. cs。最后,浏览 PlaceHolder
.aspx,输入信息再单击按钮进行测试。

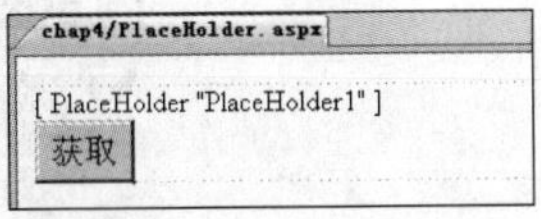

程序说明:

页面载入时,执行 Page_Load 事件代码,动态生成一个 Button 控件和一个 TextBox 控件。当单击"确认"按钮时,根据 注册的事件执行 btnSubmit_Click()中代码。

图 4-28 PlaceHolder. aspx
界面设计图

注意:如果一个包含动态生成控件的页面有往返处理,那么动态生成控件的代码要放 在 Page_Load 事件中,当页面往返时触发 Page_Load 事件需要重复生成动态控件;动态生 成的控件不能在设计时直接绑定事件代码,需手工注册;在获取动态生成控件中文本框等 控件的输入信息时,需要使用 FindControl()方法先找到控件。

4.3.12 MultiView 和 View 控件

MultiView 和 View 控件提供了一种多视图切换显示信息的方式,可以容易地实现分 页多步骤功能。在使用时,MultiView 作为 View 的容器控件,View 作为其他控件的容器 控件。

定义的语法格式如下:

```
<asp:MultiView ID = "MultiView1" runat = "server">
    <asp:View ID = "View1" runat = "server"></asp:View>
    <asp:View ID = "View2" runat = "server"></asp:View>
</asp:MultiView>
```

MultiView 的属性 ActiveViewIndex 决定了当前显示哪个视图,默认值为-1,值 0 表 示 MultiView 中包含的第一个 View,以此类推。

为了能在多个 View 之间切换,需要在每个 View 中添加 Button 类型控件,如 Button、LinkButton、ImageButton。如表 4-8 所示,对每个 Button 类型控件需要设置属性 CommandName 和根据不同类型 CommandName 设置的 CommandArgument。

表 4-8 View 中 Button 类型控件实用属性表

CommandName	CommandArgument	说　　明
NextView	不需要设置	显示下一个 View
PrevView	不需要设置	显示上一个 View
SwitchViewByID	要切换到的 View 控件 ID	切换到指定 ID 的 View
ViewByIndex	要切换到的 View 控件索引号	切换到指定索引号的 View

实例 4-13 利用 MultiView 和 View 实现用户编程习惯调查

如图 4-29 所示,用户选择不同的编程类型,单击"下一个"按钮,呈现如图 4-30 所示的界面;在图 4-30 中,单击"上一个"按钮返回到图 4-29 界面,单击"下一个"按钮,呈现如图 4-31 所示的界面;在图 4-31 中,单击"保存"按钮(单击该按钮后该按钮不再可用),然后需连接数据库保存调查信息。

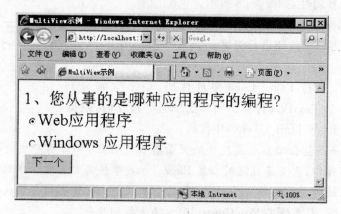

图 4-29 MultiView.aspx 浏览效果图(一)

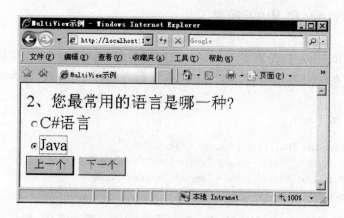

图 4-30 MultiView.aspx 浏览效果图(二)

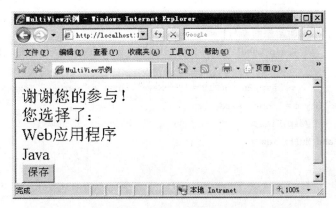

图 4-31 MultiView.aspx 浏览效果图(三)

源程序：MultiView.aspx 部分代码

```
< % @ Page Language = "C#" AutoEventWireup = "true" CodeFile = "MultiView.aspx.cs" Inherits =
"chap4_MultiView" % >
…(略)
    <form id = "form1" runat = "server">
    <div style = "text - align: left; font - size: large;">
        <asp:MultiView ID = "mvSurvey" runat = "server">
            <asp:View ID = "View1" runat = "server">
            <span class = "style1">1、您从事的是哪种应用程序的编程? </span>
<asp:RadioButtonList ID = "rdoltView1"
                runat = "server" Style = "font - size: large">
                    <asp:ListItem Value = "webapp">Web 应用程序</asp:ListItem>
                    <asp:ListItem Value = "winapp">Windows 应用程序</asp:ListItem>
                </asp:RadioButtonList>
                <span class = "style1">
                    <asp: Button ID = "btnView1Next" runat = "server" CommandName =
"NextView" Style = "font - size: large"
                        Text = "下一个" />
                </span>
            </asp:View>
            <asp:View ID = "View2" runat = "server">
            2、您最常用的语言是哪一种? <br />
            <asp:RadioButtonList ID = "rdoltView2" runat = "server">
                <asp:ListItem Value = "cshap">C# 语言</asp:ListItem>
                <asp:ListItem>Java</asp:ListItem>
            </asp:RadioButtonList>
            <asp:Button ID = "btnView2Prew" runat = "server" CommandName = "PrevView"
Text = "上一个" Style = "font - size: large" />
            <asp:Button ID = "btnView2Next" runat = "server" CommandName = "NextView"
Text = "下一个" OnClick = "btnView2Next_Click"
                Style = "font - size: large" />
            </asp:View>
```

```
            <asp:View ID = "View3" runat = "server">
                谢谢您的参与！<br />
                <asp:Label ID = "lblDisplay" runat = "server"></asp:Label>
                <br />
                 <asp:Button ID = "btnSave" runat = "server" Text = "保存" OnClick =
"btnSave_Click" Style = "font - size: large" />
            </asp:View>
        </asp:MultiView>
    </div>
    </form>
...(略)
```

源程序：MultiView.aspx.cs

```csharp
using System;

public partial class chap4_MultiView : System.Web.UI.Page
{
    protected void Page_Load(object sender, EventArgs e)
    {
        if (!IsPostBack)
        {
            //设置第一个活动视图
            mvSurvey.ActiveViewIndex = 0;
        }
    }

    protected void btnView2Next_Click(object sender, EventArgs e)
    {
        lblDisplay.Text = "您选择了：" + "<br />" + rdoltView1.SelectedItem.Text +
"<br />" + rdoltView2.SelectedItem.Text;
    }

    protected void btnSave_Click(object sender, EventArgs e)
    {
        btnSave.Enabled = false;
        //TODO：将调查结果保存到数据库
    }
}
```

操作步骤：

（1）在 chap4 文件夹中建立 MultiView.aspx。如图 4-32 所示，添加一个 MultiView 控件 mvSurvey，在 MultiView 中添加三个 View 控件，再往每个 View 控件中添加其他控件并设置属性，如表 4-9 所示。

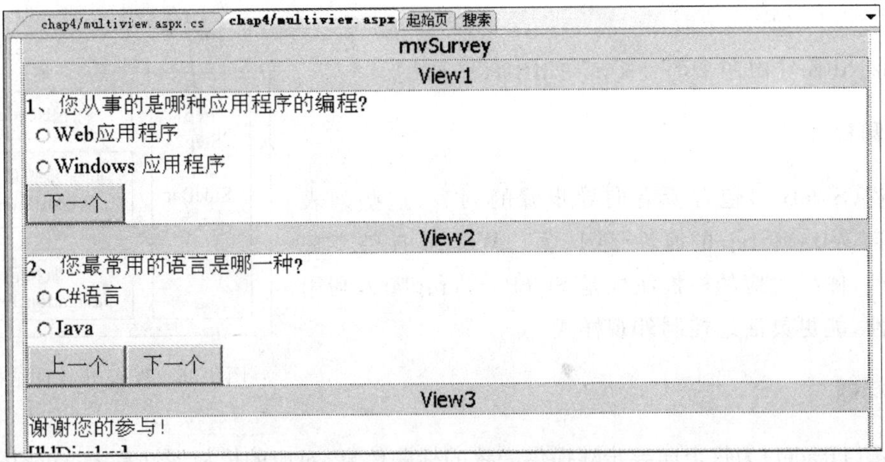

图 4-32 MultiView.aspx 界面设计图

表 4-9 MultiView.aspx 属性设置表

容 器 控 件	控 件	属 性	属 性 值
View1	RadioButtonList	ID	rdoltView1
		Items	添加两个成员
	Button	ID	btnView1Next
		CommandName	NextView
View2	RadioButtonList	ID	rdoltView2
		Items	添加两个成员
	Button	ID	btnView2Prev
		CommandName	PrevView
	Button	ID	btnView2Next
		CommandNane	NextView
View3	Button	ID	btnSave

（2）建立 MultiView.aspx.cs 文件。最后，浏览 MultiView.aspx 进行测试。

4.3.13 Wizard 控件

Wizard 控件作为一种向导控件，主要用于搜集用户信息、配置系统等。定义的语法格式如下：

```
<asp:Wizard ID = "Wizard1" runat = "server">
    <WizardSteps>
        <asp:WizardStep runat = "server" title = "Step 1"></asp:WizardStep>
        <asp:WizardStep runat = "server" title = "Step 2"></asp:WizardStep>
    </WizardSteps>
```

```
</asp:Wizard>
```

Wizard 控件由四个部分组成,如图 4-33 所示。

1. 侧栏

侧栏(SideBar)包含所有向导步骤的列表,这些列表内容来自 WizardStep 的属性 Title 值。Wizard 控件支持模板属性,侧栏对应的模板属性是 SideBarTemplate,利用模板属性,能更灵活地控制外观样式。

Step1 Step2 侧栏 SideBar	标题Header
	向导步骤集合 WizardSteps
	导航按钮 NavigationButton

图 4-33　Wizard 控件结构图

2. 标题

标题(Header)为每个向导步骤提供一致的标题信息,对应的模板属性是 HeaderTemplate。

3. 向导步骤集合

向导步骤集合(WizardSteps)是 Wizard 控件的核心,必须逐个为向导的每个步骤定义内容。每个步骤需设置的属性和内含的控件都体现在<asp:WizardStep>元素中,所有的<asp:WizardStep>又包含在<WizardSteps>元素中。

4. 导航按钮

导航按钮(NavigationButton)的呈现形式与每个 WizardStep 的属性 StepType 有关,如表 4-10 所示。

表 4-10　WizardStep 的属性 StepType 值对应表

属 性 值	说　明
Auto	默认值,由系统根据步骤在集合中的顺序显示相关的导航按钮
Start	显示"下一步"按钮
Step	显示"上一步"按钮和"下一步"按钮
Finsh	显示"上一步"和"完成"按钮
Complete	不显示任何导航按钮

对应不同的 StepType 属性值,导航按钮对应了不同的模板属性 StartNavigationTemplate、StepNavigationTemplate 和 FinishNavigationTemplate。

Wizard 控件的实用属性和事件如表 4-11 所示。

表 4-11　Wizard 控件的实用属性和事件表

属性和事件	说　明
ActiveStepIndex 属性	决定当前显示哪个步骤
AllowReturn 属性	值 false 表示防止用户访问以前的步骤
DisplayCancelButton 属性	是否显示"取消"按钮
FinishButtonClick 事件	当单击"完成"按钮时触发
NextButtonClick 事件	当单击"下一步"按钮时触发

实例 4-14　利用 Wizard 控件实现用户编程习惯调查

如图 4-34、图 4-35 和图 4-36 所示，实现了一个简易地利用 Wizard 控件进行用户编程习惯的调查。

图 4-34　Wizard.aspx 浏览效果图（一）　　　图 4-35　Wizard.aspx 浏览效果图（二）

图 4-36　Wizard.aspx 浏览效果图（三）

源程序：Wizard.aspx 部分代码

```
<% @ Page Language = "C#" AutoEventWireup = "true" CodeFile = "Wizard.aspx.cs" Inherits =
"chap4_Wizard" %>
…(略)
    <form id = "form1" runat = "server">
    <div>
        <asp:Wizard ID = "Wizard1" runat = "server" ActiveStepIndex = "0" BackColor =
"#F7F6F3" BorderColor = "#CCCCCC"
            BorderStyle = "Solid" BorderWidth = "1px" Font - Names = "Verdana" Font - Size = "0.8em"
            OnNextButtonClick = "Wizard1_NextButtonClick"
OnFinishButtonClick = "Wizard1_FinishButtonClick"
            Style = "font - size: large">
            <StepStyle BorderWidth = "0px" ForeColor = "#5D7B9D" />
            <WizardSteps>
                <asp:WizardStep runat = "server" StepType = "Start" Title = "程序类型">
                    <asp:RadioButtonList ID = "rdoItType" runat = "server">
                        <asp:ListItem Value = "webapp">Web 应用程序</asp:ListItem>
                        <asp:ListItem Value = "winapp">Windows 应用程序</asp:ListItem>
                    </asp:RadioButtonList>
                </asp:WizardStep>
                <asp:WizardStep runat = "server" StepType = "Step" Title = "程序语言">
                    <asp:RadioButtonList ID = "rdoItLanguage" runat = "server">
                        <asp:ListItem Value = "csharp">C#</asp:ListItem>
                        <asp:ListItem>Java</asp:ListItem>
```

```
                                  </asp:RadioButtonList>
                              </asp:WizardStep>
                          <asp:WizardStep runat = "server" StepType = "Finish" Title = "完成">
                              <asp:Label ID = "lblDisplay" runat = "server" Text = "Label"></asp:Label>
                          </asp:WizardStep>
                      </WizardSteps>
                      <SideBarButtonStyle BorderWidth = "0px" Font – Names = "Verdana" ForeColor = "White" />
                          < NavigationButtonStyle BackColor = " # FFFBFF" BorderColor = " # CCCCCC"
BorderStyle = "Solid"
                                  BorderWidth = "1px" Font – Names = "Verdana" Font – Size = "0.8em" ForeColor =
" # 284775" />
                          <SideBarStyle BackColor = " # 7C6F57" BorderWidth = "0px" Font – Size = "0.9em"
VerticalAlign = "Top" />
                          <HeaderStyle BackColor = " # 5D7B9D" BorderStyle = "Solid" Font – Bold = "True"
Font – Size = "0.9em"
                              ForeColor = "White" HorizontalAlign = "Left" />
                          <HeaderTemplate>
                              用户编程习惯调查
                          </HeaderTemplate>
                  </asp:Wizard>
          </div>
          </form>
…（略）
```

源程序：Wizard.aspx.cs

```csharp
using System;
using System.Web.UI.WebControls;

public partial class chap4_Wizard : System.Web.UI.Page
{
    protected void Wizard1_NextButtonClick(object sender, WizardNavigationEventArgs e)
    {
        //判断是否第 2 个步骤
        if (Wizard1.ActiveStepIndex == 1)
        {
            //输出选择的信息
            lblDisplay.Text = "您选择了：<br />" + rdoltType.SelectedValue + "<br />" +
rdoltLanguage.SelectedValue;
        }
    }

    protected void Wizard1_FinishButtonClick(object sender, WizardNavigationEventArgs e)
    {
        //TODO：保存调查信息到数据库
    }
}
```

操作步骤：

（1）在 chap4 文件夹中建立 Wizard.aspx。如图 4-37 所示，添加一个 Wizard 控件。

图 4-37　Wizard.aspx 界面设计图（一）

（2）单击 Wizard 控制的智能标记，再单击"添加/移除 WizardSteps"，呈现如图 4-38 所示的界面，分别添加 WizardStep 并设置属性，如表 4-12 所示。

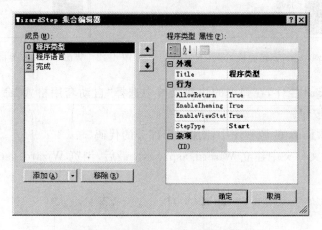

图 4-38　Wizard.aspx 界面设计图（二）

表 4-12　WizardStep 属性设置表

成　员	属　性	属　性　值
程序类型	Title	程序类型
	StepType	Start
程序语言	Title	程序语言
	StepType	Step
完成	Title	完成
	StepType	Finish

（3）单击"编辑模板"选项，选择 HeaderTemplate，输入"用户编程习惯调查"，如图 4-39 所示，最后单击"结束模板编辑"选项。

（4）单击 Wizard 控件中的"程序类型"，添加一个 RadioButtonList 控件 rdoltType 并设置相应属性，如图 4-40 所示。

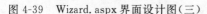

图 4-39　Wizard.aspx 界面设计图(三)

图 4-40　Wizard.aspx 界面设计图(四)

(5) 单击 Wizard 控件中的"程序语言",添加一个 RadioButtonList 控件 rdoltLanguage 并设置相应属性,如图 4-41 所示。

(6) 单击 Wizard 控件中的"完成"按钮,添加一个 Label 控件 lblDisplay,如图 4-42 所示。

图 4-41　Wizard.aspx 界面设计图(五)

图 4-42　Wizard.aspx 界面设计图(六)

(7) 右击 Wizard 控件,在弹出的快捷菜单中选择"自动套用格式"命令,选择"专业型"选项,单击"确定"按钮。

(8) 在 Wzard.aspx 的源视图中添加阴影部分的代码。

(9) 在 chap4 文件夹中建立 Wizard.aspx.cs。最后,浏览 Wizard.aspx 进行测试。

4.4　小　　结

本章主要讲述了 ASP.NET 3.5 页面事件处理、HTML 服务器控件和 Web 服务器标准控件。

理解 ASP.NET 3.5 页面事件的处理流程需搞清常用事件 Page_PreInit、Page_Init、Page_Load 和控件事件的触发顺序。在实际工程项目中,常通过属性 IsPostPack 决定在设计页面往返时是否执行相应的代码。

ASP.NET 3.5 提供了 HTML 服务器控件和 Web 服务器控件。HTML 服务器控件与 XHTML 相应元素对应,可以通过添加 runat="Server"将 XHTML 元素转换为 HTML 服务器控件。

Web 服务器标准控件是构建 Web 窗体的基础,这是本章的重点。其中的实例代表了相应控件的典型用法,需要通过实例代码的调试来熟练掌握标准控件的基本用法。

4.5　习　　题

1. 填空题

(1) 在 TextBox 控件中输入内容并当焦点离开 TextBox 控件时能触发 TextChanged

事件,应设置属性_____。

（2）判断页面是否第一次载入可通过属性_____实现。

（3）ASP.NET 3.5 的服务器控件包括_____和_____。

（4）添加属性_____可将 XHTML 元素转化为 HTML 服务器控件。

（5）设置属性_____可决定 Web 服务器控件是否可用。

（6）当需要将 TextBox 控件作为密码输入框时,应设置_____。

（7）对使用数据源显示信息的 Web 服务器控件,当设置完控件的属性 DataSource 后,需要方法_____才能显示信息。

（8）如果需要将多个单独的 RadioButton 控件形成一组具有 RadioButtonList 控件的功能,可以通过将属性_____设置成相同的值实现。

2. 是非题

（1）单击 Button 类型控件会形成页面往返处理。（　　　）

（2）当页面往返时,在触发控件的事件之前会触发 Page_Load 事件。（　　　）

（3）不能在服务器端访问 HTML 服务器控件。（　　　）

（4）利用 MultiView 和 View 控件能实现向导功能。（　　　）

3. 选择题

（1）Web 服务器控件不包括（　　　）。

A. Wizard　　　　　　B. Input　　　　　　C. AdRotator　　　　　　D. Calender

（2）下面的控件中不能执行鼠标单击事件的是（　　　）。

A. ImageButton　　　　　　　　　　B. ImageMap

C. Image　　　　　　　　　　　　　D. LinkButton

（3）单击 Button 类型控件后能执行客户端脚本的属性是（　　　）。

A. OnClientClick　　　　　　　　　B. OnClick

C. OnCommandClick　　　　　　　　D. OnClientCommand

（4）当需要用控件输入性别时,应选择的控件是（　　　）。

A. CheckBox　　　　　　　　　　　B. CheckBoxList

C. Label　　　　　　　　　　　　　D. RadioButtonList

（5）下面不属于容器控件的是（　　　）。

A. Panel　　　　　　　　　　　　　B. CheckBox

C. Table　　　　　　　　　　　　　D. PlaceHolder

4. 简答题

（1）说明 Image、ImageButton 和 ImageMap 控件的区别。

（2）说明＜a＞元素、LinkButton 和 HyperLink 控件的区别。

（3）举例说明 Panel、MultiView、Wizard 控件的使用。

5. 上机操作题

（1）建立并调试本章的所有实例。

（2）实现一个简单的计算器,当输入两个数后可以求两数的和、差等。

（3）制作一组联动的"学年—学期—分院—教师"的下拉列表,当最后选择教师后自动生成一个表格。

（4）动态生成一组控件，内含一个文本框和一个按钮，当单击按钮时输出文本框中输入的信息。

（5）分别利用 Panel、MultiView 和 Wizard 完成用户注册。注册界面需要用户名、密码、姓名、性别、出生日期、电话、E-mail、兴趣爱好等。

第5章

Web服务器验证控件

本章要点：

☞ 理解客户端和服务器端验证。

☞ 掌握 ASP.NET 3.5 各验证控件的使用。

5.1　窗体验证概述

在 ASP.NET 3.5 网站开发时，经常会使用表单获取用户的一些信息，如注册信息、在线调查、意见反馈等。为了防止垃圾信息，甚至空信息条目被收集，对于某些信息项目，需要开发人员以编程方式根据实际需求进行验证。实际上，验证就是给所收集的数据制定一系列规则。验证不能保证输入数据的真实性，只能说是否满足了一些规则，如"文本框中必须输入数据"、"输入数据的格式必须是电子邮件地址"等。

窗体验证分为服务器端和客户端两种形式。服务器端验证是指将用户输入的信息全部发送到 Web 服务器进行验证；客户端验证是指利用 JavaScript 脚本，在数据发送到服务器之前进行验证。这两种方式各有优缺点。客户端验证能很快地响应用户，但所使用的 JavaScript 脚本会暴露给用户，这会带来安全隐患。服务器端验证比较安全，但因为数据必须发送到服务器才能被验证，所以响应的速度要比客户端验证慢。

ASP.NET 3.5 通过服务器控件形式引入了窗体验证，具有一定的智能性。开发人员无须关心使用哪种方式进行验证，因为在 ASP.NET 3.5 页面生成时，系统会自动检测浏览器是否支持 JavaScript。如果支持，则将脚本发送到客户端，验证就在客户端完成；否则在服务器端完成验证。

经常通过判断页面的属性 IsValid 值可确定页面上的控件是否都通过了验证。true 表示所有的控件都通过了验证，而 false 表示页面上有控件未通过验证。

5.2　ASP.NET 3.5 服务器验证控件

ASP.NET 3.5 中有六个验证控件，包括 RequiredFieldValidator、CompareValidator、RangeValidator、RegularExpressionValidator、CustomValidator 和 ValidationSummary 控件。除 ValidationSummary 控件外，其他五个验证控件具有一些共同的实用属性，如表 5-1 所示。

表 5-1　共同的实用属性表

属　　　　性	说　　　　明
ControlToValidate	指定要验证控件的 ID
Display	指定验证控件在页面上显示的方式。值 Static 表示验证控件始终占用页面空间；值 Dynamic 表示只有显示验证的错误信息时才占用页面空间；值 None 表示验证的错误信息都在 ValidationSummary 中显示
EnableClientScript	设置是否启用客户端验证，默认值 true
ErrorMessage	设置在 ValidationSummary 控件中显示的错误信息，若属性 Text 值为空会代替它
SetFocusOnError	当验证无效时，确定是否将焦点定位在被验证控件中
Text	设置验证控件显示的信息
ValidationGroup	设置验证控件的分组名

为保证响应速度，一般设置验证控件的属性 EnableClientScript 值为 true。这样，当在页面上改变属性 ControlToValidate 指定控件的值并将焦点移出时，就会产生客户端验证。此时验证用的 JavaScript 代码不是由开发人员开发，而是由系统产生。若将 EnableClientScript 值设为 false，则只有当页面有往返时，才会实现验证工作，此时完全使用服务器端验证。

如果一个页面已建立并设置了验证控件，若想在页面往返时不执行验证，如常见的"取消"按钮，怎样解决这种问题呢？这里有一个很实用的属性 CausesValidation，值 false 表示不执行验证过程。在上述问题中，只要设置"取消"按钮的属性 CausesValidation 值为 false 就可以了。

若要对一个控件设置多个规则，可通过多个验证控件共同作用，此时验证控件的属性 ControlToValidate 应为相同值。如对密码文本框要求必填并且与确认密码文本框的值相同，此时可将 RequiredFieldValidator 控件和 CompareValidator 控件都作用于密码文本框。

若要对同一个页面上不同的控件提供分组验证功能，可以通过将同一组控件的属性 ValidationGroup 设置为相同的组名来实现。

5.2.1　RequiredFieldValidator 控件

RequiredFieldValidator 控件用于对一些必须输入的信息进行检验，如用户名、密码等。在网页上填写表单时，常常可看到有些文本框后跟着一个红色 ＊，就是使用该验证控件产生的效果。定义的语法格式如下：

```
<asp:RequiredFieldValidator ID = "RequiredFieldValidator1" runat = "server"
        ControlToValidate = "TextBox1" ErrorMessage = "RequiredFieldValidator">
</asp:RequiredFieldValidator>
```

除验证控件的公有属性外，RequiredFieldValidator 控件还有一个非常实用的属性 InitialValue，用于指定被验证控件的初始文本。当设置了属性 InitialValue 的值后，则只有在被验证控件中输入值并与 InitialValue 值不同时，验证才通过。

实例 5-1　禁止空数据且同时要改变初始值

如图 5-1 至图 5-3 所示，当改变用户名右边文本框中内容并将焦点移出时执行客户端验证，若内容仍为文本框原来的初始值，则显示"不能与初始值相同"；若内容为空，则显示红色 *。

图 5-1　Rquire.aspx 浏览效果图（一）

图 5-2　Rquire.aspx 浏览效果图（二）

图 5-3　Rquire.aspx 浏览效果图（三）

源程序：Rquire.aspx 部分代码

```
< % @ Page Language = "C♯" AutoEventWireup = "true" CodeFile = "Require.aspx.cs" Inherits =
"chap5_Require" % >
…(略)
    <form id = "form1" runat = "server">
    <div>
        <asp:Label ID = "lblName" runat = "server" Style = "font - size：large" Text = "用户
名："></asp:Label>
        <asp:TextBox ID = "txtName" runat = "server" Style = "font - size：large">您的姓名
</asp:TextBox>
        <asp:RequiredFieldValidator ID = "rfvName1" runat = "server" ControlToValidate =
"txtName"> * </asp:RequiredFieldValidator>
        <asp:RequiredFieldValidator ID = "rfvName2" runat = "server" ControlToValidate =
"txtName"
            InitialValue = "您的姓名">不能与初始值相同</asp:RequiredFieldValidator>
        <br />
        <asp:Label ID = "lblPassword" runat = "server" Style = "font - size：large" Text =
"密     码："></asp:Label>
        <asp:TextBox ID = "txtPassword" runat = "server" Style = "font - size：large">
</asp:TextBox>
        <asp:RequiredFieldValidator ID = "rfvPassword" runat = "server" ControlToValidate
= "txtPassword"> * </asp:RequiredFieldValidator>
    </div>
    </form>
…(略)
```

操作步骤：

在 chap5 文件夹中建立 Require.aspx。如图 5-4 所示，添加两个 TextBox 控件和三个 RequiredFieldValidator 控件，相关属性设置如表 5-2 所示。最后，浏览 Require.aspx 进行测试。

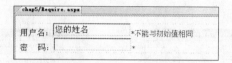

图 5-4   Require.aspx 界面设计图

表 5-2   Require.aspx 属性设置表

控　　件	属　　性	属　性　值
TextBox	ID Text	txtName 您的姓名
TextBox	ID	txtPassword
RequiredFieldValidator	ID ControlToValidate Text	rfvName1 txtName *
RequiredFieldValidator	ID ControlToValidate InitialValue Text	rfvName2 txtName 您的姓名 不能与初始值相同
RequiredFieldValidator	ID ControlToValidator Text	rfvPassword txtPassword *

程序说明：

rfvName1 保证必须输入用户名，而 rfvName2 保证输入的用户名必须与初始值不同。

5.2.2   CompareValidator 控件

CompareValidator 控件用于比较一个控件的值和另一个控件的值，若相等则验证通过；也可用于比较一个控件的值和一个指定的值，若比较的结果为 true 则验证通过。定义的语法格式为：

```
<asp:CompareValidator ID = "CompareValidator1" runat = "server"
        ControlToCompare = "TextBox2" ControlToValidate = "TextBox1"
        ErrorMessage = "CompareValidator">
</asp:CompareValidator>
```

CompareValidator 控件实用的属性如表 5-3 所示。

表 5-3　CompareValidator 控件实用属性表

属　　性	说　　明
ControlToCompare	指定与被验证控件比较的控件 ID
Operator	设置比较值时使用的操作符。值包括 Equal、NotEqual、GreaterThan、GreaterThanEqual、LessThan、LessThanEqual 和 DataTypeCheck
Type	设置比较值时使用的数据类型
ValueToCompare	指定与被验证控件比较的值

注意：属性 ControlToCompare 和 ValueToCompare 应用时只能选择一个。

实例 5-2　CompareValidator 控件应用

如图 5-5 和图 5-6 所示，密码文本框和确认密码文本框要求验证输入值是否一致；答案文本框验证值是否为 A；金额文本框验证数据类型是否为 Currency。

图 5-5　Compare.aspx 浏览效果图(一)　　　图 5-6　Compare.aspx 浏览效果图(二)

源程序：Compare.aspx 部分代码

```
<%@ Page Language = "C#" AutoEventWireup = "true" CodeFile = "Compare.aspx.cs" Inherits =
"chap5_Compare" %>
…(略)
    <form id = "form1" runat = "server">
    <p class = "style1">
        密                 码： <asp: TextBox ID =
"txtPassword"
            runat = "server" TextMode = "Password"></asp:TextBox>
    <asp: CompareValidator ID = "cvPassword" runat = "server" ControlToCompare =
"txtPasswordAgain"
            ControlToValidate = "txtPassword" ErrorMessage = "密码与确认密码不一致!">
</asp:CompareValidator>
    </p>
    <p class = "style1">
        确认密码： <asp: TextBox ID = "txtPasswordAgain" runat = "server" TextMode =
"Password"></asp:TextBox>
    </p>
    <p class = "style1">
        答               案： <asp:TextBox ID = "txtAnswer"
runat = "server"></asp:TextBox>
        <asp:CompareValidator ID = "cvAnswer" runat = "server" ControlToValidate = "txtAnswer"
            ErrorMessage = "答案错误!" ValueToCompare = "A"></asp:CompareValidator>
    </p>
```

```
        <p class = "style1">
            金         额：<asp:TextBox ID = "txtAmount"
runat = "server"></asp:TextBox>
                <asp:CompareValidator ID = "cvAmount" runat = "server" ControlToValidate =
"txtAmount"
                    ErrorMessage = "必须输入 Currency 类型！" Operator = "DataTypeCheck" Type =
"Currency"></asp:CompareValidator>
        </p>
        </form>
…（略）
```

操作步骤：

在 chap5 文件夹中建立 Compare.aspx。如图 5-7 所示，添加四个 TextBox 控件和三个 CompareValidator 控件，属性设置如表 5-4 所示。最后，浏览 Compare.aspx 进行测试。

图 5-7   Compare.aspx 界面设计图

表 5-4   Compare.aspx 属性设置表

控　件	属　性	属　性　值
TextBox	ID	txtPassword
TextBox	ID	txtPasswordAgain
TextBox	ID	txtAnswer
TextBox	ID	txtAmount
CompareValidator	ID	cvPassword
	ControlToValidate	txtPassword
	ControlToCompare	txtPasswordAgain
	ErrorMessage	密码与确认密码不一致！
CompareValidator	ID	cvAnswer
	ControlToValidate	txtPassword
	ErrorMessage	答案错误！
	Operater	Equal
	Type	String
	ValueToCompare	A
CompareValidator	ID	cvAmount
	ControlToValidate	txtAmount
	ErrorMessage	必须输入 Currency 类型！
	Operator	DataTypeCheck
	Type	Currency

5.2.3　RangeValidator 控件

RangeValidator 控件用来验证输入值是否在指定范围内。定义的语法格式为：

```
<asp:RangeValidator ID = "RangeValidator1" runat = "server"
    ControlToValidate = "TextBox4" ErrorMessage = "RangeValidator"
    MaximumValue = "30" MinimumValue = "10" Type = "Integer">
</asp:RangeValidator>
```

为验证输入值的范围，RangeValidator 控件提供了属性 MaximumValue 和 MinimumValue，分别对应验证范围的最大值和最小值。

实例 5-3　RangeValidator 控件应用

如图 5-8 和图 5-9 所示，成绩文本框要求值在 0～100 之间；日期文本框要求值在 2000-1-1 与 2008-1-1 之间。

图 5-8　Range.aspx 浏览效果图(一)　　　　图 5-9　Range.aspx 浏览效果图(二)

源程序：Range.aspx 部分代码

```
<%@ Page Language = "C#" AutoEventWireup = "true" CodeFile = "Range.aspx.cs" Inherits =
"chap5_Range" %>
…(略)
    <form id = "form1" runat = "server">
    <p class = "style1">
        成绩：<asp:TextBox ID = "txtGrade" runat = "server"></asp:TextBox>
        <asp:RangeValidator ID = "rvGrade" runat = "server" ControlToValidate = "txtGrade"
ErrorMessage = "应输入 0～100 之间的数!"
            MaximumValue = "100" MinimumValue = "0" Type = "Double"></asp:RangeValidator>
    </p>
    <p class = "style1">
        日期：<asp:TextBox ID = "txtDate" runat = "server"></asp:TextBox>
        <asp:RangeValidator ID = "rvDate" runat = "server" ControlToValidate = "txtDate"
ErrorMessage = "日期错误!"
            MaximumValue = "2008-1-1" MinimumValue = "2000-1-1" Type = "Date">
</asp:RangeValidator>
    </p>
    </form>
…(略)
```

操作步骤：

在 chap5 文件夹中建立 Range.aspx。如图 5-10 所示，添加两个 TextBox 控件和两个 RangeValidator 控件，相关属性设置如表 5-5 所示。最后，浏览 Range.aspx 进行测试。

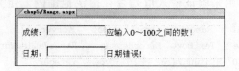

图 5-10   Range.aspx 界面设计图

表 5-5   Range.aspx 属性设置表

控　　件	属　　性	属　性　值
TextBox	ID	txtGrade
TextBox	ID	txtDate
RangeValidator	ID	rvGrade
	ControlToValidate	txtGrade
	MaximumValue	100
	MinimumValue	0
	Type	Double
RangeValidator	ID	rvDate
	ControlToValidate	txtDate
	MaximumValue	2008-1-1
	MinimumValue	2000-1-1
	Type	Date

5.2.4   RegularExpressionValidator 控件

RegularExpressionValidator 控件用来验证输入值是否和正则表达式的定义相匹配，常用来验证电话号码、邮政编码、E-mail 等。定义的语法格式如下：

```
<asp:RegularExpressionValidator ID = "RegularExpressionValidator1"
    runat = "server" ErrorMessage = "RegularExpressionValidator">
</asp:RegularExpressionValidator>
```

RegularExpressionValidator 控件有一个重要属性 ValidationExpression，用来确定验证需要的正则表达式，如图 5-11 所示。

实例 5-4   验证电子邮件地址

如图 5-12～图 5-14 所示，当输入的电子邮件地址不符合规则，再单击按钮后显示"请输入合法的 E-mail 地址！"，否则显示"验证成功！"。

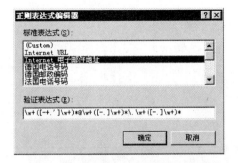

图 5-11　属性 ValidationExpression 设置图

图 5-12　Regular.aspx 浏览效果图(一)

图 5-13　Regular.aspx 浏览效果图(二)

图 5-14　Regular.aspx 浏览效果图(三)

源程序：Regular.aspx 部分代码

```
<%@ Page Language = "C#" AutoEventWireup = "true" CodeFile = "Regular.aspx.cs" Inherits =
"chap5_Regular" %>
…(略)
    <form id = "form1" runat = "server">
    <p>
        <span class = "style1">E-mail：</span><asp:TextBox ID = "txtMail" runat =
"server"></asp:TextBox>
        <asp:RegularExpressionValidator ID = "revMail" runat = "server" ControlToValidate =
"txtMail"
            ErrorMessage = "请输入合法的 E-mail 地址！" ValidationExpression = "\w + ([ - + .']\
w + ) * @\w + ([ - .]\w + ) * \.\w + ([ - .]\w + ) * "></asp:RegularExpressionValidator>
    </p>
    <p>
        <asp:Button ID = "btnSubmit" runat = "server" OnClick = "btnSubmit_Click" Style =
"font - size：large"
            Text = "确认" />
        <asp:Label ID = "lblMsg" runat = "server" Style = "font - size：large"></asp:Label>
    </p>
    </form>
…(略)
```

源程序：Regular.aspx.cs

```
using System;
using System.Web.UI;

public partial class chap5_Regular：System.Web.UI.Page
```

```
{
    protected void btnSubmit_Click(object sender, EventArgs e)
    {
        if (Page.IsValid)
        {
            lblMsg.Text = "验证成功!";
        }
    }
}
```

操作步骤:

（1）在 chap5 文件夹中建立 Regular.aspx。如图 5-15 所示，添加 TextBox、RegularExpressionValidator、Button、Label 控件各一个。如图 5-11 所示，设置属性 ValidationExpression 选择值"Internet 电子邮件地址"。

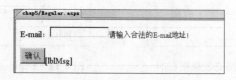

图 5-15　Regular.aspx 界面设计图

（2）建立 Regular.aspx.cs 文件。最后，浏览 Regular.aspx 进行测试。

注意：每个验证控件都有属性 IsValid，若一个页面上有多个验证控件，只有当所有验证控件的属性 IsValid 值为 true 时，属性 Page.IsValid 值才为 true。

5.2.5　CustomValidator 控件

当 ASP.NET 提供的验证控件无法满足实际需要时，可以考虑自行定义验证函数，再通过 CustomValidator 控件来调用它。定义的语法格式如下：

```
<asp:CustomValidator ID = "CustomValidator1" runat = "server"
    ControlToValidate = "TextBox5" ErrorMessage = "CustomValidator">
</asp:CustomValidator>
```

在 CustomValidator 控件的验证过程中，若要使用客户端验证，则需要设置属性 ClientValidationFunction 值为客户端验证函数名，并且要设置属性 EnableClientScript 的值为 true；若使用服务器端的验证，则通过事件 ServerValidate 触发，此时，需要将完成验证功能的代码包含在事件代码中。不管使用何种验证方式，都可通过判断 CustomValidator 的属性 IsValid 来确定是否通过验证。

实例 5-5　验证必须输入一个偶数

如图 5-16 和图 5-17 所示，输入一个数值，单击按钮后判断奇偶数并返回验证结果。具体实现形式包括客户端验证、服务器端验证和混合验证三种形式。

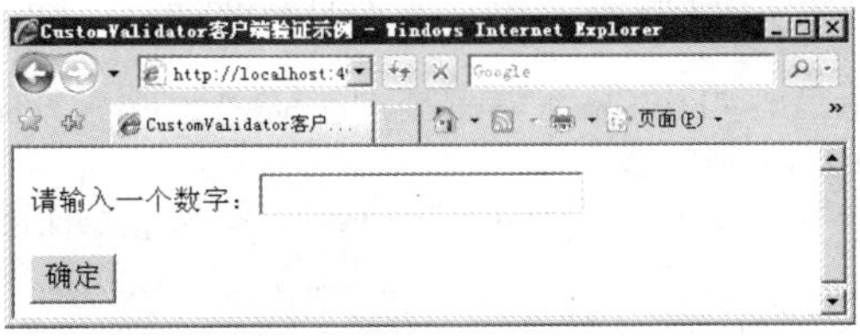

图 5-16 CustomClient. aspx 浏览效果图（一）

图 5-17 CustomClient. aspx 浏览效果图（二）

1. 客户端验证

源程序：CustomClient. aspx

```
<%@ Page Language = "C#" AutoEventWireup = "true" CodeFile = "CustomClient. aspx. cs"
Inherits = "chap5_CustomClient" %>

<!DOCTYPE html PUBLIC " - //W3C//DTD XHTML 1. 0 Transitional//EN" "http://www. w3. org/TR/
xhtml1/DTD/xhtml1 - transitional. dtd">
<html xmlns = "http://www. w3. org/1999/xhtml">
<head runat = "server">
    <title>CustomValidator 客户端验证示例</title>
    <style type = "text/css">
        . style1 { font - size: large; }
    </style>

    <script language = "javascript" type = "text/javascript">
    function ClientValidate(source, args)
    {
    if ((args. Value % 2) == 0)
        args. IsValid = true;
    else
        args. IsValid = false;
    }
    </script>

</head>
<body>
    <form id = "form1" runat = "server">
    <div class = "style1">
        请输入一个数字: <asp:TextBox ID = "txtInput" runat = "server" Style = "font - size:
large"></asp:TextBox>
        <asp:CustomValidator ID = "cvInput" runat = "server" ControlToValidate = "txtInput"
ErrorMessage = "不是一个偶数!"
```

```
        ClientValidationFunction = "ClientValidate"></asp:CustomValidator>
            <br />
            <asp:Button ID = "btnSubmit" runat = "server" Style = "font - size：large" Text = "确
定" OnClick = "btnSubmit_Click" />
            <asp:Label ID = "lblMsg" runat = "server"></asp:Label>
        </div>
        </form>
    </body>
</html>
```

源程序：CustomClient.aspx.cs

```
using System;
using System.Web.UI;

public partial class chap5_CustomClient ：System.Web.UI.Page
{
    protected void btnSubmit_Click(object sender, EventArgs e)
    {
        if (Page.IsValid)
        {
            lblMsg.Text = "验证成功！";
        }
    }
}
```

操作步骤：

（1）在 chap5 文件夹中建立 CustomClient.aspx。如图 5-18 所示，添加一个 TextBox 控件、一个 CustomValidator 控件、一个 Batton 控件和一个 Label 控件。

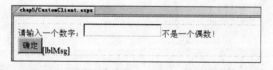

图 5-18 CustomClient.aspx 界面设计图

（2）在 CustomClient.aspx 的源视图中输入阴影部分代码。

（3）建立 CustomClient.aspx.cs。最后，浏览 CustomClient.aspx 进行测试。

程序说明：

函数 ClientValidate 中的 source 表示 CustomValidator 控件的引用；args.Value 表示获取要验证控件的值；如果验证成功，则需要将 args.IsValid 设置为 true，否则设置为 false。

2. 服务器端验证

源程序：CustomServer.aspx

```
<% @ Page Language = "C # " AutoEventWireup = "true" CodeFile = "CustomServer.aspx.cs"
Inherits = "chap5_CustomServer" %>

<!DOCTYPE html PUBLIC " - //W3C//DTD XHTML 1.0 Transitional//EN" "http://www.w3.org/TR/
```

```
xhtml1/DTD/xhtml1 - transitional.dtd">
<html xmlns = "http://www.w3.org/1999/xhtml">
<head runat = "server">
    <title>CustomValidator 服务器端验证实例</title>
    <style type = "text/css">
        .style1 { font - size: large; }
    </style>
</head>
<body>
    <form id = "form2" runat = "server">
    <div class = "style1">
        请输入一个数字:<asp:TextBox ID = "txtInput" runat = "server" Style = "font - size:
large"></asp:TextBox>
            < asp: CustomValidator ID = " cvInput" runat = " server" ControlToValidate =
"txtInput" ErrorMessage = "不是一个偶数!"
                OnServerValidate = "cvInput_ServerValidate"></asp:CustomValidator>
        <br />
        <asp:Button ID = "btnSubmit" runat = "server" Style = "font - size: large" Text = "确
定" OnClick = "btnSubmit_Click" />
        <asp:Label ID = "lblMsg" runat = "server"></asp:Label>
    </div>
    </form>
</body>
</html>
```

源程序: CustomServer.aspx.cs

```
using System;
using System.Web.UI;
using System.Web.UI.WebControls;

public partial class chap5_CustomServer : System.Web.UI.Page
{
    protected void cvInput_ServerValidate(object source, ServerValidateEventArgs args)
    {
        //获取被验证控件中输入的值
        int value = int.Parse(args.Value);
        if ((value % 2) == 0)
        {
            args.IsValid = true;
        }
        else
        {
            args.IsValid = false;
        }
    }
    protected void btnSubmit_Click(object sender, EventArgs e)
    {
        if (Page.IsValid)
        {
            lblMsg.Text = "验证成功!";
        }
```

```
        }
    }
```

3. 混合验证

源程序：Custom.aspx

```
< % @ Page Language = "C # " AutoEventWireup = "true" CodeFile = "Custom. aspx. cs" Inherits =
"chap5_Custom" % >

<! DOCTYPE html PUBLIC " - //W3C//DTD XHTML 1. 0 Transitional//EN" "http://www. w3. org/TR/
xhtml1/DTD/xhtml1 - transitional.dtd">
<html xmlns = "http://www.w3.org/1999/xhtml">
<head runat = "server">
    <title>混合验证</title>
    <style type = "text/css">
        .style1 { font - size: large; }
    </style>

    <script language = "javascript" type = "text/javascript">
    function ClientValidate(source, args)
    {
    if ((args.Value % 2) == 0)
        args.IsValid = true;
    else
        args.IsValid = false;
    }
    </script>

</head>
<body>
    <form id = "form2" runat = "server">
    <div class = "style1">
        请输入一个数字：<asp:TextBox ID = "txtInput" runat = "server" Style = "font - size:
large"></asp:TextBox>
        <asp:CustomValidator ID = "cvInput" runat = "server" ControlToValidate = "txtInput"
ErrorMessage = "不是一个偶数！"
            ClientValidationFunction = " ClientValidate"  OnServerValidate = " cvInput _
ServerValidate"></asp:CustomValidator>
        <br />
        <asp:Button ID = "btnSubmit" runat = "server" Style = "font - size: large" Text = "确
定" OnClick = "btnSubmit_Click" />
        <asp:Label ID = "lblMsg" runat = "server"></asp:Label>
    </div>
    </form>
</body>
</html>
```

源程序：Custom.aspx.cs

```
using System;
using System.Web.UI;
```

```
using System.Web.UI.WebControls;

public partial class chap5_Custom : System.Web.UI.Page
{
    protected void cvInput_ServerValidate(object source, ServerValidateEventArgs args)
    {
        int value = int.Parse(args.Value);
        if ((value % 2) == 0)
        {
            args.IsValid = true;
        }
        else
        {
            args.IsValid = false;
        }
    }
    protected void btnSubmit_Click(object sender, EventArgs e)
    {
        if (Page.IsValid)
        {
            lblMsg.Text = "验证成功!";
        }
    }
}
```

程序说明:

联合使用客户端和服务器端验证的混合模式既照顾了用户体验,又满足了较好的安全性。若客户端支持 JavaScript,则首先调用函数 ClientValidate 实现客户端验证;当单击按钮后,即触发控件的 ServerValidate 事件,执行其中的事件代码;再触发 btnSubmit 控件的 Click 事件,执行其中的代码。若客户端不支持 JavaScript,则不会执行客户端验证代码;当单击按钮后,将执行服务器端验证代码。

5.2.6　ValidationSummary 控件

在验证控件中可直接显示错误信息,而 ValidationSummary 控件提供了汇总其他验证控件错误信息的方式,即汇总其他验证控件的属性 ErrorMessage 值。定义的语法格式如下:

<asp:ValidationSummary ID = "ValidationSummary1" runat = "server" />

ValidationSummary 控件的属性 DisplayMode 指定了显示信息的格式,值分别为 BulletList、List 和 SingleParagraph。属性 ShowMessageBox 指定是否在一个弹出的消息框中显示错误信息。属性 ShowSummary 指定是否启用错误信息汇总。

实例 5-6　验证控件综合应用

如图 5-19 至图 5-21 所示,用于输入用户名信息的文本框使用了 RequiredFieldValidator 控件;用于输入密码和确认密码的文本框都使用了 RequiredFieldValidator 控件,以防止用户漏填信息,同时还使用了 CompareValidator 控件验证两者输入的值是否一致;用于输入电话号码信息的文本框使用了 RegularExpressionValidator 控件,当用户输入的信息格式不是 0573-83642378 时,就会产生验证错误;用户输入身份证号码信息的文本框使用了 CustomValidator 控件,当身份证号码中包含的出生年月格式经验证无效时产生验证错误。放置的 ValidationSummary 控件,用于汇总所有的验证错误信息。当上述验证控件出现验证错误时,焦点会定位在出现验证错误的文本框中。

图 5-19   MultiValidate. aspx 浏览效果图(一)

图 5-20   MultiValidate. aspx 浏览效果图(二)

图 5-21   MultiValidate. aspx 浏览效果图(三)

源程序: MultiValidate. aspx 部分代码

```
< % @ Page Language = "C#" AutoEventWireup = "true" CodeFile = "MultiValidate. aspx. cs"
Inherits = "chap5_MultiValidate" % >
…(略)
    <form id = "form1" runat = "server">
    <div style = "width: 756px">
        <span class = "style1">用   户 名: <asp: TextBox ID = "txtName" runat =
```

```
"server"></asp:TextBox>
                <asp:RequiredFieldValidator ID = "rfvName" runat = "server" ControlToValidate =
"txtName"
                    ErrorMessage = "请输入用户名!" SetFocusOnError = "True"> * </asp:
RequiredFieldValidator>
        </span>
        <br class = "style1" />
        <span class = "style1">密         码: <asp:TextBox ID =
"txtPassword"
                runat = "server" TextMode = "Password"></asp:TextBox>
                <asp:RequiredFieldValidator ID = "rfvPassword" runat = "server" ControlToValidate =
"txtPassword"
                    ErrorMessage = "请输入密码!" SetFocusOnError = "True"> * </asp:
RequiredFieldValidator>
        </span>
        <br class = "style1" />
        <span class = "style1">确认密码: <asp:TextBox ID = "txtPasswordAgain" runat = "
server" TextMode = "Password"></asp:TextBox>
                <asp:RequiredFieldValidator ID = "rfvPasswordAgain" runat = "server"
ControlToValidate = "txtPasswordAgain"
                    ErrorMessage = "请输入确认密码!" SetFocusOnError = "True"> * </asp:
RequiredFieldValidator>
                <asp:CompareValidator ID = "cvPassword" runat = "server" ControlToCompare = "
txtPassword"
                    ControlToValidate = "txtPasswordAgain" ErrorMessage = "密码与确认密码不
一致!" SetFocusOnError = "True"></asp:CompareValidator>
        </span>
        <br class = "style1" />
        <span class = "style1">电话号码: <asp:TextBox ID = "txtTelephone" runat =
"server"></asp:TextBox>
                <asp:RequiredFieldValidator ID = "rfvTelephone" runat = "server"
ControlToValidate = "txtTelephone"
                    ErrorMessage = "请输入电话号码!" SetFocusOnError = "True"> * </asp:
RequiredFieldValidator>
                <asp:RegularExpressionValidator ID = "revTelephone" runat = "server"
ControlToValidate = "txtTelephone"
                    ErrorMessage = "电话号码格式应为 0573 - 83642378!" ValidationExpression =
"\d{4} - \d{8}" SetFocusOnError = "True"></asp:RegularExpressionValidator>
        </span>
        <br class = "style1" />
        <span class = "style1">身份证号: <asp:TextBox ID = "txtIdentity" runat = "server">
</asp:TextBox>
                <asp:RequiredFieldValidator ID = "rfvIdentity" runat = "server"
ControlToValidate = "txtIdentity"
                    ErrorMessage = "请输入身份证号!" SetFocusOnError = "True"> * </asp:
```

```
RequiredFieldValidator>
                <asp:CustomValidator ID = "cvIdentity" runat = "server" ControlToValidate = "
txtIdentity"
                ErrorMessage = "身份证号错误!" OnServerValidate = "cvInput_ServerValidate"
SetFocusOnError = "True"></asp:CustomValidator>
        </span>
        <br class = "style1" />
        <span class = "style1">
                <asp:Button ID = "btnSubmit" runat = "server" Style = "font - size: large" Text = "
确定" OnClick = "btnSubmit_Click" />
                <asp:Label ID = "lblMsg" runat = "server"></asp:Label>
        </span>
    </div>
    <asp:ValidationSummary ID = "ValidationSummary1" runat = "server" ShowMessageBox = "True"
        ShowSummary = "False" />
    </form>
...(略)
```

源程序：MultiValidate.aspx.cs

```
using System;
using System.Web.UI;
using System.Web.UI.WebControls;

public partial class chap5_MultiValidate : System.Web.UI.Page
{
  protected void cvInput_ServerValidate(object source, ServerValidateEventArgs args)
    {
        //获取输入的身份证号码
        string cid = args.Value;
        //初使设置
        args.IsValid = true;
        try
        {
            //获取身份证号码中的出生日期并转换为 DateTime 类型
            DateTime.Parse(cid.Substring(6, 4) + " - " + cid.Substring(10, 2) + " - " +
cid.Substring(12, 2));
        }
        catch
        {
            //若转换出错,则验证未通过
            args.IsValid = false;
        }
    }
    protected void btnSubmit_Click(object sender, EventArgs e)
    {
        lblMsg.Text = "";
```

```
        if (Page.IsValid)
        {
            lblMsg.Text = "验证通过!";
        }
    }
}
```

操作步骤:

（1）在 chap5 文件夹中建立 MultiValidate.aspx。如图 5-22 所示,添加五个 TextBox 控件、五个 RequiredFieldValidator 控件、一个 CompareValidator 控件、一个 RegularExpressionValidator 控件、一个 CustomValidate 控件、一个 ValidationSummary 控件、一个 Button 控件、一个 Label 控件,并设置各属性。

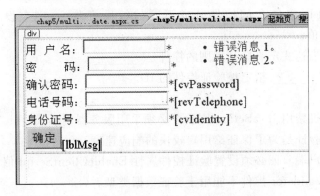

图 5-22　MultiValidate.aspx 界面设计图

（2）建立 MultiValidate.aspx.cs。最后,浏览 MultiValidate.aspx 进行测试。

程序说明:

若页面中有其他验证控件未通过验证,则单击按钮后 CustomValidator 控件的事件 ServerValidate 不会被触发。

因为设置了 ValidationSummary 控件的属性 ShowMessageBox 值为 true 和属性 ShowSummary 值为 false,所以汇总的验证错误信息未在页面上显示,而是以对话框的形式显示。

因为设置了所有验证控件的属性 SetFocusError 值为 true,所以当单击按钮时若有某个验证控件未通过验证,此时光标会定位到对应的文本框中。

5.3　小　　结

本章从 Web 窗体验证入手,介绍窗体验证的不同形式和特点,结合实例说明了 ASP.NET 3.5 中各验证控件的使用。

为向用户提供尽快的响应同时保证验证的安全性,在窗体验证时常需同时使用客户端和服务器端验证。

ASP.NET 3.5 的验证控件包括 RequiredFieldValidator、CompareValidator、Range

Validator、RegularExpressionValidator、CustomValidator 和 ValidationSummary，分别提供了必需的输入验证、比较验证、范围验证、正则表达式验证、自定义验证和汇总其他验证控件错误的功能。为达到一定的验证效果，实际使用时对同一个控件可能使用多个验证控件。

5.4　习　　题

1. 填空题

(1) 窗体验证包括_____和_____两种形式。

(2) 判断页面的属性_____值可确定整个页面的验证是否通过。

(3) 若页面中包含验证控件，可设置按钮的属性_____，使得单击该按钮后不会引发验证过程。

(4) 若要对页面中包含的控件分成不同的组进行验证，则应设置这些控件的属性_____为相同值。

(5) 通过正则表达式定义验证规则的控件是_____。

(6) 设置属性_____指定被验证控件的 ID。

2. 是非题

(1) 如果客户机禁用 JavaScript，则验证必须采用服务器端形式。(　　)

(2) 服务器端验证是为了保证给用户较快的响应速度。(　　)

(3) 要执行客户端验证必须设置验证控件属性 EnableClientScript 值为 true。(　　)

(4) CompareValidator 控件不能用于验证数据类型。(　　)

(5) 使用 ComparValidator 控件时，可以同时设置属性 ControlToCompare 和 ValueToCompare 的值。(　　)

3. 选择题

(1) 下面对 ASP.NET 3.5 验证控件说法正确的是(　　)。

A. 可以在客户端直接验证用户输入信息并显示错误信息

B. 对一个下拉列表控件不能使用验证控件

C. 服务器验证控件在执行验证时必定在服务器端执行

D. 对验证控件，不能自定义规则

(2) 下面对 CustomValidator 控件说法错误的是(　　)。

A. 能使用自定义的验证函数

B. 可以同时添加客户端验证函数和服务器端验证函数

C. 指定客户端验证的属性是 ClientValidationFunction

D. 属性 runat 用来指定服务器端验证函数

(3) 使用 ValidatorSummary 控件需要以对话框形式显示错误信息，则应(　　)。

A. 设置属性 ShowSummary 值为 true

B. 设置属性 ShowMessageBox 值为 true

C. 设置属性 ShowSummary 值为 false

D. 设置属性 ShowMessageBox 值为 false

(4) 如果需要确保用户输入大于 100 的值，应该使用(　　)验证控件。

  A. RequiredFieldValidator

  B. RangeValidator

  C. CompareValidator

  D. RegularExpressionValidator

4. 上机操作题

(1) 建立并调试本章的所有实例。

(2) 对第 4 章设计的注册页面添加适当的验证控件。

(3) 自行设计界面，实现同一个页面的分组验证功能。（提示：使用属性 ValidationGroup）

第6章

HTTP请求、响应及状态管理

本章要点：

☞ 掌握 HttpRequest 对象的应用。
☞ 掌握 HttpResponse 对象的应用。
☞ 掌握 HttpServerUtility 对象的应用，理解不同方法的页面重定向。
☞ 掌握跨页面提交的应用。了解 ViewState、HiddenField，掌握 Cookie、Session、Application、Profile 的应用。

6.1 HTTP 请 求

对 ASP.NET 网页而言，必须要根据用户的请求生成响应。ASP.NET 通过 Page 类的属性 Request 能很好地控制请求数据，如访问客户端的浏览器信息、查询字符串、Cookie 等信息。实际上，Page 类的属性 Request 是一个 HttpRequest 对象，它封装了 HTTP 请求信息。

HttpRequest 对象平时常使用它的数据集合，如表 6-1 所示。

表 6-1　HttpRequest 对象的数据集合对应表

数 据 集 合	说　　明
QueryString	从查询字符串中读取用户提交的数据
Cookies	获得客户端的 Cookies 数据
ServerVariables	获得服务器端或客户端环境变量信息
ClientCertificate	获得客户端的身份验证信息
Browser	获得客户端浏览器信息

在使用 HttpRequest 对象时，常通过 Page 类的属性 Request 调用，所以要获取 HttpRequest 对象的 Browser 数据集合的语法格式常写为：Request.Browser。

1. QueryString 数据集合

使用 QueryString 获得的查询字符串是指跟在 URL 后面的变量及值，以"？"与 URL 间隔，不同的变量之间以"&"间隔。

实例 6-1 QueryString 的使用

如图 6-1 和图 6-2 所示，当单击 QueryString1. aspx 页面上链接后，页面重定向到 QueryString2. aspx；在页面 QueryString2. aspx 中显示从 QueryString1. aspx 传递过来的查询字符串数据信息。

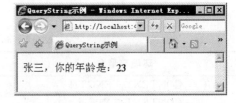

图 6-1 Query Stringl. aspx 浏览效果图　　　　图 6-2 显示查阅字符串值效果图

源程序：QueryString1.aspx 部分代码

```
<% @ Page Language = "C#" AutoEventWireup = "true" CodeFile = "QueryString1. aspx. cs"
Inherits = "chap6_QueryString1" %>
…(略)
    <form id = "form1" runat = "server">
    <div>
        <asp：HyperLink ID = "HyperLink1" runat = "server" NavigateUrl = "~/chap6/
QueryString2. aspx? username = 张三 &age = 23">传递查询字符串到 QueryString2. aspx</asp：
HyperLink>
    </div>
    </form>
…(略)
```

源程序：QueryString2.aspx 部分代码

```
<% @ Page Language = "C#" AutoEventWireup = "true" CodeFile = "QueryString2. aspx. cs"
Inherits = "chap6_QueryString2" %>
…(略)
    <form id = "form1" runat = "server">
    <div>
        <asp:Label ID = "lblMsg" runat = "server" Style = "font - size：large"></asp:Label>
    </div>
    </form>
…(略)
```

源程序：QueryString2.aspx.cs

```
using System;

public partial class chap6_QueryString2 : System. Web. UI. Page
{
    protected void Page_Load(object sender, EventArgs e)
    {
        //获取从 QueryString1. aspx 中传递过来的查询字符串值
        lblMsg. Text = Request. QueryString["username"] + ",你的年龄是：" + Request.
QueryString["age"];
    }
}
```

2. ServerVariables 数据集合

ServerVariables 数据集合可很方便地取得服务器端或客户端的环境变量信息,如客户端的 IP 地址等。语法格式如下:

```
Request.ServerVariables["环境变量名"]
```

常用的环境变量如表 6-2 所示。

表 6-2　常用的环境变量表

环境变量名	说　　明
CONTENT_LENGTH	发送到客户端的文件长度
CONTENT_TYPE	发送到客户端的文件类型
LOCAL_ADDR	服务器端的 IP 地址
REMOTE_ADDR	客户端 IP 地址
REMOTE_HOST	客户端计算机名
SERVER_NAME	服务器端计算机名
SERVER_PORT	服务器端网站的端口号

3. Browser 数据集合

Browser 数据集合用于判断用户的浏览器类型、版本等,以便根据不同的浏览器编写不同的网页。语法格式为:Request.Browser["浏览器特性名"]。

常用的浏览器特性名如表 6-3 所示。

表 6-3　浏览器特性名对应表

名　　称	说　　明
Browser	浏览器类型
Version	浏览器版本号
MajorVersion	浏览器主版本号
MinorVersion	浏览器次版本号
Frames	逻辑值,true 表示支持框架功能
Cookies	逻辑值,true 表示支持 Cookie
JavaScript	逻辑值,true 表示支持 JavaScript
ActiveXControls	逻辑值,true 表示支持 ActiveXControl 控件

实例 6-2　ServerVariables 和 Browser 应用

如图 6-3 所示,界面显示信息为 ServerVariables 和 Brower 数据集合中相应值。

源程序:Request.aspx 部分代码

```
<%@ Page Language = "C#" AutoEventWireup = "true" CodeFile = "Request.aspx.cs" Inherits =
"chap6_Request" %>
…(略)
    <form id = "form1" runat = "server">
    <div>
```

```
            <asp:Label ID = "lblMsg" runat = "server" Style = "font - size：large"></asp:Label>
            <br />
      </div>
      </form>
…（略）
```

源程序：Request.aspx.cs

```
using System;

public partial class chap6_Request：System.Web.UI.Page
{
      protected void Page_Load(object sender, EventArgs e)
      {
            lblMsg.Text = "服务器 IP 地址："  + Request.ServerVariables["Local_ADDR"] + "<br />";
            lblMsg.Text += "客户端 IP 地址："  + Request.ServerVariables["Remote_ADDR"] + "<br />";
            lblMsg.Text += "浏览器类型：" + Request.Browser["Browser"] + "<br />";
            lblMsg.Text += "浏览器版本：" + Request.Browser["Version"] + "<br />";
            lblMsg.Text += "是否支持 Cookies：" + Request.Browser["Cookies"];
      }
}
```

图 6-3　Request.aspx 浏览效果图

6.2　HTTP 响 应

ASP.NET 通过 Page 类的属性 Response(即 HttpResponse 对象)可以很好地控制输出的内容和方式,如页面重定向、保存 Cookie 等。

HttpResponse 对象的常用属性和方法如表 6-4 所示。

表 6-4　HttpResponse 对象的常用属性和方法表

成　员	说　明
Buffer 属性	逻辑值,true 表示先输出到缓冲区,在处理完整个响应后再将数据输出到客户端浏览器;false 表示直接将信息输出到客户端浏览器
Clear()方法	当属性 Buffer 值为 true 时,Response.Clear()表示清除缓冲区中数据信息
End()方法	终止 ASP.NET 应用程序的执行
Flush()方法	立刻输出缓冲区中的网页
Redirect()方法	页面重定向,可通过 URL 附加查询字符串实现在不同网页之间的数据传递
Write()方法	在页面上输出信息
AppendToLog()方法	将自定义日志信息添加到 IIS 日志文件中

实例 6-3   Write()方法应用

利用 Write()方法除可以输出提示信息、变量值外,也可以输出 XHTML 文本或 JavaScript 脚本等。如图 6-4 所示,页面的信息由 Write()方法输出。

图 6-4   Write.aspx 浏览效果图

源程序:write.aspx 部分代码

```
<%@ Page Language = "C#" AutoEventWireup = "true" CodeFile = "Write.aspx.cs" Inherits =
"chap6_Write" %>
…(略)
```

源程序:Write.aspx.cs

```csharp
using System;

public partial class chap6_Write : System.Web.UI.Page
{
    protected void Page_Load(object sender, EventArgs e)
    {
        Response.Write("<center>");
        for (int i = 1; i <= 4; i++)
        {
            Response.Write("<p><font size = " + i.ToString() + ">我喜欢 ASP.NET!
</font></p>");
        }
        Response.Write("</center>");
    }
}
```

实例 6-4   Redirect()方法应用

如图 6-5 和图 6-6 所示,选择"教师"后,页面重定向到教师页面 Teacher.aspx,选择"学生"后页面重定向到学生页面 Student.aspx。

源程序:Redirect.aspx 部分代码

```
<%@ Page Language = "C#" AutoEventWireup = "true" CodeFile = "Redirect.aspx.cs" Inherits =
"chap6_Redirect" %>
…(略)
    <form id = "form1" runat = "server">
    <div>
        <asp:Label ID = "Label1" runat = "server" Style = "font - size: large" Text = "用户
```

图 6-5　Redirect.aspx 浏览效果图

图 6-6　重定向到教师页面效果图

```
名："></asp:Label>
        <asp:TextBox ID = "txtName" runat = "server" Style = "font - size：large"></asp:TextBox>
        <asp:RadioButtonList ID = "rdoltStatus" runat = "server" RepeatDirection = "Horizontal"
            Style = "font - size：large" Width = "180px">
            <asp:ListItem Value = "teacher">教师</asp:ListItem>
            <asp:ListItem Value = "student">学生</asp:ListItem>
        </asp:RadioButtonList>
        <asp:Button ID = "btnSubmit" runat = "server" OnClick = "btnSubmit_Click" Style =
"font - size：large"
            Text = "确定" />
    </div>
    </form>
…(略)
```

源程序：Redirect.aspx.cs

```
using System;

public partial class chap6_Redirect : System.Web.UI.Page
{
    protected void btnSubmit_Click(object sender, EventArgs e)
    {
        if (rdoltStatus.SelectedValue == "teacher")
        {
            Response.Redirect("~/chap6/Teacher.aspx? name = " + txtName.Text);
        }
        else
        {
            Response.Redirect("~/chap6/Student.aspx? name = " + txtName.Text);
        }
    }
}
```

源程序：Teacher.aspx 部分代码

```
< % @ Page Language = "C #" AutoEventWireup = "true" CodeFile = "Teacher.aspx.cs" Inherits =
"chap6_Teacher" % >
…(略)
    <form id = "form1" runat = "server">
    <div>
        <asp:Label ID = "lblMsg" runat = "server" Style = "font - size: large" Text = "Label">
</asp:Label>
    </div>
    </form>
…(略)
```

源程序：Teacher.aspx.cs

```
using System;

public partial class chap6_Teacher : System.Web.UI.Page
{
    protected void Page_Load(object sender, EventArgs e)
    {
        lblMsg.Text = Request.QueryString["name"] + "老师,欢迎您!";
    }
}
```

6.3　HttpServerUtility

在 ASP.NET 中,Page 类的属性 Server(即 HttpServerUtility 对象)封装了服务器端的一些操作,如转换 XHTML 元素标志、获取网页的物理路径等。

HttpServerUtility 对象的常用属性和方法如表 6-5 所示。

表 6-5　HttpServerUtility 对象的常用属性和方法表

属性和方法	说　明
ScriptTimeout 属性	设置脚本文件执行的最长时间,如: Server.ScriptTimeout=60; //设置最长时间为 60 秒
Execute()方法	停止执行当前网页,转到新的网页执行,执行完毕后返回到原网页,继续执行后续语句
HtmlEncode()方法	将字符串中的 XHTML 元素标记转换为字符实体,如将"<"转换为 &lt
HtmlDecode()方法	与 HtmlEncode 作用相反
MapPath()方法	获取网页的物理路径
Transfer()方法	停止执行当前网页,转到新的网页执行,执行完毕后不再返回原网页
UrlEncode()方法	将字符串中某些特殊字符转换为 URL 编码,如将"/"转换为"%2f",空格转换为"+"等
UrlDecode()方法	与 UrlEncode 作用相反

注意：Response.Redirect()、Server.Execute()和 Server.Transfer()都能实现网页重定向,但有区别。

（1）Redirect()方法尽管在服务器端执行，但重定向实际发生在客户端，可从浏览器地址栏中看到地址变化；而 Execute()和 Transfer()方法的重定向实际发生在服务器端，在浏览器的地址栏中看不到地址变化。

（2）Redirect()和 Transfer()方法执行完新网页后，并不返回原网页；而 Execute()方法执行完新网页后会返回原网页继续执行。

（3）Redirect()方法可重定向到同一网站的不同网页，也可重定向到其他网站的网页；而 Execute()和 Transfer()方法只能重定向到同一网站的不同网页。

（4）利用 Redirect()方法在不同网页之间传递数据时，状态管理采用查询字符串形式；而 Execute()和 Transfer()方法的状态管理方式与 Button 按钮的跨网页提交方式相同，详细内容请参考 6.4 节。

实例 6-5　HttpServerUtility 对象应用

如图 6-7 所示，Server.HtmlEncode()方法常用于在页面输出 XHTML 元素。若直接输出，则浏览器会将这些 XHTML 元素解释输出。Server.UrlEncode()常用于处理链接地址，如地址中包含空格等。单击 Student.aspx 链接时呈现如图 6-8 所示的界面，将丢失"张"后面的信息。单击 Student.aspx(UrlEncode)链接时呈现如图 6-9 所示的界面，因使用了 Server.UrlEncode()方法不再丢失"张"后面的信息。

图 6-7　Server.aspx 浏览效果图

图 6-8　未使用 UrlEncode()效果图

图 6-9　使用 UrlEncode()效果图

源程序：Server.aspx 部分代码

```
<%@ Page Language = "C#" AutoEventWireup = "true" CodeFile = "Server.aspx.cs" Inherits =
"chap6_Server" %>
…(略)
```

源程序：Server.aspx.cs

```
using System;

public partial class chap6_Server : System.Web.UI.Page
{
    protected void Page_Load(object sender, EventArgs e)
    {
        //直接输出时"<hr />"浏览器解释为一条直线
        Response.Write("This is a dog <hr />");
        //编码后"<hr />"浏览器解释为一般字符
        Response.Write(Server.HtmlEncode("This is a dog <hr />") + "<br />");
        //单击链接时将丢失"张"后面的信息
        Response.Write("<a href = Student.aspx? name = 张 三> Student.aspx </a><br />");
        //编码后再单击链接时不会丢失"张"后面的信息
        Response.Write("<a href = Student.aspx? name = " + Server.UrlEncode("张 三") + ">
Student.aspx(UrlEncode) </a>");
    }
}
```

6.4 跨网页提交

要实现页面重定向，在 ASP.NET 3.5 网页中可以采用<a>元素、HyperLink 控件、Response.Redirect()、Server.Execute()和 Server.Transfer()方法。本节将介绍另一种在 ASP.NET 3.5 中实现页面重定向的方法，即利用 Button 类型控件方式实现跨网页提交，这种方式设置方便并具有安全的状态管理功能。

在实现跨网页提交时，需要将源网页上 Button 类型控件的属性 PostBackUrl 值设置为目标网页路径。而在目标页上，需要在页面头部添加 PreviousPageType 指令，设置属性 VirtualPath 值为源网页路径，如：<%@ PreviousPageType VirtualPath = "~/chap6/Cross1.aspx" %>表示从 Cross1.aspx 网页提交。

此时，从目标网页访问源网页中数据的方法有两种：一是利用 PreviousPage.FindControl()方法访问源网页上的控件；二是先在源网页上定义公共属性，再在目标网页上利用"PreviousPage.属性名"获取源网页中数据。

注意：使用 Server.Execute()和 Server.Transfer()方法时，目标网页也是通过 PreviousPage 访问源网页。那么如何区分跨网页提交还是调用了 Server.Execute()或 Server.Transfer()方法呢？这就需要在目标网页的 .cs 文件中判断属性 PreviousPage.IsCrossPagePostBack 的值。如果是跨网页提交，那么属性 IsCrossPagePostBack 值为 true；如果是调用 Server.Execute()或 Server.Tranfer()方法，那么属性 IsCrossPagePostBack 值为 false。

实例 6-6　跨网页提交应用

如图 6-10 和图 6-11 所示，在 Cross1.aspx 中输入"用户名、密码"后单击"确定"按钮，此时页面提交到 Cross2.aspx，在该页面中显示 Cross1.aspx 中输入的数据信息。

图 6-10　Cross1.aspx 浏览效果图

图 6-11　显示提交的信息效果图

源程序：Cross1.aspx

```
<%@ Page Language = "C#" AutoEventWireup = "true" CodeFile = "Cross1.aspx.cs" Inherits =
"chap6_Cross1" %>

<!DOCTYPE html PUBLIC " -//W3C//DTD XHTML 1.0 Transitional//EN " " http://www.w3.org/TR/
xhtml1/DTD/xhtml1 - transitional.dtd">
<html xmlns = "http://www.w3.org/1999/xhtml">
<head runat = "server">
    <title>跨网页提交</title>
</head>
<body>
    <form id = "form1" runat = "server">
    <div style = "width: 332px;">
        <asp:Label ID = "Label1" runat = "server" Text = "用户名:" Style = "font - size:
large"></asp:Label>
        <asp:TextBox ID = "txtName" runat = "server" Style = "font - size: large;"></asp:
TextBox>
        <br />
        <asp:Label ID = "Label2" runat = "server" Text = "密码:" Style = "font - size:
large"></asp:Label>
           
        <asp:TextBox ID = "txtPassword" runat = "server" Style = "font - size: large;"
TextMode = "Password"></asp:TextBox>
        <br />
```

```
                    <asp:Button ID = "btnSubmit" runat = "server" Style = "font - size：large； text -
align： center"
                   Text = "确定" PostBackUrl = "~/chap6/Cross2.aspx" />
        </div>
        </form>
</body>
</html>
```

源程序：Cross1.aspx.cs

```
using System；

public partial class chap6_Cross1 : System.Web.UI.Page
{
        //公共属性 Name，获取用户名文本框中内容
        public string Name
        {
                get
                {
                        return txtName.Text；
                }
        }
}
```

源程序：Cross2.aspx

```
< % @ Page Language = "C♯" AutoEventWireup = "true" CodeFile = "Cross2.aspx.cs" Inherits =
"chap6_Cross2" % >

< % @ PreviousPageType VirtualPath = "~/chap6/Cross1.aspx" % >
<!DOCTYPE html PUBLIC " - //W3C//DTD XHTML 1.0 Transitional//EN" "http://www.w3.org/TR/
xhtml1/DTD/xhtml1 - transitional.dtd">
<html xmlns = "http://www.w3.org/1999/xhtml">
<head runat = "server">
        <title>跨网页提交</title>
</head>
<body>
        <form id = "form1" runat = "server">
        <div>
                <asp:Label ID = "lblMsg" runat = "server" Style = "font - size：large"></asp:Label>
        </div>
        </form>
</body>
</html>
```

源程序：Cross2.aspx.cs

```
using System；
using System.Web.UI.WebControls；

public partial class chap6_Cross2 ：System.Web.UI.Page
{
        protected void Page_Load(object sender, EventArgs e)
        {
```

```
    //判断是否为跨网页提交
    if (PreviousPage.IsCrossPagePostBack == true)
    {
        //通过公共属性获取值
        lblMsg.Text = "用户名：" + PreviousPage.Name + "<br />";
        //先通过 FindControl()找到源页中控件,再利用控件属性获取值
        TextBox txtPassword = (TextBox)PreviousPage.FindControl("txtPassword");
        lblMsg.Text += "密码：" + txtPassword.Text;
    }
}
```

操作步骤：

（1）在 chap6 文件夹中建立文件 Cross1.aspx,添加两个 Label 控件、两个 TextBox 控件、一个 Button 控件,设置 Button 控件的属性 PostBackUrl 值为"～/chap6/Cross2.aspx",其他控件的属性设置请参考如图 6-10 所示的页面和 Cross1.aspx 源代码。

（2）在 chap6 文件夹中建立文件 Cross1.aspx.cs。

（3）在 chap6 文件夹中建立 Cross2.aspx,添加一个 Label 控件。在"源"视图中输入阴影部分的代码。

（4）建立 Cross2.aspx.cs。最后,浏览 Cross1.aspx 进行测试。

6.5 状 态 管 理

在实现网页重定向和跨网页提交时,已涉及一些数据需要从一个网页到另一个网页的传递,这些实际上就是状态管理的一部分。本节将介绍状态管理的其他形式。

ASP.NET 的状态管理分为客户端和服务器端两种。客户端状态是将信息保留在客户端计算机上,当客户端向服务器端发送请求时,状态信息会随之发送到服务器端。具体实现时可选择 ViewState、ControlState、HiddenField、Cookie 和前面提及的查询字符串,其中 ControlState 只能用于自定义控件的状态管理。服务器状态是指状态的信息保存于服务器。具体实现时可选择 Session 状态、Application 状态或数据库支持。

相比较而言,客户端状态由于状态数据保存在客户端,所以不消耗服务器内存资源,但容易泄露数据信息,安全性较差。而服务器端状态将消耗服务器端内存资源,但具有较高的安全性。

6.5.1 ViewState

ViewState 又称为视图状态,用于维护自身 Web 窗体的状态。当用户请求 ASP.NET 网页时,ASP.NET 将 ViewState 封装为一个或几个隐藏的表单域传递到客户端。当用户再次提交网页时,ViewState 也将被提交到服务器端。这样后续的请求就可以获得上一次请求时的状态。

要直观地查看 ViewState 形式,可在客户端浏览 ASP.NET 网页时,在浏览器中选择"查看"→"源文件"命令。下面的代码片段包含一个表单,其中阴影部分就是 ViewState。

```
<form name = "form1" method = "post" action = "Teacher.aspx? name = ss" id = "form1">
<div>
<input type = "hidden" name = "_VIEWSTATE" id = "_VIEWSTATE"
value = "/wEPDwUJODExMDE5NzY5D2QWAgID
D2QWAgIBDw8WAh4EVGV4dAUXc3PogIHluIjvvIzmrKLov47mgqjvvIFkZGSDrmXXxayfKeURWXh0SS5ZDR3noQ == " />
</div>
<div>
    <span id = "lblMsg" style = "font - size：large">ss 老师,欢迎您！</span>
</div>
</form>
```

如果网页上的控件很多,ViewState 就可能很长。显然,如果每次在客户端和服务器端之间传输大量数据,将影响网站性能和用户感受。因此,对于有的网页和控件,如果没有必要维持状态,就可禁用 ViewState,如 GridView 类型的数据控件最好禁止 ViewState,否则 ViewState 将很大。可将属性 EnableViewState 设置为 false 来实现禁用 ViewState 的目的。下面的 GridView 控件禁止了 ViewState：

```
<asp:GridView ID = "GridView1" runat = "server" EnableViewState = "False">
</asp:GridView>
```

如果要禁止整个网页的 ViewState,就要用到@Page 指令：

```
<% @ Page EnableViewState = "false" Language = "C#" AutoEventWireup = "true" CodeFile = "
Default.aspx.cs" Inherits = "chap6_Default" %>
```

6.5.2　HiddenField 控件

HiddenField 又称隐藏域,用于维护自身窗体的状态,作为隐藏域,它不会显示在用户的浏览器中,但可以像设置标准控件的属性那样设置其属性。HiddenField 控件的成员主要有属性 Value 和事件 ValueChanged。

注意：要触发 ValueChanged 事件,需将 HiddenField 控件的属性 EnableViewState 值设置为 false。

6.5.3　Cookie

Cookie 是保存到客户端硬盘或内存中的一小段文本信息,如站点、客户、会话等有关的信息。典型的用途是：如果用户已登录,就在 Cookie 中保存一个特定的标记。这样,在其他网页只要判断相应 Cookie 值就能知道用户是否已经登录。Cookie 与网站关联,而不是与特定的网页关联。因此,无论用户请求站点中的哪一个页面,浏览器和服务器都将交换 Cookie 信息。用户访问不同站点时,各个站点都可能会向用户的浏览器发送一个 Cookie,浏览器会分别存储所有的 Cookie。

可以在客户端修改 Cookie 设置和禁用 Cookie。当用户的浏览器关闭对 Cookie 的支

持,而不能有效地识别用户时,只需在 web.config 中加入以下语句:

<sessionState cookieless = "AutoDetect">或<sessionState cookieless = "UseUri">

Cookie 文本文件存储于"盘符:\Documents and Settings\<用户名>\Cookies"文件夹,其中<用户名>表示登录 Windows 系统的用户名。可以用记事本打开 Cookie 文本文件进行查看。

ASP.NET 提供 System.Web.HttpCookie 类来处理 Cookie,常用的属性是 Value 和 Expires。属性 Value 用于获取或设置 Cookie 值,Expires 用于设置 Cookies 到期时间。每个 Cookie 一般都会有一个有效期限,当用户访问网站时,浏览器会自动删除过期的 Cookie。如果在建立 Cookie 时没有设置有效期,此时创建的 Cookie 将不会保存到硬盘文件中,而是作为用户会话信息的一部分。当用户关闭浏览器时,Cookie 就会被丢弃。这种类型的 Cookie 很适合用来保存只需短时间存储的信息,或者保存由于安全原因不应写入客户端硬盘文件的信息。

要建立 Cookie 需要使用 Response.Cookies 数据集合,如:

```
Response.Cookies["Name"].Value = "张三";
```

也可以先创建 HttpCookie 对象,设置其属性,然后通过 Response.Cookies.Add()方法添加。如:

```
HttpCookie cookie = new HttpCookie("Name");
cookie.Value = "张三";
cookie.Expires = DateTime.Now.AddDays(1);
Response.Cookies.Add(cookie);
```

要获取 Cookie 值需要使用 Request.Cookies 数据集合,如:

```
string name = Request.Cookies.["Name"].Value;
```

实例 6-7 Cookie 应用

本实例主要实现利用 Cookie 确认用户是否已登录,其中 Cookie.aspx 页面只有在用户登录后才能显示。

如图 6-12 所示,用户访问 Cookie.aspx 时,若在 Cookie 中已有用户信息则显示欢迎信息,否则重定向到 CookieLogin.aspx。在图 6-13 中,输入用户名,单击"确定"按钮后会将用户名信息写入 Cookie。

图 6-12 Cookie.aspx 浏览效果图

图 6-13　CookieLogin. aspx 浏览效果图

源程序：Cookie. aspx 部分代码

```
< % @ Page Language = "C#" AutoEventWireup = "true" CodeFile = "Cookie. aspx. cs" Inherits =
"chap6_Cookie" % >
…(略)
    <form id = "form1" runat = "server">
    <div>
        <asp:Label ID = "lblMsg" runat = "server" Style = "font - size：large"></asp:Label>
    </div>
    </form>
…(略)
```

源程序：Cookie. aspx. cs

```
using System;

public partial class chap6_Cookie : System. Web. UI. Page
{
    protected void Page_Load(object sender, EventArgs e)
    {
        if (Request. Cookies["Name"] ! = null)
        {
            lblMsg. Text = Request. Cookies["Name"]. Value + ",欢迎您回来!";
        }
        else
        {
            Response. Redirect("~/chap6/CookieLogin. aspx");
        }
    }
}
```

源程序：CookieLogin. aspx 部分代码

```
< % @ Page Language = "C#" AutoEventWireup = "true" CodeFile = "CookieLogin. aspx. cs" Inherits =
"chap6_CookieLogin" % >
…(略)
    <form id = "form1" runat = "server">
    <div>
        <asp:Label ID = "Label1" runat = "server" Style = "font - size：large" Text = "用户
名："></asp:Label>
        <asp:TextBox ID = "txtName" runat = "server" Style = "font - size：large"></asp:
TextBox>
        <br />
```

```
        <asp:Label ID = "Label2" runat = "server" Style = "font - size: large" Text = "密
   码:"></asp:Label>
        <asp:TextBox ID = "txtPassword" runat = "server" Style = "font - size: large">
</asp:TextBox>
        <br />
        <asp:Button ID = "btnSubmit" runat = "server" Style = "font - size: large" Text = "确
定" OnClick = "btnSubmit_Click" />
    </div>
    </form>
…(略)
```

源程序：CookieLogin.aspx.cs

```
using System;
using System.Web;

public partial class chap6_CookieLogin : System.Web.UI.Page
{
    protected void btnSubmit_Click(object sender, EventArgs e)
    {
        //实际工程需与数据库中存储的用户名和密码比较
        if (txtName.Text == "ssg" && txtPassword.Text == "111")
        {
            HttpCookie cookie = new HttpCookie("Name");
            cookie.Value = "ssg";
            cookie.Expires = DateTime.Now.AddDays(1);
            Response.Cookies.Add(cookie);
        }
    }
}
```

程序说明：

测试时先浏览 Cookie.aspx，此时因无用户名 Cookie 信息，页面重定向到 CookieLogin. aspx，输入用户名单击"确定"按钮将用户名信息存入 Cookie。关闭浏览器。再次浏览 Cookie.aspx 可看到欢迎信息。

6.5.4　Session

Session 又称会话状态，在工程实践中应用广泛，典型的应用有储存用户信息、多网页间信息传递、购物车等。Session 产生在服务器端，只能为当前访问的用户服务。以用户对网站的最后一次访问开始计时，当计时达到会话设定时间并且期间没有访问操作时，则会话自动结束。如果同一个用户在浏览期间关闭浏览器后再访问同一个网页，服务器会为该用户产生新的 Session。

在服务器端，ASP.NET 用一个唯一的 120 位 Session ID 来标识每一个会话。若客户端支持 Cookie，ASP.NET 会将 Session ID 保存到相应的 Cookie 中；若不支持，就将 Session ID 添加到 URL 中。当用户提交网页时，浏览器会将用户的 Session ID 附加在 HTTP 头信息中，服务器处理完该网页后，再将结果返回给 Session ID 所对应的用户。

注意：不管 Session ID 保存在 Cookie 还是添加在 URL 中，都是明文。如果需要保护 Session ID，可考虑采用 SSL 通信。

Session 由 System. Web. HttpSessionState 类实现，使用时，常直接通过 Page 类的 Session 属性访问 HttpSessionState 类的实例。常用的属性、方法和事件如表 6-6 所示。

表 6-6　HttpSessionState 常用的属性、方法和事件表

属性、方法和事件	说　明
Contents 属性	获取对当前会话状态对象的引用
IsCookieless 属性	逻辑值，确定 Session ID 嵌入在 URL 中还是存储在 Cookie 中，true 表示存储在 Cookie 中
IsNewSession 属性	逻辑值，true 表示是与当前请求一起创建的
Mode 属性	获取当前会话状态的模式
SessionID 属性	获取会话的唯一标识 ID
Timeout 属性	获取或设置会话状态持续时间，单位为分钟，默认为 20 分钟
Abandon()方法	取消当前会话
Remove()方法	删除会话状态集合中的项
Session_Start 事件	用户请求网页时触发，相应的事件代码包含于 Global. asax 文件中
Session_End 事件	用户会话结束时触发，相应的事件代码包含于 Global. asax 文件中

注意：只有在 web. config 文件中的 sessionState 模式设置为 InProc 时，才会引发 Session_End 事件。如果会话模式设置为 StateServer 或 SQLServer，则不会引发该事件。

对 Session 状态的赋值有两种，如：

```
Session["Name"] = "张三";
Session.Contents["Name"] = "张三";
```

注意：Session 使用的名称不区分大小写，因此不要用大小写区分不同变量。

在 ASP.NET 3.5 中，Session 状态的存储方式有多种，可以在 web. config 中通过 <sessionState> 元素的 mode 属性来指定，共有 Off、InProc、StateServer、SQLServer 和 Custom 五个枚举值供选择，分别代表禁用、进程内、独立的状态服务、SQLServer 和自定义数据存储。在实际工程项目中，一般选择 StateServer，而对于大型网站常选用 SQLServer。

下面的部分 web. config 内容是某考试系统的 Session 状态设置。其中，Session 存储模式选择 StateServer，状态服务器名为 StateServerName，端口号 42424，不使用 Cookie，会话时间为 90 分钟。

```
<configuration>
  <system. web>
    < sessionState mode = "StateServer" stateConnectionString = "tcpip = StateServerName:
42424" cookieless = "false" timeout = "90">
    </sessionState>
  </system. web>
</configuration>
```

实例 6-8　Session 应用

本实例功能类似于实例 6-7,当客户端禁用 Cookie 时可选择本实例代替。如图 6-14 和图 6-15 所示,利用本实例能保护某些网页,如要进入 Session.aspx 页面,则首先要通过登录认证。

源程序：Session.aspx 部分代码

```
< % @ Page Language = "C#" AutoEventWireup = "true" CodeFile = "Session.aspx.cs" Inherits =
"chap6_Session" % >
...(略)
    <form id = "form1" runat = "server">
    <div>
        <asp:Label ID = "lblMsg" runat = "server" Style = "font - size: large"></asp:Label>
    </div>
    </form>
...(略)
```

源程序：Session.aspx.cs

```
using System;

public partial class chap6_Session : System.Web.UI.Page
{
    protected void Page_Load(object sender, EventArgs e)
    {
        if (Session["Name"] ! = null)
        {
            lblMsg.Text = Session["Name"] + ",欢迎您!";
        }
        else
        {
            Response.Redirect("~/chap6/SessionLogin.aspx");
        }
    }
}
```

图 6-14　Session.aspx 浏览效果图

图 6-15　SessionLogin.aspx 浏览效果图

源程序：SessionLogin.aspx 部分代码

```
< % @ Page Language = "C#" AutoEventWireup = "true" CodeFile = "SessionLogin.aspx.cs"
Inherits = "chap6_SessinLogin" % >
...(略)
```

```
            <form id = "form1" runat = "server">
            <div>
                    <asp:Label ID = "Label1" runat = "server" Style = "font - size：large" Text = "用户
名："></asp:Label>
                    <asp:TextBox ID = "txtName" runat = "server" Style = "font - size：large"></asp：
TextBox>
                    <br />
                    <asp:Label ID = "Label2" runat = "server" Style = "font - size：large" Text = "密
   码："></asp:Label>
                     <asp:TextBox ID = "txtPassword" runat = "server" Style = "font - size：large"
TextMode = "Password"></asp:TextBox>
                    <br />
                    <asp:Button ID = "btnSubmit" runat = "server" Style = "font - size：large" Text = "确
定" OnClick = "btnSubmit_Click" />
            </div>
            </form>
…(略)
```

源程序：SessionLogin.aspx.cs

```
using System；

public partial class chap6_SessinLogin ：System.Web.UI.Page
{
        protected void btnSubmit_Click(object sender，EventArgs e)
        {
                //实际工程需与数据库中存储的用户名和密码比较
                if (txtName.Text == "ssg" && txtPassword.Text == "111")
                {
                        Session["Name"] = "ssg";
                }
        }
}
```

程序说明：

当用户直接访问 Session.aspx 时，会判断 Session["Name"]状态值，若为空，则重定向到 SessionLogin.aspx，否则显示欢迎信息。

在 SessionLogin.aspx 中用户登录成功后，将建立 Session["Name"]状态值。此时要测试是否存在 Session["Name"]状态值，应在打开 SessionLogin.aspx 页面的浏览器中直接更改地址来访问 Session.aspx。

6.5.5　Application

Application 又称应用程序状态，与应用于单个用户的 Session 状态不同，它应用于所有的用户。所以，可以将 Application 状态理解成公用的全局变量，网站中的每个访问者均可访问。Application 状态在网站运行时存在，网站关闭时将被释放。因此，如果需要将状态数据保存下来，则适宜保存在数据库中。

Application 由 System.Web.HttpApplicationState 类来实现。存取一个 Application

状态的方法与 Session 状态类似。但因为 Application 是面对所有用户的,当要修改 Application 状态值时,首先要调用 Application.Lock()方法锁定,值修改后再调用 Application.UnLock()方法解除锁定。如:

```
Application.Lock();
Application["Count"] = (int)Application["Count"] + 1;
Application.UnLock();
```

与 Application 相关的事件主要有 Application_Start、Application_End、Application_Error,与 Session 类似,这些事件代码都存放于 Global.asax 文件中。

Global.asax 文件是 ASP.NET 应用程序可选文件,驻留在网站的根文件夹下,对直接通过浏览器访问该文件的请求会被自动拒绝,外部用户无法下载或查看该文件代码。

实例6-9　统计网站在线人数

如图 6-16 所示,页面呈现网站在线人数。要实现该功能,需考虑三个方面:初始化计数器;当一个用户访问网站时,计数器增1;当一个用户离开网站时,计数器减1。初始化计数器要利用 Application_Start 事件,并在事件代码中定义 Application 状态。用户访问网站时增加计数要利用 Session_Start 事件,并在事件代码中增加 Application 状态值。用户离开网站时减少计数要利用 Session_End 事件,并在事件代码中减小 Application 状态值。

图 6-16　Application.aspx 浏览效果图

源程序:Global.asax

```
<%@ Application Language = "C#" %>

<script RunAt = "server">

    void Application_Start(object sender, EventArgs e)
    {
        //在应用程序启动时运行的代码
        Application["VisitNumber"] = 0;
    }

    void Session_Start(object sender, EventArgs e)
    {
        //在新会话启动时运行的代码
        if (Application["VisitNumber"] != null)
        {
            Application.Lock();
            Application["VisitNumber"] = (int)Application["VisitNumber"] + 1;
            Application.UnLock();
```

```
        }
    }

    void Session_End(object sender, EventArgs e)
    {
        //在会话结束时运行的代码
        if (Application["VisitNumber"] != null)
        {
            Application.Lock();
            Application["VisitNumber"] = (int)Application["VisitNumber"] - 1;
            Application.UnLock();
        }
    }
</script>
```

源程序：Application.aspx 部分代码

```
<%@ Page Language = "C#" AutoEventWireup = "true" CodeFile = "Application.aspx.cs" Inherits
= "chap6_Application" %>
…(略)
    <form id = "form1" runat = "server">
    <div>
        <asp:Label ID = "Label1" runat = "server" Style = "font - size：large" Text = "当前用
户在线人数："></asp:Label>
        <asp:Label ID = "lblMsg" runat = "server" Style = "font - size：large"></asp:Label>
    </div>
    </form>
…(略)
```

源程序：Application.aspx.cs

```
using System;

public partial class chap6_Application : System.Web.UI.Page
{
    protected void Page_Load(object sender, EventArgs e)
    {
        lblMsg.Text = Application["VisitNumber"].ToString();
    }
}
```

程序说明：

可同时利用多个浏览器或多台计算机访问 Application.aspx，进行测试。当然，若通过多台计算机进行测试，需要先将网站发布到 IIS。

注意：Session_End 事件是在会话结束时触发，所以关闭浏览器不会立即触发该事件，只有到达属性 Timeout 设置的时间时该事件才被触发，此时，相应的当前在线人数才会减少。

6.5.6　Profile

不同的用户往往有不同的偏好。例如，对于使用 Google 的用户来说，有的希望网页的界面语言是英文，而有的希望网页的界面语言是中文。那么，如何对不同的用户进行状态管理呢？ASP.NET 3.5 提供了方便使用的 Profile 解决方案。

Profile 提供的个性化用户配置功能可以很方便地实现为每个用户定义、存储和管理配置信息，这些信息的创建、存储和管理是自动完成的。配置信息可以是与用户有关的任何信息，如后面章节将介绍的主题、成员角色信息等。所存储的配置信息可以是任意数据类型的对象，包括自定义类对象。针对的用户可以是注册用户，也可以是匿名用户，当然，要保存匿名用户信息需要设置 AllowAnonymous＝"true"。而且，对不同的匿名用户会自动识别。默认情况下，配置信息存储在 SQL Server Express 2005 中，并以 ASPNETDB.mdf 数据库名存放在网站的 App_Data 文件夹。其中表 aspnet_Profile 存储了用户配置数据，每一条记录代表一个用户的配置信息。当然也可以将配置信息保存到其他版本的 SQL Server 中，此时需要使用"盘符:\Windows\Microsoft.NET\Framework\v2.0.50727"文件夹中的 aspnet_regsql.exe 命令行工具。

使用个性化用户配置功能主要有两个步骤：第一，在 web.config 文件中的＜profile＞配置节中定义配置信息名、数据类型、是否允许匿名用户存储信息等；第二，在程序中利用 Profile 对象访问用户配置信息。

实例 6-10　应用 Profile 保存邮政编码信息

如图 6-17 所示，当用户输入邮政编码，单击"写入"按钮后将把邮政编码保存到 ASPNETDB.mdf 数据库的 aspnet_Profile 表中。单击"显示"按钮后从 aspnet_Profile 表中获取用户的邮政编码并显示在页面上，如图 6-18 所示。

图 6-17　Profile.aspx 浏览效果图（一）　　图 6-18　Profile.aspx 浏览效果图（二）

源程序：web.config 部分代码

```
<system.web>
    <anonymousIdentification enabled = "true"/>
    <profile>
      <properties>
          <add name = "PostCode" type = "string" allowAnonymous = "true"/>
      </properties>
    </profile>
</system.web>
```

操作步骤：
打开网站根文件夹下的 web.config，输入阴影部分的内容。
程序说明：
（1）＜anonymousIdentification＞定义用户配置功能是否支持匿名用户。

（2）＜profile＞配置节中定义了属性 PostCode，数据类型为 string，允许匿名用户访问。这样，在程序中要访问 PostCode 通过 Profile.PostCode 即可。

（3）若属性较多，还可考虑使用属性组形式，如：

```
＜properties＞
    ＜group name = "BillingAddress"＞
        ＜add name = "Street" type = "System.String"/＞
        ＜add name = "City" defaultValue = "北京" type = "System.String"/＞
    ＜/group＞
＜/properties＞
```

以属性组形式定义后，要访问 Street 只需使用 Profile.BillingAddress.Street。

源程序：Profile.aspx 部分代码

```
＜% @ Page Language = "C#" AutoEventWireup = "true" CodeFile = "Profile.aspx.cs" Inherits =
"chap6_Profile" %＞
…(略)
    ＜form id = "form1" runat = "server"＞
    ＜div＞
        ＜asp:Label ID = "Label1" runat = "server" Style = "font - size：large" Text = "邮政编
码："＞＜/asp:Label＞
        ＜asp:TextBox ID = "txtPostCode" runat = "server" Style = "font - size：large"＞
＜/asp:TextBox＞
        ＜asp:RequiredFieldValidator ID = "RequiredFieldValidator1" runat = "server"
ControlToValidate = "txtPostCode"
            ErrorMessage = "RequiredFieldValidator"＞ * ＜/asp:RequiredFieldValidator＞
            ＜asp:RegularExpressionValidator ID = "RegularExpressionValidator1" runat =
"server" ControlToValidate = "txtPostCode"
            ErrorMessage = "RegularExpressionValidator" ValidationExpression = "\d{6}"＞
＜/asp:RegularExpressionValidator＞
        ＜br /＞
        ＜asp:Button ID = "btnSubmit" runat = "server" Style = "font - size：large" Text = "写
入" OnClick = "btnSubmit_Click" /＞
        ＜asp:Button ID = "btnDisplay" runat = "server" OnClick = "btnDisplay_Click" Style = "font -
size：large"
            Text = "显示" /＞
        ＜br /＞
        ＜asp:Label ID = "lblMsg" runat = "server" Style = "font - size：large"＞＜/asp:Label＞
    ＜/div＞
    ＜/form＞
…(略)
```

源程序：Profile.aspx.cs

```
using System;

public partial class chap6_Profile : System.Web.UI.Page
{
    protected void btnSubmit_Click(object sender, EventArgs e)
    {
        //存储用户的属性 PostCode 值到 ASPNETDB.MDF 中
        Profile.PostCode = txtPostCode.Text;
```

```
        }

        protected void btnDisplay_Click(object sender, EventArgs e)
        {
            //从 aspnet_Profile 表中获取存储的邮政编码信息
            lblMsg.Text = "存储的邮政编码为：" + Profile.PostCode;
        }
    }
```

程序说明：

从程序处理流程中可以看出，保存和获取用户配置信息完全自动完成，不需要连接数据库等语句。

6.6　小　　结

本章从 HTTP 请求入手，讲述 ASP.NET 3.5 网站的状态管理。

要控制页面请求和响应，需使用 HttpRequest 和 HttpResponse 对象。HttpRequest 提供了 QueryString、ServerVariables、Browser、Cookies 等数据集合访问不同用途数据。HttpResponse 提供了输出 XHTML 信息、JavaScript 脚本、Cookies 等功能。

为了有效防范 SQL 脚本注入，常会使用 HttpServerUtility 对象的 HtmlEncode()方法，该对象同时提供了 UrlEncode()、MapPath()等实用方法。

页面重定向可采用＜a＞、HyperLink、Response.Redirect()、Server.Execute()、Server.Transfer()和 Button 类型按钮的跨网页提交等形式，在使用时要注意它们的使用区别。

在网站的页面之间传递信息、保存个性化的用户信息等都要涉及状态管理。状态管理分为客户端和服务器端两种管理形式。客户端形式使用较多的是 Cookie 和查询字符串。根据应用场合不同，服务器端形式包含 Session、Application 和数据库支持等。其中，Session 对应单个用户，而 Application 对应所有用户。若要实现个性化网站，需要配置 web.config 和使用 Profile 对象。

6.7　习　　题

1. 填空题

(1) 从 http://10.200.1.23/custom.aspx?ID＝4703 中获取 ID 值的方法是＿＿＿＿。

(2) 要获取客户端 IP 地址，可以使用＿＿＿＿。

(3) 终止 ASP.NET 网页执行可以使用＿＿＿＿。

(4) 要获取网页 default.aspx 的物理路径可以使用＿＿＿＿。

(5) 状态管理具有＿＿＿＿和＿＿＿＿两种方式。

(6) 设置 Button 类型控件的属性＿＿＿＿值可确订单击按钮后跳转到相应网页。

(7) Session 对象启动时会触发＿＿＿＿事件。

（8）设置会话有效时间为 10 分钟的语句是_____。

（9）若设置浏览器禁止 Cookie，要有效地识别用户可以在_____中加入_____。

（10）要对 Application 状态变量值修改之前应使用 _____。

2. 是非题

（1）判断属性 IsCrossPagePostBack 的值可确定是否属于跨网页提交。（　　）

（2）Application 状态可由网站所有用户进行更改。（　　）

（3）使用 HTML 控件时将不能保持 ViewState 状态。（　　）

（4）ViewState 状态可以在网站的不同网页间共享。（　　）

（5）Session 状态可以在同一会话的不同网页间共享。（　　）

（6）使用 Profile 管理个人状态信息需要添加连接数据库的代码。（　　）

（7）当关闭浏览器窗口时，Session_End 事件立即被触发。（　　）

3. 选择题

（1）要重定向网页，不能使用（　　）。

A. LinkButton 控件　　　　　　　B. HttpResponse. Redirect()方法

C. Image 控件　　　　　　　　　D. HttpServerUtility. Transfer()方法

（2）下面的（　　）对象可用于使服务器获取从客户端浏览器提交的信息。

A. HttpRequest　　　　　　　　B. HttpResponse

C. HttpSessionState　　　　　　D. HttpApplication

（3）Session 状态和 Cookie 状态的最大区别是（　　）。

A. 存储的位置不同　　　　　　　B. 类型不同

C. 生命周期不同　　　　　　　　D. 容量不同

（4）默认情况下，Session 状态的有效时间是（　　）。

A. 30 秒　　　　B. 10 分钟　　　　C. 30 分钟　　　　D. 20 分钟

（5）执行 lblMsg. Text = "<a href＝'http：//microsoft.com'>微软</a>";语句后，页面上显示的内容是（　　）。

A. <a href＝'http//www. microsoft. com'>微软</a>

B. 以超链接形式显示"微软"

C. 微软

D. 程序出错

4. 简答题

（1）简述 Session 状态和 Application 状态的异同。

（2）简述页面重定向的不同形式和使用区别。

（3）简述利用 Profile 管理个人状态信息的过程。

5. 上机操作题

（1）建立并调试本章的所有实例。

（2）建立一个网页，显示来访者的 IP 地址。当 IP 地址以 218.75 开头时，则显示欢迎信息，否则显示非法用户并结束。

（3）设计一个网页，当客户第一次访问时，需注册姓名、性别等信息，然后把客户信息保存到 Cookie 中。下一次如该用户再访问,则显示"某某,您是第几次光临本站"。

（4）编写一个简易的聊天室,要求能显示发言人姓名、发言内容、发言时间、总访问人数和当前在线人数。

（5）设计一个简易的在线考试网站,要求包括单选题、多选题,单选题有 XHTML 知识的题目,如 XHTML 中换行的元素是什么?

A. ＜p＞　　　B. ＜br /＞　　　C. ＜hr /＞　　　D. ＜a＞

（6）编写两个网页,在第一个页面中用户要输入用户名,然后保存到 Session 中。在第二个页面中读取该 Session 信息,并显示欢迎信息。如果用户没有在第一页登录就直接访问第二页,则将页面重定向到第一页。要求分别将 Session 状态保存到 StateServer 和 SQL Server 中。

（7）编写网页,利用 Profile 保存和读取个性化信息。

第7章

数据访问

本章要点：

☞ 掌握 Visual Studio 2008 中管理数据库的方法。

☞ 熟练使用数据源控件。

☞ 掌握 LINQ 查询表达式。

☞ 熟练使用 LINQ to SQL 和 LINQ to XML 进行数据访问管理。

7.1 数据访问概述

在网站的开发过程中，如何存取数据库是最常用的部分。.NET Framework 提供了多种存取数据库的方式。在 ASP.NET 1.X 时，主要使用 ADO.NET 访问数据，这种技术在 ASP.NET 3.5 中仍被支持。ADO.NET 提供了用于完成如数据库连接、查询数据、插入数据、更新数据和删除数据等操作的对象。主要包括如下五个对象。

* Connection 对象——用来连接数据库。
* Command 对象——用来对数据库执行 SQL 命令，如查询语句。
* DataReader 对象——用来从数据库返回只读数据。
* DataAdapter 对象——用来从数据库返回数据，并填充到 DataSet 对象中，还要负责保证 DataSet 对象中的数据和数据库中的数据保持一致。
* DataSet 对象——可以看作是内存中的数据库。DataAdapter 对象将数据库中的数据送到该对象后，就可以进行各种数据操作，最后再利用 DataAdapter 对象将更新反映到数据库中。

这五个对象提供了两种读取数据库的方式：一种利用 Connection、Command 和 DataReader 对象，这种方式只能读取数据库；另一种方式利用 Connection、Command、DataAdapter 和 DataSet 对象，这种方式可以对数据库进行各种操作。

ADO.NET 的这种数据访问技术已比较先进，但也存在必须编写大量重复代码的问题。为了更好地体现工作效率，ASP.NET 2.0 进行大胆改进，增加了多种数据源控件和数据绑定控件。数据源控件封装所有获取和处理数据的功能，主要包括连接数据源、使用 Select、Update、Delete 和 Insert 等 SQL 语句获取和管理数据等。数据绑定控件主要用于以多种方式显示数据。结合使用数据源控件和数据绑定控件，只需要设置相关属性，几乎不用编写任何代码即能存取数据库。

Microsoft 在 ASP.NET 3.5 中对数据存取做了更大的创新,引入了一种新技术 LINQ。这种技术填补了传统.NET 语言和查询语句之间的空白,使得查询等数据访问操作完全与.NET 语言整合,实现了通过.NET 语言访问数据库的功能。

7.2　建立 SQL Server Express 数据库

Microsoft 推出的 SQL Server 2005 系列数据库管理系统提供了完整的编程模型,包括 Transact-SQL、存储过程、视图、触发器和 .NET Framework 集成等。其中 SQL Server Express 2005 是该系列中的精简版,允许无偿获取并免费再分发,同时对系统配置的要求相对比较低,非常适合于中小型企业的开发应用。

SQL Server Express 2005 与 ASP.NET 3.5 紧密集成。在安装 Visual Studio 2008 时,与 ASP.NET 3.5 一同安装。允许建立网站时直接在 Visual Studio 2008 的开发环境中创建并管理数据库。在 ASP.NET 3.5 的用户认证和个性化的服务中,会自动创建 SQL Server Express 2005 的数据库 ASPNETDB.MDF,并能与网站配合,自动保存相关数据,从而简化了设计过程。

需要注意的是,若想利用类似于 SQL Server 2000 中企业管理器的工具管理 SQL Server Express 2005 数据库,则可以到 Microsoft 的网站免费下载图形管理工具 SSMSE。在 SSMSE 中,能以图形界面或 SQL 语句形式建立并管理数据库。

要在 Visual Studio 2008 开发环境中创建 SQL Server Express 2005 数据库,可以右击 App_Data 文件夹,在弹出的快捷菜单中选择"添加新项"命令,选择"SQL Server 数据库"模板,单击"添加"按钮新建数据库。

如图 7-1 所示,建立好数据库并在"服务器资源管理器"中展开相应的数据库目录后,右击"表",在弹出的快捷菜单中选择"添加新表"命令可建立数据表的结构。如图 7-2 所示,右击相应的数据表,在弹出的快捷菜单中选择"显示表数据"命令可输入表中记录。

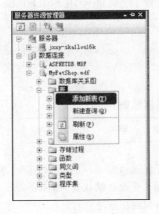

图 7-1　添加新表界面图

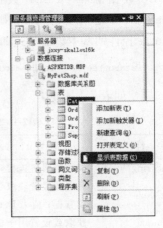

图 7-2　显示表数据界面图

7.3　数据源控件

数据源控件主要用于实现从不同数据源获取数据的功能,包括 AccessDataSource、LingDataSource、ObjectDataSource、SqlDataSource、XmlDataSource 和 SiteMapDataSource。图 7-3 给出了各数据源控件的类层次结构图。

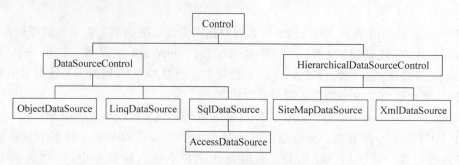

图 7-3　数据源控件类层次结构图

无论与什么样的数据源交互,数据源控件都提供了统一的基本编程模型。通过数据源控件中定义的各种事件,可以实现 Select、Update、Delete 和 Insert 等数据操作。需要注意的是,数据源控件还提供了数据操作前后的事件,可以编写相关事件代码实现更加灵活的功能。如数据插入操作 Insert 就有 Insert()方法,还有 Inserting 和 Inserted 事件。其中 Inserting 事件发生在数据插入之前,而 Inserted 事件发生在数据插入之后。

7.3.1　SqlDataSource 控件

SqlDataSouce 的应用广泛,可以用来访问 Access、SQL Server、SQL Server Express、Oracle、ODBC 数据源和 OLEDB 数据源。当然,对 Access 数据库的访问也可以使用 AccessDataSource。但若要访问带密码的 Access 数据库,就只能使用 SqlDataSource 控件。SqlDataSource 控件的基本语法格式如下:

　　＜asp:SqlDataSource ID = "SqlDataSource1" runat = "server"＞＜/asp:SqlDataSource＞

常用的属性如表 7-1 所示。

表 7-1　SqlDataSource 常用属性表

属　　性	说　　明
ConnectionString	获取或设置连接到数据库的字符串
DataSourceMode	获取或设置获取数据时所使用的数据返回模式。值 DataReader 表示获取只读数据;值为 DataSet 表示获取数据可更改。默认值为 DataSet
DeleteCommand	获取或设置用于删除数据的 SQL 语句或存储过程名
DeleteCommandType	获取或设置属性 DeleteCommand 值的类型。Text 表示 SQL 语句,StoreProcedure 表示存储过程。默认值为 Text
DeleteParameters	获取 DeleteCommand 值中出现的参数集合

属　　性	说　　明
DeleteQuery	设置 Delete 命令使用的参数
EnableCaching	逻辑值，true 表示启用数据缓存功能，false 表示不启用。默认值为 false
InsertCommand	获取或设置用于插入数据的 SQL 语句或存储过程名
InsertCommandType	获取或设置属性 InsertCommand 值的类型
InsertParameters	获取属性 InsertCommand 值中出现的参数集合
InsertQuery	设置 Insert 语句使用的参数
ProviderName	获取或设置连接数据源的提供程序名称
SelectCommand	获取或设置用于查询数据的 SQL 语句或存储过程名
SelectCommandType	获取或设置属性 SelectCommand 值的类型
SelectParameters	获取 SelectCommand 值中出现的参数集合
SelectQuery	设置 Select 语句使用的参数
UpdateCommand	获取或设置用于更新数据的 SQL 语句或存储过程
UpdateCommandType	获取或设置 UpdateCommand 值的类型
UpdateParameters	获取属性 UpdateCommand 值中出现的参数集合
UpdateQuery	设置 Update 命令使用的参数

1. 连接数据库

访问数据源的首要步骤是连接数据源，使用 SqlDataSource 连接数据源不需要编写代码，只需按"配置数据源"向导逐步设置就可以了。操作步骤如下：

（1）在 chap7 文件夹中建立 SqlDataSource.aspx 文件。添加一个 SqlDataSource 控件和一个 GridView 控件。

（2）单击 SqlDataSource 控件的智能标记，选择"配置数据源"启动"配置数据源"向导，界面如图 7-4 所示。

（3）在图 7-4 中，下拉列表框会列出存储在 App_Data 文件夹中的数据库名和存储在 web.config 文件的＜connectionStrings＞配置节中的数据连接名，选择数据库名或数据连接名后展开"连接字符串"可以看到连接信息。连接字符串包括数据库信息和身份验证信息。例如，使用 SQL Server Express 2005 数据库时，连接字符串格式如下：

```
Data Source = .\SQLEXPRESS;AttachDbFilename = |DataDirectory|\MyPetShop.mdf;
Integrated Security = True;User Instance = True
```

其中，SQL Server 数据库的身份验证有三种模式：Windows 验证、SQL Server 验证和混合验证。Windows 验证使用 Windows 用户帐号连接 SQL Server，常用于局域网络。利用 Windows 验证的连接字符串如上例格式。SQL Server 验证使用 SQL Server 的注册帐号连接 SQL Server，常用于 Internet 环境。格式如下：

```
Data Source = .\SQLEXPRESS;AttachDbFilename = "E:\Book\MyPetShop.mdf";Persist Security Info =
True;User ID = saa;Password = sdf@～1;Connect Timeout = 30;User Instance = False
```

混合验证的连接字符串可选择 Windows 验证格式或 SQL Server 验证格式。

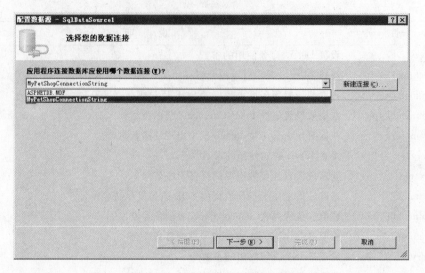

图 7-4　选择数据连接界面图

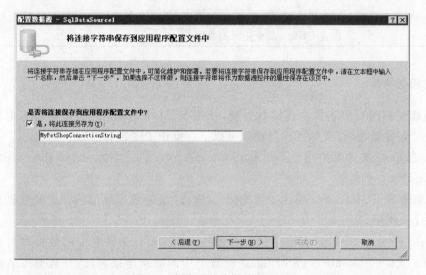

图 7-5　保存连接字符串界面图

（4）在图 7-5 中，选择是否将连接字符串保存到 web. config 中。当未选中时，连接字符串会出现在 SqlDataSource 控件的定义中，如：

```
<asp:SqlDataSource ID = "SqlDataSource1" runat = "server"
  ConnectionString = "Data Source = .\SQLEXPRESS;AttachDbFilename = &quot; E:\Book\
MyPetShop.mdf&quot;;Persist Security Info = True;User ID = saa;Password = sdf@~1;Connect
Timeout = 30;User Instance = False"
  ProviderName = "System.Data.SqlClient" SelectCommand = "SELECT * FROM [Category]">
</asp:SqlDataSource>
```

当选中时，连接字符串将保存到 web. config 中的<connectionStrings>配置节中，如：

```
<connectionStrings>
  <add name = "MyPetShopConnectionString" connectionString = "Data Source = .\SQLEXPRESS;
```

AttachDbFilename=|DataDirectory|\MyPetShop.mdf;Integrated Security=True;User Instance=
True"   providerName="System.Data.SqlClient" />
</connectionStrings>

此时，在 SqlDataSource 控件的定义中写成如下格式：

<asp:SqlDataSource ID="SqlDataSource1" runat="server"
　　ConnectionString="<%$ ConnectionStrings:MyPetShopConnectionString %>"
　　SelectCommand="SELECT DISTINCT [CategoryId] FROM [Product]">
</asp:SqlDataSource>

（5）单击图 7-5 中的"下一步"按钮后呈现如图 7-6 所示的界面，要求配置 SQL 语句。
可以根据实际需要生成相应的 SQL 语句。

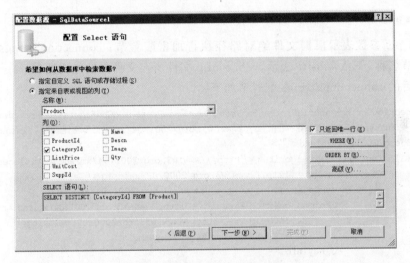

图 7-6　"配置 SQL 语句"界面图

（6）单击图 7-6 中的"下一步"按钮后呈现如图 7-7 所示的界面，可以对生成的 SQL 语
句测试查询结果，至此结束"配置数据源"向导。

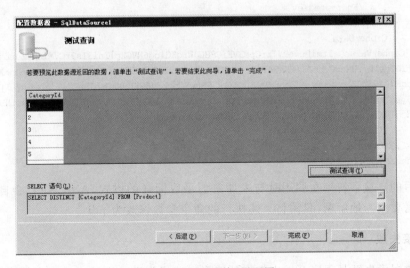

图 7-7　"测试查询"界面图

（7）要使用配置好的数据源，只需将数据绑定控件的属性 DataSourceID 值设置为相应数据源控件的 ID 值。

2. 连接字符串加密处理

存储在 web.config 中的连接字符串是以明文方式显示的，这样还不能有效地避免敏感信息的泄露。为解决这个问题，可以利用命令行工具 aspnet_regiis.exe 为连接字符串加密。操作步骤如下：

（1）选择"开始"→"程序"→Microsoft Visual Studio 2008→Visual Studio Tools→"Visual Studio 2008 命令提示"命令，启动 DOS 界面窗口。

（2）输入以下命令

```
aspnet_regiis - pef connectionStrings E:\website
```

其中，-pef 参数表示根据文件绝对路径执行加密配置节；connectionStrings 表示要加密的配置节名称；E:\website 表示 web.config 文件所在文件夹的绝对路径。

加密后的 connectionStrings 配置节如下：

```
<connectionStrings configProtectionProvider = "RsaProtectedConfigurationProvider">
    <EncryptedData Type = "http://www.w3.org/2001/04/xmlenc#Element" xmlns = "http://
www.w3.org/2001/04/xmlenc#">
    <EncryptionMethod Algorithm = "http://www.w3.org/2001/04/xmlenc#tripledes - cbc"/>
    <KeyInfo xmlns = "http://www.w3.org/2000/09/xmldsig#">
        <EncryptedKey xmlns = "http://www.w3.org/2001/04/xmlenc#">
            <EncryptionMethod Algorithm = "http://www.w3.org/2001/04/xmlenc#rsa - 1_5"/>
            <KeyInfo xmlns = "http://www.w3.org/2000/09/xmldsig#">
                <KeyName>Rsa Key</KeyName>
            </KeyInfo>
            <CipherData>
    <CipherValue>dN2jLlp1CwTDi + D5Vuhgmbdo/Y/aqJAiucin1PEs9aW/xJ0eTHrEdPDERTAaDC2R3pEMN
uUYJEMQylFdM3eNM1HajMsPh7eXg3GNlGidrscAJoLmhnKp6wj3AhE + AvTQryn5nLDy7l9i4cn3OBNd2c9fTPHGz
mTyaJTj/LHRI1Q = </CipherValue>
            </CipherData>
        </EncryptedKey>
    </KeyInfo>
    <CipherData>
    <CipherValue>ItmiPuwe9YIzrCpe3VEiC88GJWrgKClgg6NVGZplIni3Is9rCVMiAkkZurujS3YfQWTPviA
pZBBwfYeTyr1b/rBXcsQjrsZ3/Y8A547J5 + CGHGqE + zLvTs5xSCPatC7pvZu8Ze4uiw1w9rwOQwoOqACs1v/
Rez2dodF7L9VIZAZRcu5ryWleuZnh84PjeIF8XlsLGBBwYSpqbSz62KNHXxGmhJLnCZlY/gDmtiq/JjUqn5Qoa3fm
ryX7s5ypnYxDSHrCl1afX6WVZF9rapKxNb2jKDsDILngccDV + 0QOqCL65lVDckNlC37MQVoyQytiNLJ + /m87W2
gv4/hdcgl9XYPjDPU6R2Q6DrQz9tM4UEU = </CipherValue>
            </CipherData>
        </EncryptedData>
</connectionStrings>
```

加密后的连接字符串在调用时与未加密前采取同样的方式，ASP.NET 会自动解密处理。如果需要人为地解密，只需将上述执行的命令参数修改为-pdf。

3. 连接失败

连接数据库失败是程序开发中常有的情形。造成失败的原因有连接字符串设置错误、数据库服务未启动、网络问题等。此时,需要给用户适当的出错提示信息。

实例7-1 连接失败的处理

如图7-8所示,当数据库连接正常时在下拉列表中填充Category表的Name字段信息。当数据库连接失败时返回如图7-9所示的出错信息。

图7-8 数据库连接正常界面图   图7-9 数据库连接失败界面图

源程序:FailtureConn.aspx部分代码

```
<%@ Page Language = "C#" AutoEventWireup = "true" CodeFile = "FailtureConn.aspx.cs"
Inherits = "chap7_FailtureConn" %>
…(略)
    <form id = "form1" runat = "server">
    <div>
        <asp:DropDownList ID = "DropDownList1" runat = "server" DataSourceID = "SqlDataSource1"
            DataTextField = "Name" DataValueField = "CategoryId" Width = "81px">
        </asp:DropDownList>
        <asp:SqlDataSource ID = "SqlDataSource1" runat = "server" ConnectionString =
"<%$ ConnectionStrings:MyPetShopConnectionString %>"
            OnSelected = "SqlDataSource1_Selected" SelectCommand = "SELECT [Name],
[CategoryId] FROM [Category]">
        </asp:SqlDataSource>
    </div>
    </form>
…(略)
```

源程序:FailtureConn.aspx.cs

```
using System.Web.UI.WebControls;
using System.Data.SqlClient;

public partial class chap7_FailtureConn : System.Web.UI.Page
{
    protected void SqlDataSource1_Selected(object sender, SqlDataSourceStatusEventArgs e)
    {
        if (e.Exception != null)
        {
            if (e.Exception.GetType() == typeof(SqlException))
            {
                Response.Write("数据库连接失败!");
                e.ExceptionHandled = true;
```

```
            }
        }
    }
}
```

操作步骤：

（1）在 chap7 文件夹中建立 FailtureConn. aspx。添加 SqlDataSource、DropDownList 控件各一个。利用向导生成 SqlDataSource 控件的数据源。设置 DropDownList 的属性 DataSourceID 值为 SqlDataSource 控件 ID 值。

（2）建立 FailtureConn. aspx. cs。最后，浏览 FailtureConn. aspx 进行测试。

程序说明：

当 SqlDataSource 控件执行 Select 命令之后，将触发 Selected 事件，并且抛出任何异常信息。因此，数据库连接失败的处理可在 Selected 事件中捕获异常，再显示出错信息并通知 SqlDataSource 控件已处理异常。

4. SqlDataSource 的参数绑定

SqlDataSource 控件在 Select、Insert、Delete、Update 等数据操作时允许使用参数，这种方式实现了命令操作的灵活性。如可以为 Select 语句设置 where 子句的参数，而参数值来源于另一控件。

作为 SqlDataSource 参数绑定的数据来源有以下几种。

- ControlParameter：实现控件属性值与参数的绑定。
- FormParameter：实现表单域的值与参数的绑定。
- CookieParameter：实现 Cookie 对象值与参数的绑定。
- ProfileParameter：实现用户配置属性值与参数的绑定。
- QueryStringParameter：实现 QueryString 对象值与参数的绑定。
- SessionParameter：实现 Session 对象与参数的绑定。

实例 7-2　实现 SqlDataSource 控件的参数绑定

如图 7-10 所示，当选择宠物类别后，列表框中将显示该类别的所有产品。

图 7-10　SqlDSParameters. aspx 浏览效果图

源程序：SqlDSParameters.aspx 部分代码

```
< % @ Page Language = "C#" AutoEventWireup = "true" CodeFile = "SqlDSParameters.aspx.cs"
    Inherits = "chap7_SqlDSParameters" % >
…(略)
    <form id = "form1" runat = "server">
    <div>
        <asp:RadioButtonList ID = "RadioButtonList1" runat = "server" AutoPostBack = "True"
DataSourceID = "SqlDataSource1"
            DataTextField = "Name" DataValueField = "CategoryId" RepeatDirection = "Horizontal">
        </asp:RadioButtonList>
        < asp: ListBox ID = " ListBox1" runat = " server" DataSourceID = " SqlDataSource2"
DataTextField = "Name"
            DataValueField = "ProductId" Width = "167px"></asp:ListBox>
        <asp:SqlDataSource ID = "SqlDataSource1" runat = "server" ConnectionString = "< % $
ConnectionStrings:MyPetShopConnectionString % >"
            SelectCommand = "SELECT [CategoryId], [Name] FROM [Category]"></asp:SqlDataSource>
        <asp:SqlDataSource ID = "SqlDataSource2" runat = "server" ConnectionString = "< % $
ConnectionStrings:MyPetShopConnectionString % >"
            SelectCommand = "SELECT [CategoryId], [Name], [ProductId] FROM [Product] WHERE
([CategoryId] = @CategoryId)">
            <SelectParameters>
                <asp: ControlParameter ControlID = " RadioButtonList1" Name = " CategoryId"
PropertyName = "SelectedValue"
                    Type = "Int32" />
            </SelectParameters>
        </asp:SqlDataSource>
    </div>
    </form>
…(略)
```

操作步骤：

(1) 在 chap7 文件夹中建立 SqlDSParameters. aspx。添加一个 RadioButtonList、一个 ListBox、两个 SqlDataSource。

(2) 配置 SqlDataSource1 和 SqlDataSource2 数据源。在配置 SqlDataSource2 数据源的"配置 Select 语句"时，单击"Where"按钮，再设置相应参数，如图 7-11 所示。若要修改已配置的参数，可在 SqlDataSource 控件的属性窗口中找到属性 SelectQuery，再单击 ... 按钮后呈现如图 7-12 所示的窗口，在其中进行修改。

(3) 将数据源 SqlDataSource1 绑定到 RadioButtonList1，如图 7-13 所示。将数据源 SqlDataSource2 绑定到 ListBox1，如图 7-14 所示。最后，浏览 SqlDSParameters. aspx 进行测试。

程序说明：

本示例不用编写任何代码，所有操作都通过属性设置实现。

5. 利用 SqlDataSource 设置的 SQL 语句管理数据

SqlDataSource 控件在数据源配置时除可设定 Select 语句外，还可组合 Insert、Update 和 Delete 语句。设定的 Select 语句在网页有数据显示时即被执行，不需要调用相应的方法

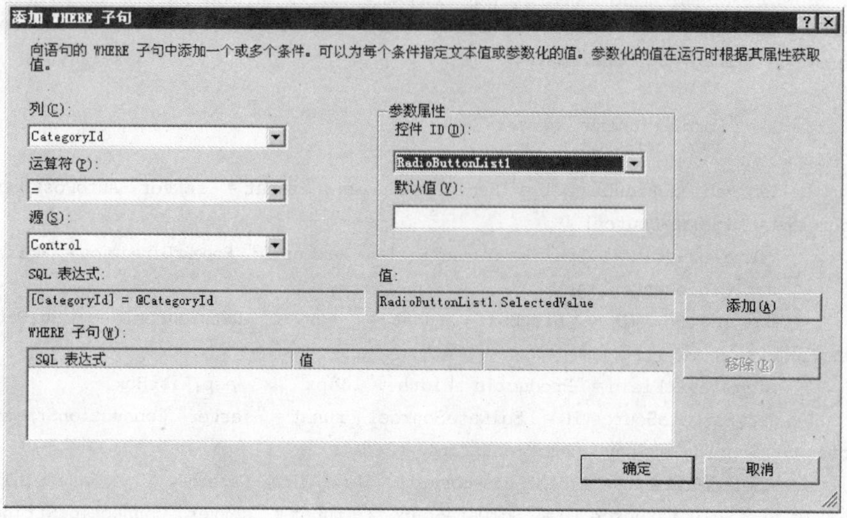

图 7-11　SqlDataSource2 参数绑定界面图(一)

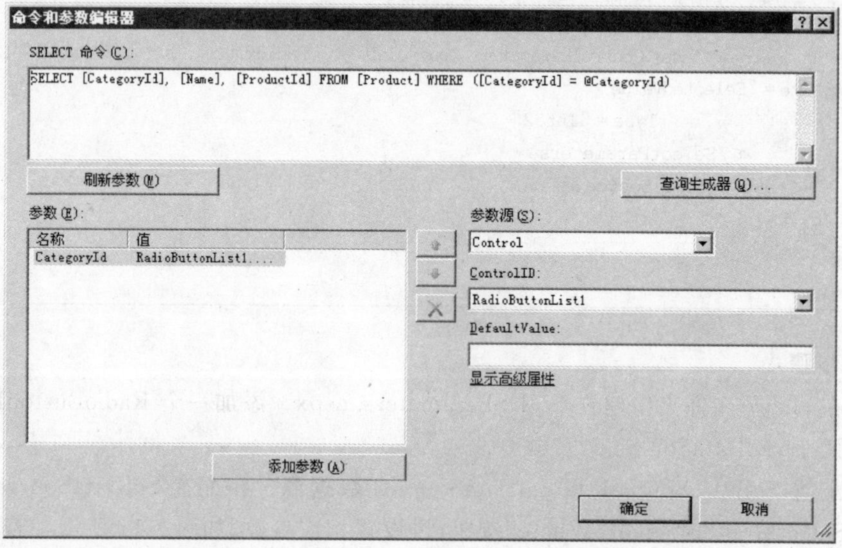

图 7-12　SqlDataSource2 参数绑定界面图(二)

执行,而设定的 Insert、Update 和 Delete 语句必须调用相应的方法才能被执行。例如,Insert 语句的执行应调用 SqlDataSource 控件的 Insert()方法。

实例 7-3　利用 SqlDataSource 插入数据

如图 7-15 所示,当输入"分类名"、"描述"等信息,单击"插入并显示"后,将把数据信息插入到 Category 表,然后在 GridView 中显示表中所有数据。

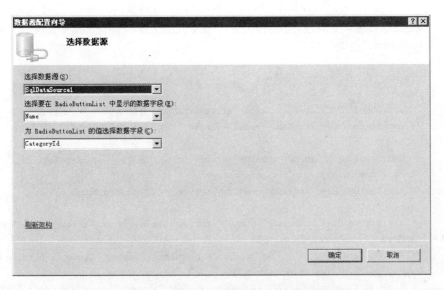

图 7-13　绑定到 RadioButtonList1 界面图

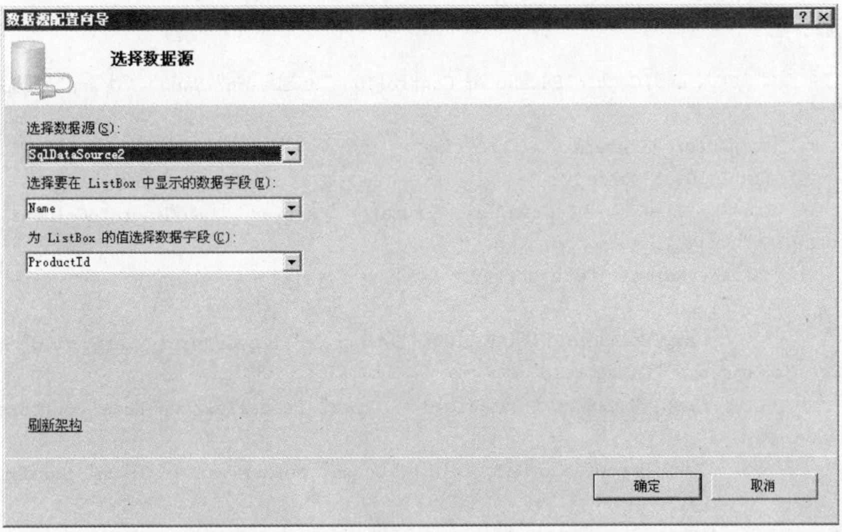

图 7-14　绑定到 ListBox1 界面图

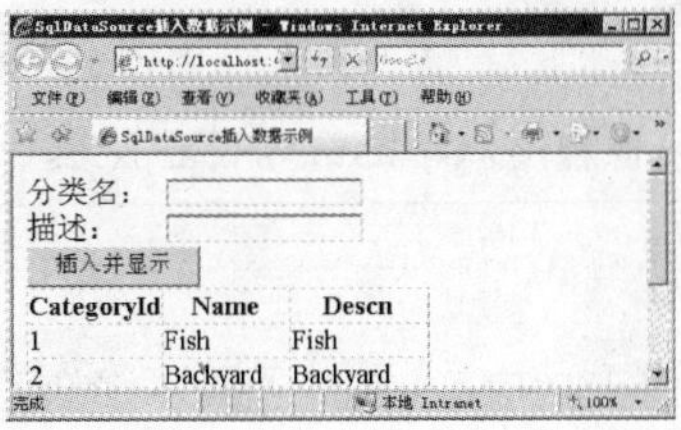

图 7-15　SqlDSInsert.aspx 浏览效果图

源程序：SqlDSInsert.aspx 部分代码

```
<%@ Page Language = "C#" AutoEventWireup = "true" CodeFile = "SqlDSInsert.aspx.cs" Inherits =
"chap7_SqlDSInsert" %>
…(略)
    <form id = "form1" runat = "server">
    <div>
        <asp:Label ID = "Label2" runat = "server" Text = "分类名："></asp:Label>
        <asp:TextBox ID = "txtName" runat = "server"></asp:TextBox>
        <br />
        <asp:Label ID = "Label3" runat = "server" Text = "描述："></asp:Label>
           
        <asp:TextBox ID = "txtDescn" runat = "server"></asp:TextBox>
        <br />
        <asp:Button ID = "btnInsert" runat = "server" Style = "font - size：large" Text = "插入
并显示" OnClick = "btnInsert_Click" />
        <asp:SqlDataSource ID = "SqlDataSource1" runat = "server" ConnectionString = "<%$
ConnectionStrings:MyPetShopConnectionString %>"
            SelectCommand = "SELECT Category. * FROM Category" InsertCommand = "INSERT INTO
Category( Name, Descn) VALUES (@Name, @Descn)">
            <InsertParameters>
                <asp:ControlParameter ControlID = "txtName" Name = "Name" PropertyName =
"Text" />
                <asp:ControlParameter ControlID = "txtDescn" Name = "Descn" PropertyName =
"Text" />
            </InsertParameters>
        </asp:SqlDataSource>
        <asp:GridView ID = "GridView1" runat = "server" AutoGenerateColumns = "False"
DataSourceID = "SqlDataSource1"
            DataKeyNames = "CategoryId">
            <Columns>
                <asp:BoundField DataField = "CategoryId" HeaderText = "CategoryId" ReadOnly = "
True" SortExpression = "CategoryId" />
                <asp:BoundField DataField = "Name" HeaderText = "Name" SortExpression =
"Name" />
                <asp:BoundField DataField = "Descn" HeaderText = "Descn" SortExpression =
"Descn" />
            </Columns>
        </asp:GridView>
    </div>
    </form>
…(略)
```

源程序：SqlDSInsert.aspx.cs

```
using System;

public partial class chap7_SqlDSInsert : System.Web.UI.Page
{
    protected void btnInsert_Click(object sender, EventArgs e)
    {
        SqlDataSource1.Insert();
```

```
        GridView1.DataBind();
    }
}
```

操作步骤：

（1）在 chap7 文件夹中建立 SqlDSInsert. aspx。添加两个 Label 控件、两个 TextBox 控件、一个 Button 控件、一个 SqlDataSource 控件和一个 GridView 控件。

（2）在 SqlDataSource 控件的"属性"窗口中，设置属性 SelectQuery，利用查询生成器生成 Select 语句。然后，再单击属性 InsertQuery 对应的 ⊡ ，呈现如图 7-16 所示的界面。利用查询生成器生成 Insert 语句。其中参数@Name 与 txtName. Text 对应，参数@Descn 与 txtDescn. Text 对应。

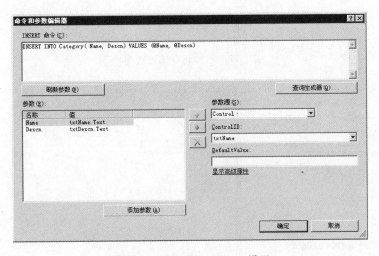

图 7-16　属性 InsertQuery 设置

（3）设置 GridView 的属性 DataSourceID 值为 SqlDataSource1 并设置绑定列。

（4）其他控件属性请参考源代码设置。

（5）建立 SqlDSInsert. aspx. cs。最后，浏览 SqlDSInsert. aspx 进行测试。

程序说明：

单击按钮时将调用 Insert()方法，从而执行 SqlDataSource 中设置的 Insert 语句，实现数据插入功能；然后再执行 SqlDataSource 中设置的 Select 语句，返回 Category 表中所有数据并在 GridView 中显示出来。

注意：SqlDataSource 中设置的 Select 语句的执行不需要人为调用 Select()方法。

6. 在 SqlDataSource 中使用存储过程

存储过程是数据库管理系统提供的功能。使用存储过程，可以将数据库操作的各种 SQL 命令经过编译后直接存放到数据库端。各个应用程序只需利用简单的调用语句即可调用存储过程完成对数据库的各种操作。这样就大大提高了代码的重用度。

实例 7-4 在 Visual Studio 2008 中建立存储过程

存储过程要求实现的功能是向 Category 表中插入记录和查询所有记录。建立存储过程的操作流程是：在“服务器资源管理器”窗口中展开相应的数据库，右击“存储过程”，在弹出的快捷菜单中选择“添加新存储过程”命令，呈现如图 7-17 所示的界面，再输入源程序 CategoryInsert。

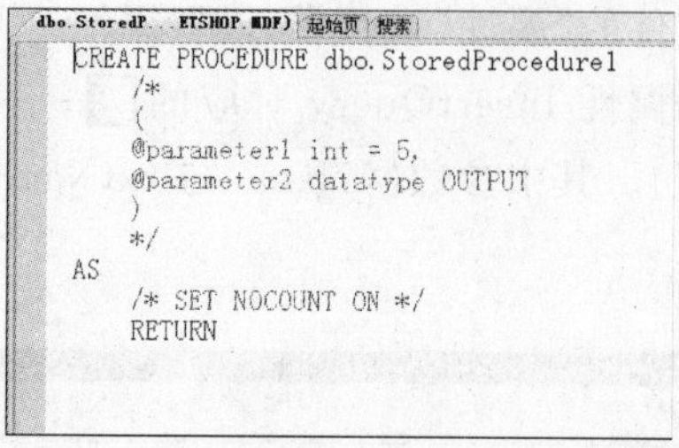
dbo.StoredP...ETSHOP.MDF) 起始页 搜索
CREATE PROCEDURE dbo.StoredProcedure1
/*
(
@parameter1 int = 5,
@parameter2 datatype OUTPUT
)
*/
AS
/* SET NOCOUNT ON */
RETURN

图 7-17 添加新存储过程窗口

源程序：CategoryInsert 存储过程

```
CREATE PROCEDURE dbo.CategoryInsert
    (
    @Name varchar(80),
    @Descn varchar(255)
    )
AS
    INSERT INTO Category(Name,Descn) VALUES (@Name,@Descn);
    SELECT * FROM Category
    RETURN
```

实例 7-5 利用存储过程插入数据

本实例实现的功能与实例 7-3 相同，区别是单击“插入并显示”按钮后将调用存储过程 CategoryInsert 向 Category 表插入记录，再将 Category 表中所有记录信息通过 GridView 呈现出来。

源程序：SqlDSProcedure.aspx 部分代码

```
<%@ Page Language = "C#" AutoEventWireup = "true" CodeFile = "SqlDSProcedure.aspx.cs"
Inherits = "chap7_SqlDSProcedure" %>
...(略)
    <form id = "form1" runat = "server">
    <div>
        <asp:Label ID = "Label2" runat = "server" Text = "分类名："></asp:Label>
        <asp:TextBox ID = "txtName" runat = "server"></asp:TextBox>
        <br />
        <asp:Label ID = "Label3" runat = "server" Text = "描述："></asp:Label>
```

```
             
          <asp:TextBox ID = "txtDescn" runat = "server"></asp:TextBox>
          <br />
          <asp:Button ID = "Button1" runat = "server" Style = "font - size：large" Text = "插入并
显示" OnClick = "Button1_Click" />
          <asp:SqlDataSource ID = "SqlDataSource1" runat = "server" ConnectionString = "< %$
ConnectionStrings:MyPetShopConnectionString %>"
              SelectCommand = "CategoryInsert" SelectCommandType = "StoredProcedure">
              <SelectParameters>
                  <asp:ControlParameter ControlID = "txtName" Name = "Name" PropertyName =
"Text" Type = "String" />
                  <asp:ControlParameter ControlID = "txtDescn" Name = "Descn" PropertyName =
"Text" Type = "String" />
              </SelectParameters>
          </asp:SqlDataSource>
          <br />
          < asp:GridView ID = " GridView1" runat = " server" AutoGenerateColumns = "False"
DataSourceID = "SqlDataSource1">
              <Columns>
                  < asp: BoundField DataField = " CategoryId" HeaderText = " CategoryId"
InsertVisible = "False"
                      ReadOnly = "True" SortExpression = "CategoryId" />
                  < asp:BoundField DataField = "Name" HeaderText = "Name" SortExpression =
"Name" />
                  <asp:BoundField DataField = "Descn" HeaderText = "Descn" SortExpression =
"Descn" />
              </Columns>
          </asp:GridView>
      </div>
      </form>
…（略）
```

操作步骤：

（1）在 chap7 文件夹中建立 SqlDSProcedure.aspx。添加相应控件。

（2）配置 SqlDataSource 控件。配置到如图 7-6 所示的界面时，选择"指定自定义 SQL 语句或存储过程"单选按钮，单击"下一步"按钮，呈现如图 7-18 所示的界面。选择存储过程 CategoryInsert，单击"下一步"按钮呈现如图 7-19 所示的界面。为存储过程 CategoryInsert 中各参数与相应控件绑定。再单击"下一步"按钮直至完成向导。

（3）设置 GridView 的数据源为 SqlDataSource 控件并设置绑定列。

（4）其他控件属性设置请参考源程序完成。最后，浏览 SqlDSProcedure.aspx 进行测试。

注意：页面中的按钮未包含事件代码。插入和查询数据的功能完全由存储过程实现。

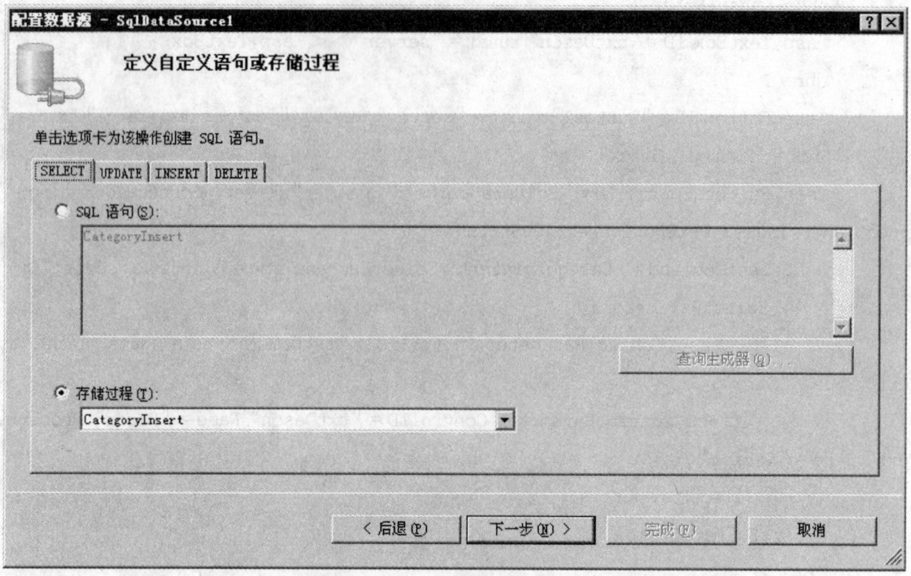

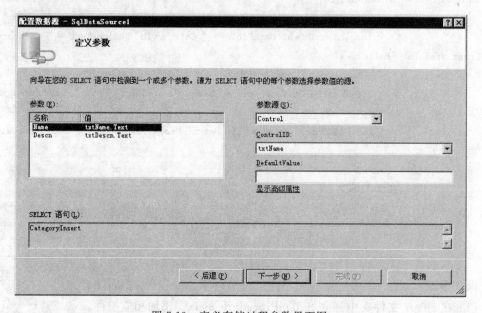

图 7-18   选择存储过程界面图

图 7-19   定义存储过程参数界面图

7.3.2   XmlDataSource 控件

SqlDataSource 访问的数据常称为"表格化数据",而 XmlDataSource 访问的是"层次化数据",常用于连接和访问 XML 数据源中的数据。

XmlDataSource 控件的属性 DataFile 用于设置要绑定的 XML 文件名。若要显示 XmlDataSource 中的 XML 数据,可以选择不同类型的绑定控件。对于能显示层次化数据的控件有 TreeView、Menu 等，只需设置这些控件的属性 DataSourceID 值为 XmlDataSource 控件 ID 值。但当选择 GridView 控件时，需要利用 . xsl 文件将 XML 文件转化为"表格化数据"后才能正常显示。

实例 7-6　在 GridView 中显示 XML 文件

如图 7-20 所示，界面显示效果是利用 GridView 显示 books. xml 中的数据。

图 7-20　XmlDSGridView. aspx 浏览效果图

源程序：books. xml

```
<?xml version = "1.0" encoding = "utf - 8"?>
<Books>
  <Book ID = "100">
    <BookName>ASP.NET 高级编程</BookName>
    <Price>156</Price>
  </Book>
  <Book ID = "101">
    <BookName>精通 LINQ 数据访问</BookName>
    <Price>39.8</Price>
  </Book>
  <Book ID = "102">
    <BookName>ASP.NET 3.5 教程</BookName>
    <Price>41.6</Price>
  </Book>
</Books>
```

源程序：books. xsl

```
<?xml version = "1.0" encoding = "utf - 8"?>
<xsl:stylesheet version = "1.0" xmlns:xsl = "http://www.w3.org/1999/XSL/Transform"
    xmlns:msxsl = "urn:schemas - microsoft - com:xslt" exclude - result - prefixes = "msxsl"
>
  <xsl:template match = "/">
  <xsl:for - each select = "Books">
    <xsl:element name = "Book">
      <xsl:for - each select = "Book">
        <xsl:element name = "Book">
          <xsl:attribute name = "ID">
            <xsl:value - of select = "@ID"/>
```

```
        </xsl:attribute>
        <xsl:attribute name = "BookName">
          <xsl:value - of select = "BookName"/>
        </xsl:attribute>
        <xsl:attribute name = "Price">
          <xsl:value - of select = "Price"/>
        </xsl:attribute>
      </xsl:element>
    </xsl:for - each>
  </xsl:element>
  </xsl:for - each>
  </xsl:template>
</xsl:stylesheet>
```

源程序：XmlDSGridView.aspx 部分代码

```
< % @ Page Language = "C # " AutoEventWireup = "true" CodeFile = "XmlDSGridView. aspx. cs"
Inherits = "chap7_XmlDSGridView" % >
…(略)
    <form id = "form1" runat = "server">
    <div>
        < asp:XmlDataSource ID = "XmlDataSource1" runat = "server" DataFile = "~/chap7/
books. xml"
          TransformFile = "~/chap7/books. xsl"></asp:XmlDataSource>
        < asp:GridView ID = "GridView1" runat = "server" AutoGenerateColumns = "False"
DataSourceID = "XmlDataSource1">
          <Columns>
            <asp:BoundField DataField = "ID" HeaderText = "ID" SortExpression = "ID" />
            <asp:BoundField DataField = "BookName" HeaderText = "BookName" SortExpression =
"BookName" />
            <asp:BoundField DataField = "Price" HeaderText = "Price" SortExpression = "Price" />
          </Columns>
        </asp:GridView>
    </div>
    </form>
…(略)
```

操作步骤：

（1）在 chap7 文件夹中建立样例 books. xml 文件。

（2）在 chap7 文件夹中建立 XML 转换文件 books. xsl。

（3）在 chap7 文件夹中建立 XmlDSGridView. aspx。添加 XmlDataSource 和 GridView 控件各一个。单击 XmlDataSource 的智能标记，选择"配置数据源"呈现如图 7-21 所示界面。设置数据文件和转换文件。

（4）设置 GridView 的属性 DataSourceID 值为 XmlDataSource1。最后，浏览 XmlDSGridView. aspx 查看效果。

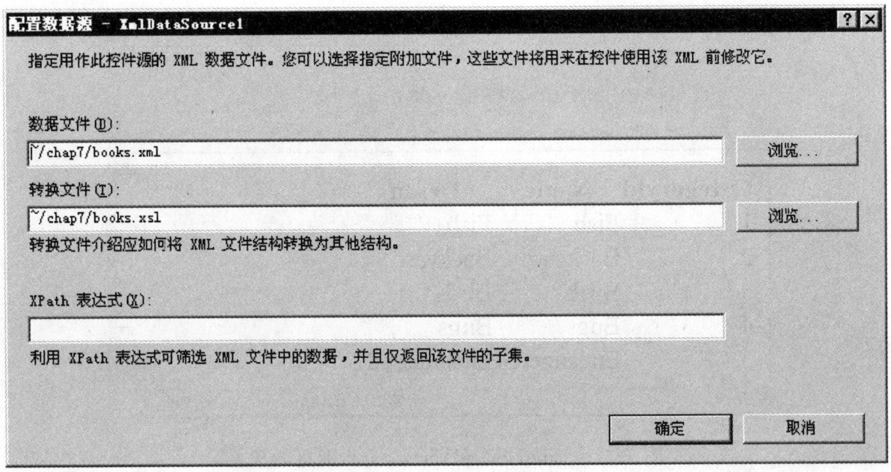

图 7-21 配置 XmlDataSource 数据源界面图

7.3.3 SiteMapDataSource 控件

SiteMapDataSource 用于访问 XML 格式的网站地图文件 Web. sitemap,具体使用时再将数据源绑定到 TreeView、SiteMapPath 或 Menu 等控件即能显示网站地图文件内容。

当 SiteMapDataSource 控件与 SiteMapPath 控件绑定时,不需要声明 SiteMapDataSource,系统会自动实现绑定。

因为 SiteMapDataSource 只用于访问 Web. sitemap,而对于每个网站,Web. sitemap 文件是唯一的。因此,与其他数据源控件不同,SiteMapDataSource 不需要设置连接数据源的属性。

有关网站地图的内容将在第 11 章中介绍。

7.3.4 LinqDataSource 控件

LinqDataSource 利用 LINQ 访问数据库。在使用时,首先要建立数据源的上下文对象,该对象包含要查询的数据的基对象,实质是一个 LINQ to SQL 类文件。

实例 7-7 利用 LinqDataSource 和 GridView 显示表数据

如图 7-22 所示,表 Category 的数据显示利用了 LinqDataSource 和 GridView。

源程序:LinqDSGridView.aspx 部分代码

```
< % @ Page Language = "C♯" AutoEventWireup = "true" CodeFile = "LinqDSGridView. aspx. cs"
Inherits = "chap7_LinqDSGridView" % >
…(略)
    <form id = "form1" runat = "server">
    <div>
        < asp:LinqDataSource ID = "LinqDataSource1" runat = "server" ContextTypeName =
"MyPetShopDataContext"
            TableName = "Category">
```

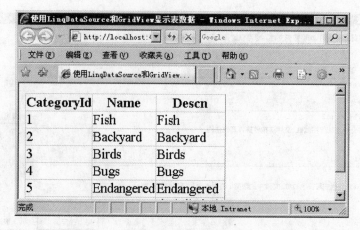

图 7-22　LinqDSGridView.aspx 浏览效果图

```
    </asp:LinqDataSource>
    < asp:GridView ID = "GridView1" runat = "server" AutoGenerateColumns = "False"
DataKeyNames = "CategoryId"
        DataSourceID = "LinqDataSource1">
        <Columns>
            < asp:BoundField DataField = "CategoryId" HeaderText = "CategoryId"
InsertVisible = "False"
                ReadOnly = "True" SortExpression = "CategoryId" />
            <asp:BoundField DataField = "Name" HeaderText = "Name" SortExpression =
"Name" />
            <asp:BoundField DataField = "Descn" HeaderText = "Descn" SortExpression =
"Descn" />
        </Columns>
    </asp:GridView>
    </div>
    </form>
...(略)
```

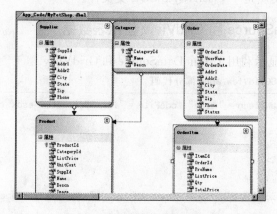

图 7-23　对象关系设计器窗口图

操作步骤：

（1）右击 App_Code，在弹出的快捷菜单中选择"添加新项"命令，选择"LINQ to SQL 类"模板，重命名为 MyPetShop.dbml，单击"确定"按钮。

（2）在"服务器资源管理器"窗口展开 MyPetShop 数据库中"表"，将需要的表拖动到 MyPetShop.dbml 的对象关系（O/R）设计器窗口中，如图 7-23所示。此时，ASP.NET 会自动创建相关类。

（3）在 chap7 文件夹中建立 LinqDSGridView. aspx。添加 LinqDataSource 和 GridView 控件各一个。

（4）单击 LinqDataSource 的智能标记，选择"配置数据源"呈现如图 7-24 所示的界面。选择 MyPetShopDataContext。单击"下一步"按钮呈现如图 7-25 所示的配置数据选择对话框。可以根据需要配置 Where 和 OrderBy，单击"完成"按钮结束数据源配置。

（5）设置 GridView 的属性 DataSourceID 值为 LinqDataSource1。最后，浏览 LinqDSGridView. aspx 查看效果。

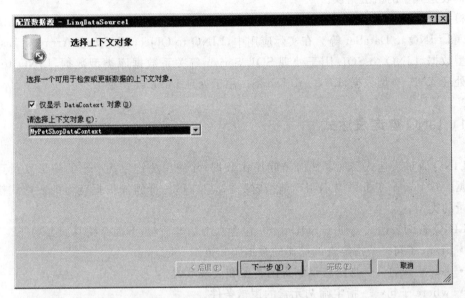

图 7-24　选择上下文对象界面图

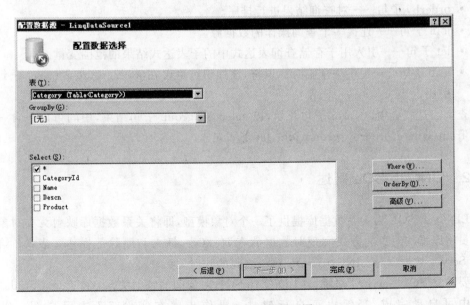

图 7-25　配置数据选择界面图

7.4 使用 LINQ 实现数据访问

LINQ 集成于 .NET Framework 3.5 中，提供了统一的语法实现多种数据源的查询和管理。它与 .NET 支持的编程语言整合为一体，使得数据的查询和管理直接被嵌入在编程语言的代码中，这样，就能充分利用 Visual Studio 2008 的智能提示功能，并且编译器也能检查查询表达式中的语法错误。

根据要访问的数据源不同，LINQ 可分为 LINQ to Object、LINQ to SQL、LINQ to XML 和 LINQ to DataSet 等。在实际应用中，LINQ to Object 用于处理 Array 和 List 等集合类型数据，LINQ to SQL 用于处理 SQL Server 等关系数据库类型数据，LINQ to XML 用于处理 XML 类型数据，LINQ to DataSet 用于处理 DataSet 类型数据。

7.4.1 LINQ 查询表达式

LINQ 查询表达式实现了如何访问操作数据，常使用关键字为 var 的隐形变量存放返回数据。这种 var 变量可以不明确地指定数据类型，但编译器能根据变量的表达式推断出该变量的类型。

LINQ 查询表达式类似于 SQL 语句，包含八个基本子句，下面介绍其简要功能。

- from 子句——指定查询操作的数据源和范围变量。
- select 子句——指定查询结果的类型和表现形式。
- where 子句——指定筛选元素的逻辑条件。
- group 子句——对查询结果进行分组。
- orderby 子句——对查询结果进行排序。
- join 子句——连接多个查询操作的数据源。
- let 子句——引入用于存储查询表达式中的子表达式结果的范围变量。
- into 子句——提供一个临时标识符，该标识符可以在 join、group 或 select 子句中被引用。

查询表达式必须以 from 子句开始，以 select 或 group 子句结束，中间可以包含一个或多个 from、where、orderby、group、join、let 等子句。

7.4.2 LINQ to SQL 概述

LINQ to SQL 为关系数据库提供了一个对象模型，即将关系数据库映射为类对象。开发人员将以操作对象的方式实现对数据的查询、修改、插入和删除等操作。表 7-2 给出了 SQL Server 数据库与 LINQ to SQL 对象之间的映射关系。

要建立 SQL Server 数据库与 LINQ to SQL 对象间的映射关系，在 Visual Studio 2008 环境中可自动完成，当然也可自行建立。操作步骤在实例 7-7 中已介绍。建立的 MyPetShop.dbml 和两个附加的文件层次如图 7-26 所示。

表 7-2 数据库与对象间映射关系表

SQL Server 对象	LINQ to SQL 对象
SQL Server 数据库	DataContext 类
表	实体类
属性	属性
外键关系	关联
存储过程	方法

图 7-26　MyPetShop. dbml 和附加文件层次图

其中，MyPetShop. dbml 定义了 MyPetShop 数据库的架构。MyPetShop. dbml. layout 定义了每个表在设计视图中的布局。MyPetShop. designer. cs 定义了自动生成的类，包括：派生自 DataContext 类以 MyPetShopDataContext 为类名，与 MyPetShop 数据库对应的类；以 MyPetShop 数据库中各表的表名作为类名的各实体类。

实体类通过 TableAttribute 类的属性 Name 描述与数据表的映射关系。如下例中创建的 Category 实体类，映射到 MyPetShop 中的 Category 表，其中 Table 实质是 TableAttribute 类。

```
[Table(Name = "dbo.Category")]
```

实体类的属性通过 ColumnAttribute 类映射到数据库表的属性。如下例中创建的属性 CategoryId 映射到 Category 表中的属性 CategoryId，其中 Column 实质是 ColumnAttribute 类。

```
[Column(Storage = "_CategoryId", AutoSync = AutoSync.OnInsert, DbType = "Int NOT NULL
IDENTITY", IsPrimaryKey = true, IsDbGenerated = true)]
```

在实体类中，通过 AssociationAttribute 类映射数据库表间的外键关系。如下例中创建的 Category_Product 关联映射了表 Category 中的属性 CategoryId 作为表 Product 外键的联系，其中 Association 实质是 AssociationAttribute 类。

```
//实体类 Category 中的定义
[Association(Name = "Category_Product", Storage = "_Product", OtherKey = "CategoryId")]
//实体类 Product 中定义
[Association(Name = "Category_Product", Storage = "_Category", ThisKey = "CategoryId",
IsForeignKey = true)]
```

对数据库中的存储过程通过 FunctionAttribute 类实现映射并使用 ParameterAttribute 类描述存储过程的参数和方法的参数。如下例创建的 CategoryInsert() 方法映射了数据库中的 CategoryInsert 存储过程，其中 Function 实质是 FunctionAttribute 类，Parameter 实质是 ParameterAttribute 类。

```
[Function(Name = "dbo.CategoryInsert")]
public int CategoryInsert([Parameter(Name = "Name", DbType = "VarChar(80)")] string name,
[Parameter(Name = "Descn", DbType = "VarChar(255)")] string descn)
```

7.4.3　LINQ to SQL 查询数据

1. 投影

投影实现了属性的选择。例如，原来 Product 表包含九个属性，若只想选择 ProductId、

CategoryId、Name 属性，此时可采用 select 子句通过投影操作实现。投影后的结果将新生成一个对象，该对象通常是匿名的。

实例 7-8　利用 LINQ to SQL 实现投影

本实例将创建包含 ProductId、CategoryId、Name 属性的匿名对象。

源程序：LinqSqlQuery. aspx. cs 中 btnProject_Click()部分

```
protected void btnProject_Click(object sender, EventArgs e)
    {
        //建立 MyPetShopDataContext 对象实例 db
        MyPetShopDataContext db = new MyPetShopDataContext();
        var results = from r in db. Product
                        select new
                        {
                            r. ProductId,
                            r. CategoryId,
                            r. Name
                        };
        GridView1. DataSource = results;
        GridView1. DataBind();
    }
```

2. 选择

选择实现了记录的过滤，由 where 子句完成。下面的代码示例将选择"UnitCost＞10"的记录。

实例 7-9　利用 LINQ to SQL 实现选择

源程序：LinqSqlQuery. aspx. cs 中 btnSelect_Click()部分

```
protected void btnSelect_Click(object sender, EventArgs e)
    {
        var results = from r in db. Product
                        where r. UnitCost＞10
                        select r;
        GridView1. DataSource = results;
        GridView1. DataBind();
    }
```

3. 排序

实例 7-10　利用 LINQ to SQL 实现排序

本实例将使用 orderby 子句根据价格降序排列。

源程序：LinqSqlQuery. aspx. cs 中 btnOrder_Click()部分

```
protected void btnOrder_Click(object sender, EventArgs e)
    {
```

```
            var results = from r in db.Product
                          orderby r.UnitCost descending
                          select r;
        GridView1.DataSource = results;
        GridView1.DataBind();
    }
```

4. 分组

分组使用 group...by 子句。与原始集合不同,分组后的结果集合将采用列表的列表形式。列表中的每个元素包括键值及根据该键值分组的元素列表。因此,要访问分组后的结果集合,必须使用嵌套的循环语句。外循环用于循环访问每个组,内循环用于循环访问每个组的元素列表。

若要引用组操作的结果,可以使用 into 子句创建用于进一步查询的标识符。

实例 7-11　利用 LINQ to SQL 实现分组

本实例根据 CategoryId 分组,并显示 CategoryId 值为 5 的列表。

源程序: LinqSqlQuery.aspx.cs 中 btnGroup_Click()部分

```
protected void btnGroup_Click(object sender, EventArgs e)
    {
        //按 CategoryId 分组后结果存入 results
        var results = from r in db.Product
                      group r by r.CategoryId;
        foreach (var g in results)
        {
            //获取键为 5 的列表数据
            if (g.Key == 5)
            {
                var results2 = from r in g
                               select r;
                GridView1.DataSource = results2;
                GridView1.DataBind();
            }
        }
    }
```

5. 聚合

聚合主要涉及 Count()、Max()、Min()、Average()等方法。当使用 Max()、Min()、Average()等方法时,参数常使用 Lambda 表达式。

Lambda 表达式的语法格式如下:

(输入参数)=>{语句块}

其中"输入参数"可以为空、一个或多个。当输入参数个数为 1 时,可省略括号;"=>"

称为 Lambda 运算符,读作 goes to;语句块反映了 Lambda 表达式的结果。

当把 Lambda 表达式运用于 Max()、Min()、Average()等聚合方法时,编译器会自动推断输入参数的数据类型。

实例 7-12　利用 LINQ to SQL 实现聚合函数操作

本实例根据 CategoryID 分组统计每组的个数、LastPrice 的最大值、最小值和平均值。

源程序:LinqSqlQuery.aspx.cs 中 btnPolymerize_Click()部分

```
protected void btnPolymerize_Click(object sender, EventArgs e)
    {
        var results = from r in db.Product
                      group r by r.CategoryId into g
                      select new
                      {
                          Key = g.Key,
                          Count = g.Count(),
                          MaxPrice = g.Max(p =>p.ListPrice),
                          MinPrice = g.Min(p =>p.ListPrice),
                          AvgPrice = g.Average(p =>p.ListPrice)
                      };
        GridView1.DataSource = results;
        GridView1.DataBind();
    }
```

6. 连接

多表连接查询使用 join 子句。但对于具有外键约束的多表,可以直接通过引用对象的形式进行查询,当然也可以使用 join 子句实现。

实例 7-13　利用 LINQ to SQL 实现直接引用对象连接

本实例通过直接引用对象形式查询产品的分类名称。

源程序:LinqSqlQuery.aspx.cs 中 btnQuote_Click()部分

```
protected void btnQuote_Click(object sender, EventArgs e)
    {
        var results = from r in db.Product
                      select new
                      {
                          r.ProductId,
                          r.CategoryId,
                          //直接引用 Category 对象
                          CategoryName = r.Category.Name
                      };
        GridView1.DataSource = results;
        GridView1.DataBind();
    }
```

实例 7-14　利用 LINQ to SQL 实现 join 连接

本实例使用 join 子句实现与实例 7-13 一样的功能。

源程序：LinqSqlQuery.aspx.cs 中 btnJoin_Click()部分

```
protected void btnJoin_Click(object sender, EventArgs e)
    {
        var results = from product in db.Product
                    join category in db.Category on product.CategoryId equals category.
CategoryId
                    select new
                    {
                        product.ProductId,
                        product.CategoryId,
                        CategoryName = category.Name
                    };
        GridView1.DataSource = results;
        GridView1.DataBind();
    }
```

7. 模糊查询

模糊查询应用广泛，使用时需调用 System. Data. Linq. SqlClient. SqlMethods. Like()
方法。

实例 7-15　利用 LINQ to SQL 实现模糊查询

本实例查询分类名中包含字母 c 的分类。

源程序：LinqSqlQuery.aspx.cs 中 btnFuzzy_Click()部分

```
protected void btnFuzzy_Click(object sender, EventArgs e)
    {
        var results = from r in db.Category
                    where SqlMethods.Like(r.Name, "%c%")
                    select r;
        GridView1.DataSource = results;
        GridView1.DataBind();
    }
```

7.4.4　使用 LINQ to SQL 管理数据

1. 插入数据

插入数据利用 InsertAllOnSubmit()和 InsertOnSubmit()方法实现，前者用于插入集合
数据实体，后者用于插入单个实体。

实例 7-16　利用 LINQ to SQL 插入数据

本实例将通过文本框获取属性 Name 和 Descn 的值，再插入到 Category 表。因为 Category 表在设计时已将 CategoryId 属性设置为标识，会自动递增，因此在插入数据时不需要插入属性 CategoryId 值。

源程序：LinqSqlManageData.aspx.cs 中 btnInsert_Click()部分

```
protected void btnInsert_Click(object sender, EventArgs e)
{
        MyPetShopDataContext db = new MyPetShopDataContext();
        //建立 Category 实例 category
        Category category = new Category();
        category.Name = txtName.Text;
        category.Descn = txtDescn.Text;
        //插入实体 category
        db.Category.InsertOnSubmit(category);
        //提交更改
        db.SubmitChanges();
        //自定义方法,用于在 GridView1 中显示最新结果
        ShowData();
}
```

2. 修改数据

修改数据时需要根据某种信息找到需要修改的数据,如个人信息的修改需先通过身份验证,根据身份标识获取个人信息再修改。

实例 7-17　利用 LINQ to SQL 修改数据

本实例将直接获取根据输入的 CategoryId 确定的数据,再进行修改操作。因为 CategoryId 是标识,该值不能修改。

源程序：LinqSqlManageData.aspx.cs 中 btnUpdate_Click()部分

```
protected void btnUpdate_Click(object sender, EventArgs e)
{
    var results = from r in db.Category
                        where r.CategoryId == int.Parse(txtCategoryID.Text)
                        select r;
    if (results != null)
    {
        foreach (Category r in results)
        {
            r.Name = txtName.Text;
            r.Descn = txtDescn.Text;
        }
        db.SubmitChanges();
        ShowData();
    }
}
```

3. 删除数据

删除数据利用 DeleteAllOnSubmit()和 DeleteOnSubmit()方法实现,前者用于删除实体集合,后者用于删除单个实体。

实例 7-18　利用 LINQ to SQL 删除数据

本实例将根据输入的 CategoryId 删除数据。

源程序:LinqSqlManageData.aspx.cs 中 btnDelete_Click()部分

```
protected void btnDelete_Click(object sender, EventArgs e)
    {
        var results = from r in db.Category
                        where r.CategoryId == int.Parse(txtCategoryID.Text)
                        select r;
        db.Category.DeleteAllOnSubmit(results);
        db.SubmitChanges();
        ShowData();
    }
```

4. 存储过程

要使用原来 SQL Server 中定义的存储过程,需要在建立 MyPetShop.dbml 时将存储过程拖入到 O/R 设计器窗口,这样,Visual Studio 2008 会自动建立与存储过程对应的方法。在具体使用存储过程时,只要调用对象的方法就可以了。

实例 7-19　利用 LINQ to SQL 调用存储过程

本实例将利用存储过程实现数据插入操作。首先建立存储过程 CategoryInsertLinq,再生成对应的 CategoryInsertLinq()方法。

源程序:存储过程 CategoryInsertLinq

```
CREATE PROCEDURE dbo.CategoryInsertLinq
    (
    @Name varchar(80),
    @Descn varchar(255)
    )
AS
    INSERT INTO Category(Name,Descn) VALUES (@Name,@Descn);
    RETURN
```

源程序:LinqSqlManageData.aspx.cs 中 btnProcedure_Click()部分

```
protected void btnProcedure_Click(object sender, EventArgs e)
    {
        db.CategoryInsertLinq(txtName.Text, txtDescn.Text);
        ShowData();
    }
```

7.4.5 LINQ to XML 概述

使用 LINQ to XML 可以在 .NET 编程语言中处理 XML 结构的数据。它提供了新的 XML 文档对象模型并支持 LINQ 查询表达式。它将 XML 结构文档保存到内存中,可以方便地实现查询、插入、修改、删除等操作。

常用的 LINQ to XML 类包括:

- XDocument 类——表示一个 XML 文档。调用其 Save()方法可建立 XML 文档。
- XDeclaration 类——表示 XML 文档中的声明,包括版本、编码等。
- XComment 类——表示 XML 文档中的注释。
- XElement 类——表示 XML 文档中的元素,可包含任意多级别的子元素。通过属性 Name 获取元素名称;属性 Value 获取元素的值。通过 Load()方法导入 XML 文档到内存,并创建 XElement 实例;Save()方法保存 XElement 实例到 XML 文档;Attribute()方法获取元素的属性;Remove()方法删除一个元素;ReplaceNodes()方法替换元素的内容;SetAttributeValue()方法设置元素的属性值。
- XAttribute 类——表示 XML 元素的属性,是一个名称/值对。

7.4.6 使用 LINQ to XML 管理 XML 文档

1. 创建 XML 文档

创建 XML 文档主要利用 XDocument 对象。在建立时,要按照 XML 文档的格式,分别把 XML 文档的声明、元素、注释等内容添加到 XDocument 对象中;再用 Save()方法保存到 Web 服务器硬盘。需要注意的是,Save()方法必须使用物理路径。

实例 7-20 利用 LINQ to XML 创建 XML 文档

本实例将创建如图 7-27 所示内容的 XML 文档 BookLinq. xml。

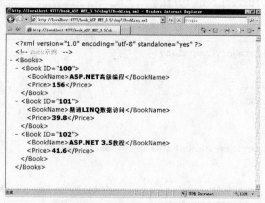

图 7-27 BookLinq. xml

源程序:LinqXml. aspx. cs 中 btnCreate()部分

```
protected void btnCreate_Click(object sender, EventArgs e)
{
```

```
//要建立的 XML 文件路径
string xmlFilePath = Server.MapPath("~/chap7/BookLinq.xml");
//建立 XDocument 对象 doc
XDocument doc = new XDocument
    (
    new XDeclaration("1.0", "utf-8", "yes"),
    new XComment("Book 示例"),
    new XElement("Books",
        new XElement("Book",
            new XAttribute("ID", "100"),
            new XElement("BookName", "ASP.NET 高级编程"),
            new XElement("Price", 156)
                    ),
        new XElement("Book",
            new XAttribute("ID", "101"),
            new XElement("BookName", "精通 LINQ 数据访问"),
            new XElement("Price", 39.8)
                    ),
        new XElement("Book",
            new XAttribute("ID", "102"),
            new XElement("BookName", "ASP.NET 3.5 教程"),
            new XElement("Price", 41.6)
                    )
            )
    );
//保存到文件
doc.Save(xmlFilePath);
//以重定向方式显示 BookLinq.xml
Response.Redirect("~/chap7/BookLinq.xml");
}
```

2. 查询 XML 文档

使用 LINQ 查询表达式可方便地读取 XML 文档、查询根元素、查询指定名称的元素、查询指定属性的元素、查询指定元素的子元素等。

实例 7-21 利用 LINQ to XML 查询指定属性的元素

本实例将查询 BookName 元素值为"ASP.NET 高级编程"的元素,最后输出元素的属性 ID 值、下一级子元素 BookName 和 Price 的值。

源程序:LinqXml.aspx.cs 中的 btnQuery()部分

```
protected void btnQuery_Click(object sender, EventArgs e)
{
    //导入 XML 文件
    string xmlFilePath = Server.MapPath("~/chap7/BookLinq.xml");
    XElement els = XElement.Load(xmlFilePath);
    //查询元素
    var elements = from el in els.Elements("Book")
```

```
                        where (string)el.Element("BookName") == "ASP.NET 高级编程"
                        select el;

        foreach (XElement el in elements)
        {
            //输出元素的 ID 属性的值
            Response.Write(el.Name + "的 ID 为:" + el.Attribute("ID").Value + "<br />");
            //输出元素 BookName 的值
            Response.Write("书名为:" + el.Element("BookName").Value + "<br />");
            //输出元素 Price 的值
            Response.Write("价格为:" + el.Element("Price").Value);
        }
    }
```

3. 插入元素

要插入元素首先需建立一个 XElement 实例,并添加相应内容;再利用 Add()方法添加到上一级元素中;最后利用 Save()方法保存到 XML 文档。

实例 7-22 利用 LINQ to XML 插入元素

本实例将在 BookLinq.xml 文档中插入一个新元素。

源程序: LinqXml.aspx.cs 中 btnInsert()部分

```
protected void btnInsert_Click(object sender, EventArgs e)
    {
        string xmlFilePath = Server.MapPath("~/chap7/BookLinq.xml");
        XElement els = XElement.Load(xmlFilePath);
        //新建 Book 元素
        XElement el = new XElement
            ("Book",
            new XAttribute("ID", "104"),
            new XElement("BookName", "C#高级编程"),
            new XElement("Price", 119.8)
            );
        //添加 Book 元素到文件并保存
        els.Add(el);
        els.Save(xmlFilePath);
        Response.Redirect("~/chap7/BookLinq.xml");
    }
```

4. 修改元素

要修改元素首先需要根据关键字查找到该元素,再利用 SetAttribute()方法设置属性, ReplaceNodes()方法修改元素的内容。最后利用 Save()方法保存到 XML 文档。

实例 7-23 利用 LINQ to XML 修改元素

本实例将修改属性 ID 为 101 的元素内容。

源程序：LinqXml.aspx.cs 中 btnUpdate()部分

```
protected void btnUpdate_Click(object sender, EventArgs e)
    {
        string xmlFilePath = Server.MapPath("~/chap7/BookLinq.xml");
        XElement els = XElement.Load(xmlFilePath);
        var elements = from el in els.Elements("Book")
                       where el.Attribute("ID").Value == "101"
                       select el;
        foreach(XElement el in elements)
        {
            //设置属性 ID 值
            el.SetAttributeValue("ID", "106");
            //修改 Book 元素的子元素
            el.ReplaceNodes
                (
                new XElement("BookName", "基于 C♯精通 LINQ 数据访问"),
                new XElement("Price", 45.9)
                );
        }
        els.Save(xmlFilePath);
        Response.Redirect("~/chap7/BookLinq.xml");
    }
```

5. 删除元素

要删除元素首先需要根据关键字查找到该元素，再利用 Remove()方法删除元素，最后利用 Save()方法保存到 XML 文档。

实例 7-24　利用 LINQ to XML 删除元素

本实例将删除属性 ID 值为 102 的元素。

源代码：LinqXml.aspx.cs 中的 btnDelete()部分

```
protected void btnDelete_Click(object sender, EventArgs e)
    {
        string xmlFilePath = Server.MapPath("~/chap7/BookLinq.xml");
        XElement els = XElement.Load(xmlFilePath);
        var elements = from el in els.Elements("Book")
                       where el.Attribute("ID").Value == "102"
                       select el;
        foreach (XElement el in elements)
        {
            //删除一个节点
            el.Remove();
        }
        els.Save(xmlFilePath);
        Response.Redirect("~/chap7/BookLinq.xml");
    }
```

7.5   小   结

本章主要介绍了在 Visual Studio 2008 操作数据库的方法,以及利用数据源控件和 LINQ 技术实现数据访问的方法。

从 ASP.NET 1. X 到 ASP.NET 3. 5,Microsoft 顺序推出了 ADO.NET、数据源控件和 LINQ 技术用于数据访问。每一次的改变都让操作变得更有效率而简单。实际上,充分理解利用 LINQ 技术,能满足任何数据访问的需求,这也是 Microsoft 今后用于数据访问的主要技术。

数据源控件主要通过设置相应属性实现数据访问,而 LINQ 技术与编程语言整合,将数据访问与 LINQ 查询表达式结合,把数据作为对象处理,符合数据访问技术的发展。使用 LINQ 非常简洁地实现了数据查询、插入、删除、修改等操作。

7.6   习   题

1. 填空题

(1) 数据源控件包括_____、_____、_____、_____和_____。

(2) 连接数据库的信息可以保存在 web. config 文件的_____配置节中。

(3) 利用命令行工具_____可以为连接字符串加密。

(4) 能连接"层次化数据"的数据源控件是_____和_____。

(5) 根据数据源的不同,LINQ 可分为_____、_____、_____和_____。

(6) 在 LINQ to SQL 中,将 SQL Server 数据库映射为_____类,表映射为_____,存储过程映射为_____。

2. 是非题

(1) 数据源控件的 Selected 事件肯定会被触发。(   )

(2) SqlDataSource 控件只能访问 SQL Server 数据库。(   )

(3) 连接 SQL Server 2005 和 SQL Server 2005 Express 的连接字符串格式是一样的。(   )

(4) 利用 LINQ 查询表达式可建立匿名对象。(   )

(5) LINQ 查询表达式的值必须要指定数据类型。(   )

(6) 在 LINQ 查询中,使用 group 子句分组后,其结果集合与原集合的结构相同。(   )

(7) AccessDataSource 控件只能用于访问 Access 数据库。(   )

3. 选择题

(1) 连接数据库的验证方式不包括(   )。

A. Forms 验证   B. Windows 验证

C. SQL Server 验证   D. Windows 和 SQL Server 混合验证

(2) 下面有关 SqlDataSource 控件的描述中错误的是(   )。

A. 可连接 Access 数据库

B. 可执行 SQL Server 中的存储过程

C. 可插入、修改、删除、查询数据

D. 在数据操作时,不能使用参数

(3) 下面有关 LINQ to SQL 的描述中错误的是(　　)。

A. LINQ 查询返回的结果是一个集合

B. LINQ to SQL 可处理任何类型数据

C. 利用 LINQ to SQL 要调用 SQL Server 中定义的存储过程只需调用映射后的方法

D. 使用 LINQ to SQL 的聚合函数的参数常使用 Lambda 表达式

(4) 下面有关 LINQ to XML 的描述错误的是(　　)。

A. 可插入、修改、删除、查询元素

B. 可读取整个 XML 文档

C. 不能创建 XML 文档

D. 需要导入 System. Xml. Linq 命名空间

4. 上机操作题

(1) 建立并调试本章的所有实例。

(2) 仿照第 15 章 MyPetShop 数据库在 Visual Studio 2008 中建立 TestMyPetShop 数据库。

(3) 建立 TestMyPetShop 数据库的连接字符串,并加密保存。

(4) 设计一个查询网页,要求分别利用 SqlDataSource 和 LINQ to SQL 从下拉列表框中选择产品名后,用 GridView 显示查询结果。

(5) 设计一个查询网页,要求分别利用 SqlDataSource 和 LINQ to SQL 查询产品名中有字符 c 且价格在 30 元以上的商品。

(6) 设计后台管理网页,要求分别利用 SqlDataSource 和 LINQ to SQL 添加、删除、修改产品。

(7) 使用存储过程实现第(6)题的功能。

(8) 利用 LINQ 技术将 Product 表转换成 XML 文档。

(9) 利用 LINQ to XML 根据文本框中输入值添加、查询、删除、修改 XML 元素。

第 8 章

数 据 绑 定

本章要点：

☞ 熟练掌握 ListControl 类控件与数据源的绑定。

☞ 熟练掌握 GridView 控件与数据源的绑定。

☞ 熟练掌握 DetailsView 控件与数据源的绑定。

8.1 数据绑定概述

数据源控件和 LINQ 技术实现了数据访问，而要把访问到的数据显示出来，就需要数据绑定控件。图 8-1 给出了数据绑定控件的类层次结构图。

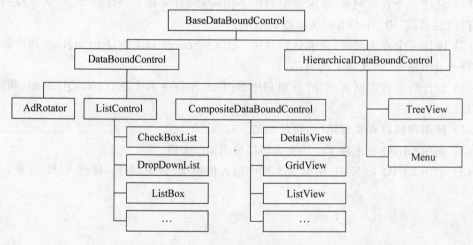

图 8-1 数据绑定控件的类层次结构图

数据绑定控件若与数据源控件结合显示数据，则需设置属性 DataSourceID 值为数据源控件的 ID；若与 LINQ 技术结合，则需设置 DataSource 为 LINQ 查询结果值，并调用 DataBind() 方法显示数据。

8.2 ListControl 类控件

ListControl 类控件使用频繁,第 4 章已介绍 ListControl 类控件的使用,本节主要介绍如何在 ListControl 类控件中显示数据库数据。

在 ListControl 类控件中,与数据库数据显示有关的属性主要包括 AppendDataBoundItems、DataSourceID、DataSource、DataTextField、DataValueField。AppendDataBoundItems 用于将数据绑定项追加到静态声明的列表项上,DataTextField 绑定的字段用于显示列表项,DataValueField 绑定的字段用于设置列表项的值。

下面以 DropDownList 为例说明。

实例 8-1 DropDownList 和 SqlDataSource 结合显示数据

如图 8-2 和图 8-3 所示,在 DropDownList 中将显示 Category 表的 Name 字段值,而列表项的值对应 CategoryId 字段值。

图 8-2 DropDownListSqlDS.aspx 浏览效果图(一)

图 8-3 DropDownListSqlDS.aspx 浏览效果图(二)

源程序:DropDownListSqlDS.aspx 部分代码

```
< % @ Page Language = "C♯" AutoEventWireup = "true" CodeFile = "DropDownListSqlDS.aspx.cs"
    Inherits = "chap8_DropDownListSqlDS" % >
…(略)
    <form id = "form1" runat = "server">
    <div>
        <asp:DropDownList ID = "DropDownList1" runat = "server" AppendDataBoundItems = "True"
AutoPostBack = "True"
            DataSourceID = "SqlDataSource1" DataTextField = "Name" DataValueField = "CategoryId"
```

```
        OnSelectedIndexChanged = "DropDownList1_SelectedIndexChanged">
            <asp:ListItem> - 请选择 - </asp:ListItem>
        </asp:DropDownList>
        <asp:SqlDataSource ID = "SqlDataSource1" runat = "server" ConnectionString = "<%$
ConnectionStrings:MyPetShopConnectionString %>"
            SelectCommand = "SELECT * FROM [Category]"></asp:SqlDataSource>
        <asp:Label ID = "Label1" runat = "server" Style = "font - size: large"></asp:Label>
    </div>
    </form>
…(略)
```

源程序：DropDownListSqlDS.aspx.cs

```
using System;

public partial class chap8_DropDownListSqlDS : System.Web.UI.Page
{
    protected void DropDownList1_SelectedIndexChanged(object sender, EventArgs e)
    {
        Label1.Text = "您选择的 CategoryID 为：" + DropDownList1.SelectedValue;
    }
}
```

操作步骤：

（1）在 chap8 文件夹中建立 DropDownListSqlDS.aspx。添加 DropDownList、Lable、SqlDataSource 控件各一个。

（2）配置 SqlDataSource 数据源为 Category 表。

（3）如图 8-4 所示，设置 DropDownList 控件的属性 Items，其他属性设置请参考源代码。最后，浏览 DropDownListSqlDS.aspx 进行测试。

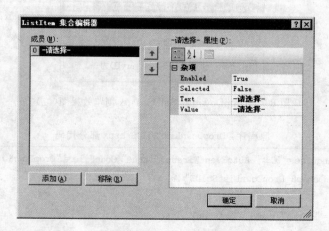

图 8-4　属性 Items 设置图

8.3　GridView 控件

GridView 控件用于显示二维表格式的数据，可以在不编写任何代码，仅设置属性的情况下，实现数据绑定、分页、排序、行选择、更新、删除等功能。

8.3.1　分页和排序

要实现分页功能需要设置属性 AllowPaging 值为 True。分页的效果可在属性集合 PagerSettings 中设置，包括：用于分页类型的属性 Mode、用于"第一页"按钮图像 URL 的属性 FirstPageImageUrl 等。要实现排序功能需要设置属性 AllowSorting 值为 True。

实例 8-2　对 GridView 中数据实现分页和排序

如图 8-5 所示，本实例将根据用户选择的每页显示条数来显示每页的数据，同时显示当前的页码和总页数。

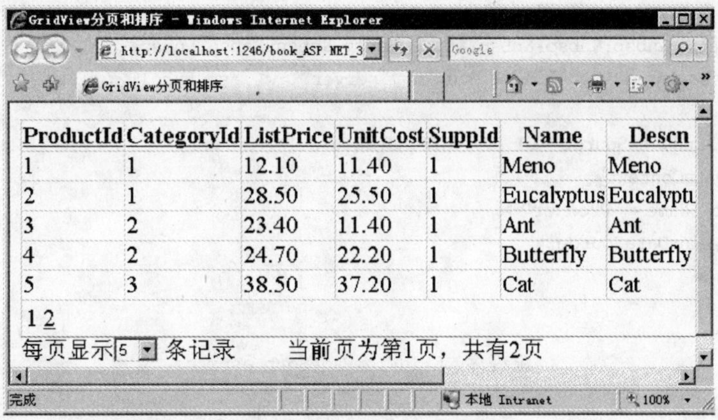

图 8-5　GridViewPageSort.aspx 浏览效果图

源程序：GridViewPageSort.aspx 部分代码

```
<%@ Page Language = "C#" AutoEventWireup = "true" CodeFile = "GridViewPageSort.aspx.cs"
   Inherits = "chap8_GridViewPageSort" %>
…(略)
   <form id = "form1" runat = "server">
   <div>
      <asp:GridView ID = "GridView1" runat = "server" AllowPaging = "True" AllowSorting = "True"
         AutoGenerateColumns = "False" DataKeyNames = "ProductId" DataSourceID = "LinqDataSource1"
         OnRowDataBound = "GridView1_RowDataBound" PageSize = "5">
         <Columns>
            <asp:BoundField DataField = "ProductId" HeaderText = "ProductId"
InsertVisible = "False"
               ReadOnly = "True" SortExpression = "ProductId" />
            <asp:BoundField DataField = "CategoryId" HeaderText = "CategoryId"
```

```
SortExpression = "CategoryId" />
                <asp:BoundField DataField = "ListPrice" HeaderText = "ListPrice" SortExpression =
"ListPrice" />
                <asp:BoundField DataField = "UnitCost" HeaderText = "UnitCost" SortExpression =
"UnitCost" />
                <asp:BoundField DataField = "SuppId" HeaderText = "SuppId" SortExpression =
"SuppId" />
                <asp:BoundField DataField = "Name" HeaderText = "Name" SortExpression =
"Name" />
                <asp:BoundField DataField = "Descn" HeaderText = "Descn" SortExpression =
"Descn" />
                <asp:BoundField DataField = "Image" HeaderText = "Image" SortExpression =
"Image" />
                <asp:BoundField DataField = "Qty" HeaderText = "Qty" SortExpression = "Qty" />
            </Columns>
        </asp:GridView>
        每页显示<asp:DropDownList ID = "DropDownList1" runat = "server" AutoPostBack = "True"
OnSelectedIndexChanged = "DropDownList1_SelectedIndexChanged">
            <asp:ListItem>5</asp:ListItem>
            <asp:ListItem>10</asp:ListItem>
        </asp:DropDownList>
        条记录         
        <asp:Label ID = "lblMsg" runat = "server"></asp:Label>
    </div>
    <asp:LinqDataSource ID = "LinqDataSource1" runat = "server" ContextTypeName =
"MyPetShopDataContext"
        TableName = "Product">
    </asp:LinqDataSource>
    </form>
…(略)
```

源程序: GridViewPageSort.aspx.cs

```
using System;
using System.Web.UI.WebControls;

public partial class chap8_GridViewPageSort : System.Web.UI.Page
{
    protected void DropDownList1_SelectedIndexChanged(object sender, EventArgs e)
    {
        GridView1.PageSize = int.Parse(DropDownList1.SelectedValue);
        GridView1.DataBind();
    }

    protected void GridView1_RowDataBound(object sender, GridViewRowEventArgs e)
    {
        lblMsg.Text = "当前页为第" + (GridView1.PageIndex + 1).ToString() + "页,共有" +
(GridView1.PageCount).ToString() + "页";
    }
}
```

操作步骤:

（1）在 chap8 文件夹中建立 GridViewPageSort. aspx。添加 GridView、DropDownList、Label、LinqDataSource 控件各一个。

（2）配置 LinqDataSource 数据源为 Product 表。

（3）设置 GridView 的属性 AllowPaging、AllowSorting、DataSourceID、PageSize 等。其他控件属性设置请参考源代码。

（4）建立 GridViewPageSort. aspx. cs。最后,浏览 GridViewPageSort. aspx 进行测试。

程序说明:

（1）页面载入时,GridView 根据设置的属性显示结果。

（2）当用户选择每页显示条数后。触发 SelectedIndexChanged 事件,设置 GridView 的属性 PageSize,再重新绑定数据。

（3）GridView 的 RowDataBound 事件在对行进行数据绑定后被触发,因此,当改变当前页或改变每页显示条数时会触发该事件。此时,获取 GridView 的属性 PageIndex 值即当前页码,但要注意 PageIndex 的编号从 0 开始;获取属性 PageCount 值即为总页数。

8.3.2　定制数据绑定列

GridView 为开发人员提供了灵活的列定制功能,如增加复选框列、显示图像列等。在使用该功能时,需要设置属性 AutoGenerateColumns 值为 false。实际上,GridView 中的每一列都是一个 DataControlField 类,并从该类派生出不同类型的子类。表 8-1 给出了 GridView 中不同类型的绑定列。

表 8-1　**GridView 中不同类型的数据绑定列对应表**

类　　型	说　　明
BoundField	用于显示普通文本内容。属性 DataField 设置绑定的数据列名称;属性 HeaderText 设置表头的列名称,如用于将原来为英文的字段名转换为中文显示
CheckBoxField	用于显示布尔类型数据
CommandField	用于创建命令按钮列。属性 ShowEditButton、ShowDeleteButton、ShowCancelButton 和 ShowSelectButton 设置是否显示对应类型的按钮
ImageField	用于显示图片列。属性 DataImageUrlField 设置要绑定图片路径的数据列;属性 DataImageUrlFormatString 设置图片列中每个图像的 URL 的格式
HyperLinkField	用于显示超链接列。属性 DataTextField 绑定的数据列将显示为超链接的文字;属性 DataNavigateUrlFields 绑定的数据列将作为超链接的 URL 地址
ButtonField	定义按钮列,与 CommandField 列不同的是:ButtonField 所定义的按钮与 GridView 没有直接关系,可以自定义相应的操作
TemplateField	以模板的形式自定义数据列

实例 8-3　自定义 GridView 数据绑定列

如图 8-6 所示,GridView 呈现 Product 表的部分数据,其中表头信息以中文表示,显示图片的列为 ImageField 列。

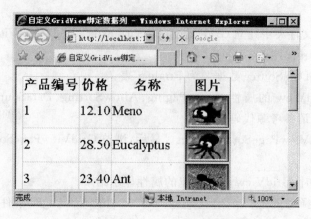

图 8-6   GridViewBound. aspx 浏览效果图

源程序：GridViewBound. aspx 部分代码

```
<% @ Page Language = "C#" AutoEventWireup = "true" CodeFile = "GridViewBound. aspx. cs"
Inherits = "chap8_GridViewBound" %>
…(略)
    <form id = "form1" runat = "server">
    <div>
        <asp:LinqDataSource ID = "LinqDataSource1" runat = "server" ContextTypeName =
"MyPetShopDataContext"
            Select = "new (ProductId, ListPrice, Name, Image)" TableName = "Product">
        </asp:LinqDataSource>
        <asp:GridView ID = "GridView1" runat = "server" AutoGenerateColumns = "False"
DataSourceID = "LinqDataSource1">
            <Columns>
                <asp:BoundField DataField = "ProductId" HeaderText = "产品编号" ReadOnly =
"True" SortExpression = "ProductId" />
                <asp:BoundField DataField = "ListPrice" HeaderText = "价格" ReadOnly =
"True" SortExpression = "ListPrice" />
                <asp:BoundField DataField = "Name" HeaderText = "名称" ReadOnly = "True"
SortExpression = "Name" />
                <asp:ImageField DataImageUrlField = "Image" HeaderText = "图片" ControlStyle -
Height = "100"
                    ControlStyle - Width = "200">
                    <ControlStyle Height = "50px" Width = "70px"></ControlStyle>
                </asp:ImageField>
            </Columns>
        </asp:GridView>
    </div>
    </form>
…(略)
```

操作步骤：

（1）在 chap8 文件夹中建立 GridViewBound. aspx。添加 LinqDataSource、GridView
控件各一个。

（2）设置 LinqDataSource 数据源为 Product 表。

（3）设置 GridView 的属性 DataSourceID 值为 LinqDataSourcel。设置属性 Columns，如图 8-7 所示。在图 8-7 中，可根据需要设置不同类型的列，再对选定的字段分别设置属性。最后，浏览 GridViewBound.aspx 查看效果。

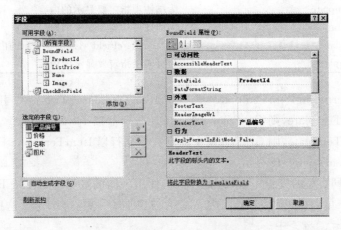

图 8-7　属性 Columns 设置图

程序说明：

本示例使用的 Product 表的字段 Image 存储了对应图片的路径，此时要在 GridView 中显示图片，只需设置 ImageField 列的属性 DataImageUrlField 值为字段名 Image，但若在存储时仅存储图片的文件名，则还需配合使用 DataImageUrlFormatString。例如，假设图片统一存放在网站根文件夹下的 img 文件夹中，字段 Image 存储图片的文件名，则设置如下：

<asp:ImageField DataImageUrlField = "Image" HeaderText = "图片" DataImageUrlFormatString = "~\img\{0}" >
</asp:ImageField>

其中{0}在网页浏览时会被 DataImageUrlField 设置的字段值代替。

8.3.3　使用模板列

在实际工程中，仅使用标准列常不能满足要求，如希望在 GridView 中以 DropDownList 提供数据输入、在编辑字段时提供数据验证功能等。通过使用模板列能很好地解决这些问题。

在创建 TemplateField 时，需根据不同状态和位置的行提供不同的模板，如图 8-8 所示。不同类型模板的说明如表 8-2 所示。

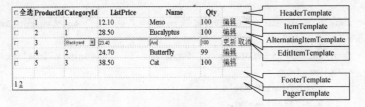

图 8-8　各种类型的模板

表 8-2 **TemplateField 中不同类型的模板对应表**

模　板	说　明
AlternatingItemTemplate	为交替项指定要显示的内容
EditItemTemplate	为处于编辑的项指定要显示的内容
FooterTemplate	为脚注项指定要显示的内容
HeaderTemplate	为标题项指定要显示的内容
ItemTemplate	为 TemplateField 列指定要显示的内容
PagerTemplate	为页码项指定要显示的内容

其 中，AlternatingItemTemplate 需 与 ItemTemplate 配 合 使 用。若 未 设 置 AlternatingItemTemplate,则 GridView 的所有数据行都以 ItemTemplate 显示；若已设置 AlternatingItemTemplate,则 GridView 中的奇数数据行以 ItemTemplate 显示,偶数数据行以 AlternatingItemTemplate 显示。

在为各种不同类型的模板中添加内容时,将使用不同的数据绑定方法 Eval()和 Bind()。其中,Eval()用于单向(只读)绑定,而 Bind()用于双向(可更新)绑定。这些方法在使用时需要包含在＜％♯…％＞中。

实例 8-4 使用模板列

如图 8-9 所示,复选框列和 CategoryId 列为模板列。

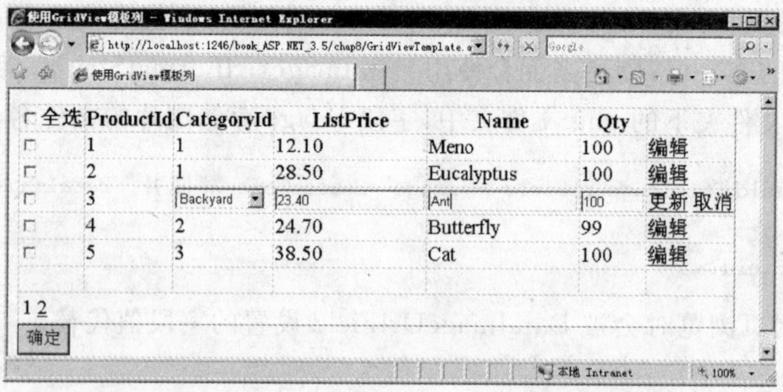

图 8-9 GridViewTemplate.aspx 浏览效果图

源程序：GridViewTemplate.aspx 部分代码

```
＜％@ Page Language = "C♯" AutoEventWireup = "true" CodeFile = "GridViewTemplate.aspx.cs"
    Inherits = "chap8_GridViewTemplate" ％＞
…(略)
    ＜form id = "form1" runat = "server"＞
    ＜div＞
        ＜ asp: GridView ID = " GridView1" runat = " server" AutoGenerateColumns = "False"
DataKeyNames = "ProductId"
            DataSourceID = "LinqDataSource1" PageSize = "5" AllowPaging = "True" ShowFooter = "True"＞
        ＜Columns＞
            ＜asp:TemplateField＞
                ＜ItemTemplate＞
                    ＜asp:CheckBox ID = "chkItem" runat = "server" /＞
```

```
                    </ItemTemplate>
                    <HeaderTemplate>
                        <asp：CheckBox ID = "chkAll" runat = "server" AutoPostBack = "True"
OnCheckedChanged = "chkAll_CheckedChanged"
                                Text = "全选 " />
                    </HeaderTemplate>
                </asp：TemplateField>
                <asp：BoundField DataField = "ProductId" HeaderText = "ProductId" InsertVisible =
"False"
                        ReadOnly = "True" SortExpression = "ProductId" />
                <asp：TemplateField HeaderText = "CategoryId" SortExpression = "CategoryId">
                    <ItemTemplate>
                        <asp：Label ID = " Label1" runat = " server" Text = ' < % ＃ Bind
("CategoryId") % >'></asp：Label>
                    </ItemTemplate>
                    <EditItemTemplate>
                        <asp：DropDownList ID = "DropDownList1" runat = "server" DataSourceID =
"LinqDataSource2"
                                DataTextField = "Name" DataValueField = "CategoryId" SelectedValue =
'< % ＃ Bind("CategoryId") % >'>
                        </asp：DropDownList>
                        <asp： LinqDataSource  ID = " LinqDataSource2"  runat = " server"
ContextTypeName = "MyPetShopDataContext"
                                TableName = "Category">
                        </asp：LinqDataSource>
                    </EditItemTemplate>
                </asp：TemplateField>
                <asp：BoundField DataField = "ListPrice" HeaderText = "ListPrice" SortExpression =
"ListPrice" />
                <asp：BoundField DataField = " Name" HeaderText = " Name" SortExpression =
"Name" />
                <asp：BoundField DataField = "Qty" HeaderText = "Qty" SortExpression = "Qty" />
                <asp：CommandField ShowEditButton = "True" />
            </Columns>
        </asp：GridView>
        < asp： LinqDataSource ID = " LinqDataSource1" runat = " server" ContextTypeName =
"MyPetShopDataContext"
            EnableUpdate = "True" TableName = "Product">
        </asp：LinqDataSource>
        <asp：Button ID = "Button1" runat = "server" OnClick = "Button1_Click" Style = "font -
size：large"
            Text = "确定" />
        <asp：Label ID = "Label2" runat = "server" Style = "font - size：large"></asp：Label>
    </div>
    </form>
…(略)
```

源程序：GridViewTemplate.aspx.cs

```
using System;
using System.Web.UI.WebControls;
```

```
public partial class chap8_GridViewTemplate : System.Web.UI.Page
{
    protected void chkAll_CheckedChanged(object sender, EventArgs e)
    {
        //获取 GridView 标题行中 chkAll 对象
        CheckBox chkAll = (CheckBox)sender;
        foreach (GridViewRow gvRow in GridView1.Rows)
        {
            //获取 GridView 数据行中 chkItem 对象
            CheckBox chkItem = (CheckBox)gvRow.FindControl("chkItem");
            chkItem.Checked = chkAll.Checked;
        }
    }
    protected void Button1_Click(object sender, EventArgs e)
    {
        Label2.Text = "您选择的 ProductId 为：";
        foreach (GridViewRow gvRow in GridView1.Rows)
        {
            CheckBox chkItem = (CheckBox)gvRow.FindControl("chkItem");
            if (chkItem.Checked)
            {
                Label2.Text += gvRow.Cells[1].Text + "、";
            }
        }
    }
}
```

操作步骤：

（1）在 chap8 文件夹中建立 GridViewTemplate.aspx。添加 LinqDataSource 和 GridView 控件各一个。设置 LinqDataSource 数据源为 Product 表，再设置属性 EnableUpdate 值为 True 后绑定到 GridView。

（2）在 GridView 的属性 Columns 对应的窗口中，添加一列带编辑、更新和取消的 CommandField 及一列 TemplateField，再将 CategoryId 列转换为 TemplateField。

（3）单击 GridView 的智能标记，选择"编辑模板"→Column[0]选项，呈现如图 8-10 所示的界面。在 ItemTemplate 和 HeaderTemplate 内容区各添加 CheckBox 控件一个，并设置属性。

（4）选择 Column[2]-CategoryId 选项，如图 8-11 所示。在 EditItemTemplate 内容区删除 TextBox 控件，添加 LinqDataSource 和 DropDownList 控件各一个，设置 LinqDataSource 数据源为 Category 表并绑定到 DropDownList。其中 DropDownList 中显示的数据字段为 Name，值的数据字段为 CategoryId（属于 Category 表）。单击 DropDownList 控件的智能标记，选择"编辑 DataBindings"选项，呈现如图 8-12 所示的界面。输入自定义绑定代码表达式 Bind("CategoryId")将 SelectedValue 绑定到 CategoryId（属于 Product 表）。

（5）建立 GridViewTemplate.aspx.cs 文件。最后，浏览 GridViewTemplate.aspx 进行测试。

图 8-10 Column[0]模板编辑　　　　图 8-11 Column[2]模板编辑

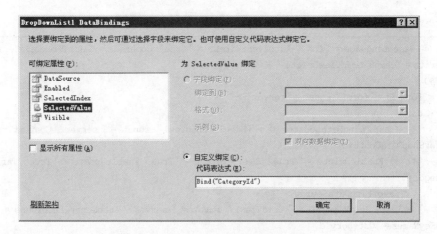

图 8-12 编辑 DataBindings 界面图

程序说明：

在模板列中不能直接访问各模板中的控件，若要访问这些控件，一般可使用方法 FindControl()在 GridView 控件的 GridViewRow 对象中查找。

8.3.4 利用 GridView 编辑、删除数据

单击 GridView 的智能标记，选择"启用编辑"和"启用删除"选项，可提供编辑和删除数据功能。当然，绑定至 GridView 的数据源控件也要提供更新、删除功能。这时，当用户单击删除按钮时系统不会给出提示信息就直接删除表中数据，这样容易导致误操作。这种问题可以通过添加 JavaScript 代码解决。

实例 8-5　为 GridView 中删除按钮添加客户端提示信息

如图 8-13 所示，当用户单击"删除"按钮试图删除某行数据时系统将给出提示信息让用户确认。

图 8-13　GridViewDelete.aspx 浏览效果图

源程序：GridViewDelete.aspx 部分代码

```
<%@ Page Language = "C#" AutoEventWireup = "true" CodeFile = "GridViewDelete.aspx.cs"
Inherits = "chap8_GridViewDelete" %>
…(略)
    <form id = "form1" runat = "server">
    <div>
        <asp:LinqDataSource ID = "LinqDataSource1" runat = "server" ContextTypeName =
"MyPetShopDataContext"
            EnableDelete = "True" EnableInsert = "True" EnableUpdate = "True" TableName =
"Category">
        </asp:LinqDataSource>
        <asp:GridView ID = "GridView1" runat = "server" AutoGenerateColumns = "False"
DataKeyNames = "CategoryId"
            DataSourceID = "LinqDataSource1" OnRowDataBound = "GridView1_RowDataBound">
            <Columns>
                <asp:BoundField DataField = "CategoryId" HeaderText = "CategoryId"
InsertVisible = "False"
                    ReadOnly = "True" SortExpression = "CategoryId" />
                <asp:BoundField DataField = "Name" HeaderText = "Name" SortExpression =
"Name" />
                <asp:BoundField DataField = "Descn" HeaderText = "Descn" SortExpression =
"Descn" />
                <asp:CommandField HeaderText = "删除" ShowDeleteButton = "True" />
                <asp:CommandField ShowEditButton = "True" HeaderText = "编辑" />
            </Columns>
        </asp:GridView>
    </div>
    </form>
…(略)
```

源程序：GridViewDelete.aspx.cs

```
using System.Web.UI.WebControls;

public partial class chap8_GridViewDelete : System.Web.UI.Page
```

```
    {
        protected void GridView1_RowDataBound(object sender, GridViewRowEventArgs e)
        {
            //判断数据行
            if (e.Row.RowType == DataControlRowType.DataRow)
            {
                try
                {
                    //获取删除按钮
                    LinkButton delete = (LinkButton)e.Row.Cells[3].Controls[0];
                    //设置JavaScript
                    delete.OnClientClick = "return confirm('您真要删除分类名为" + e.Row.Cells
[1].Text + "的记录吗?');";
                }
                catch
                {
                    //若try块有异常,则不做任何操作
                }
            }
        }
    }
```

操作步骤:

(1) 在 chap8 文件夹中建立 GridViewDelete.aspx。添加 LinqDataSource 和 GridView 控件各一个。

(2) 设置 LinqDataSource 数据源为 Category 表,再设置属性 EnableUpdate 和 EnableDelete 值为 True,最后绑定到 GridView。

(3) 在 GridView 的属性 Columns 对应的窗口中添加两列 CommandField,其中一列包含编辑、更新和取消按钮,另一列包含删除按钮。

(4) 建立 GridViewDelete.aspx.cs 文件。最后,浏览 GridViewDelete.aspx 进行测试。

程序说明:

(1) 表的主键不能被编辑,GridView 的属性 DataKeyNames 包含了表的主键信息。

(2) GridView 的 RowDataBound 事件在数据被分别绑定到行时触发。由于单击编辑按钮后,删除按钮将不存在,此时就不能获取删除按钮对象,所以通过使用 try...catch 结构使得用户单击编辑按钮时将不执行任何操作(catch 块为空)。事件代码中的 e.Row 能获取所在行,Cells 集合对应指定行中所有单元格,Controls 集合对应指订单元格中所有控件。RowType 用于确定 GridView 中行的类型,值包括 DataRow(数据行)、Footer(脚注行)、Header(标题行)、EmptyDataRow(空行)、Pager(导航行)和 Separator(分隔符行)六种类型。

8.3.5　显示主从表

需要显示主从表的情形常与数据库中的"一对多"联系对应,如一种分类有多种产品,一个供应商供应多种产品等。这种情形在数据库中根据规范化理论应该设计成多张表,要显示多张表就涉及表的同步问题。比如,若使用一个 GridView 显示分类表,那么当选择某种分类时,另一个 GridView 能同步显示该分类包含的所有产品。

显示主从表根据实际需求可分为在同一页或不同页两种情况。

实例 8-6　在同一页显示主从表

如图 8-14 所示,当单击"选择"链接时,表中将显示主表中不同分类包含的产品。

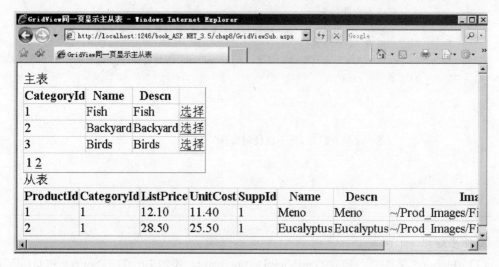

图 8-14　GridViewSub.aspx 浏览效果图

源代码:GridViewSub.aspx 部分代码

```
<%@ Page Language = "C#" AutoEventWireup = "true" CodeFile = "GridViewSub.aspx.cs" Inherits
= "chap8_GridViewSub" %>
…(略)
    <form id = "form1" runat = "server">
    <div>
        主表<asp:GridView ID = "GridView1" runat = "server" AutoGenerateColumns = "False"
DataKeyNames = "CategoryId"
            DataSourceID = "SqlDataSource1" AllowPaging = "True" PageSize = "3">
        <Columns>
            <asp:BoundField DataField = "CategoryId" HeaderText = "CategoryId"
InsertVisible = "False"
                ReadOnly = "True" SortExpression = "CategoryId" />
            <asp:BoundField DataField = "Name" HeaderText = "Name" SortExpression =
"Name" />
            <asp:BoundField DataField = "Descn" HeaderText = "Descn" SortExpression =
"Descn" />
            <asp:CommandField ShowSelectButton = "True" />
        </Columns>
    </asp:GridView>
        从表<asp:GridView ID = "GridView2" runat = "server" AutoGenerateColumns = "False"
DataKeyNames = "ProductId"
            DataSourceID = "SqlDataSource2">
        <Columns>
```

```
                    <asp：BoundField DataField = " ProductId " HeaderText = " ProductId "
InsertVisible = "False"
                            ReadOnly = "True" SortExpression = "ProductId" />
                    <asp：BoundField DataField = " CategoryId " HeaderText = " CategoryId "
SortExpression = "CategoryId" />
                    <asp：BoundField DataField = " ListPrice " HeaderText = " ListPrice "
SortExpression = "ListPrice" />
                    < asp：BoundField DataField = " UnitCost " HeaderText = " UnitCost "
SortExpression = "UnitCost" />
                    <asp:BoundField DataField = "SuppId" HeaderText = "SuppId" SortExpression =
"SuppId" />
                    <asp：BoundField DataField = " Name " HeaderText = " Name " SortExpression =
"Name" />
                    <asp：BoundField DataField = " Descn " HeaderText = " Descn " SortExpression =
"Descn" />
                    <asp：BoundField DataField = " Image " HeaderText = " Image " SortExpression =
"Image" />
                    <asp:BoundField DataField = "Qty" HeaderText = "Qty" SortExpression = "Qty" />
            </Columns>
        </asp：GridView>
        <asp:SqlDataSource ID = "SqlDataSource1" runat = "server" ConnectionString = "<%$
ConnectionStrings：MyPetShopConnectionString %>"
            SelectCommand = "SELECT * FROM [Category]"></asp：SqlDataSource>
        <asp:SqlDataSource ID = "SqlDataSource2" runat = "server" ConnectionString = "<%$
ConnectionStrings：MyPetShopConnectionString %>"
            SelectCommand = "SELECT * FROM [Product] WHERE ([CategoryId] = @CategoryId)">
            <SelectParameters>
                <asp：ControlParameter ControlID = " GridView1 " Name = " CategoryId "
PropertyName = "SelectedValue"
                    Type = "Int32" />
            </SelectParameters>
        </asp：SqlDataSource>
    </div>
    </form>
…(略)
```

操作步骤：

(1) 在 chap8 文件夹中建立 GridViewSub. aspx。添加 SqlDataSource 和 GridView 控件各两个。

(2) 设置 SqlDataSource1 数据源为 Category 表并绑定到 GridView1。单击 GridView1 智能标志,选择"启用选定内容"选项。

(3) 设置 SqlDataSource2 数据源为 Product 表并绑定到 GridView2。其中 SqlDataSource2 的属性 SelectQuery 设置如图 8-15 所示。最后,浏览 GridViewSub. aspx 进行测试。

程序说明：

当单击选择按钮时,GridView1. SelectedValue 返回选择行所对应的主键 CategoryId 值,再将该值传递给 SqlDataSource2 中查询语句的参数@CategoryId。

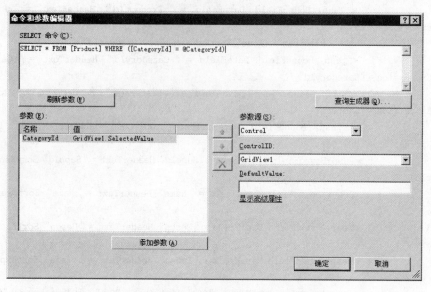

图 8-15　SqlDataSource2 属性 SelectQuery 设置

实例 8-7　在不同页显示主从表

如图 8-16 和图 8-17 所示，当单击 CategoryID 列中的链接时，在另一个网页显示该分类包含的产品。

图 8-16　在不同页显示主从表(一)　　图 8-17　在不同网页显示主从表(二)

源程序：GridViewSubDiff1.aspx 部分代码

```
< % @ Page Language = "C#" AutoEventWireup = "true" CodeFile = "GridViewSubDiff1.aspx.cs"
    Inherits = "chap8_GridViewSubDiff" % >
…(略)
    <form id = "form1" runat = "server">
 主表
    <asp:GridView ID = "GridView1" runat = "server" AutoGenerateColumns = "False" DataKeyNames = "
CategoryId"
        DataSourceID = "LinqDataSource1">
        <Columns>
            <asp:HyperLinkField DataNavigateUrlFields = "CategoryID" DataNavigateUrlFormatString =
"~/chap8/GridViewSubDiff2.aspx?CategoryId = {0}"
                DataTextField = "Name" HeaderText = "CategoryID" />
            <asp:BoundField DataField = "Name" HeaderText = "Name" SortExpression = "Name" />
```

```
            <asp:BoundField DataField = "Descn" HeaderText = "Descn" SortExpression = "Descn" />
        </Columns>
    </asp:GridView>
    <asp:LinqDataSource ID = "LinqDataSource1" runat = "server" ContextTypeName = "MyPetShopData
Context"
        TableName = "Category">
    </asp:LinqDataSource>
    </form>
...(略)
```

源程序：GridViewSubDiff2.aspx 部分代码

```
<%@ Page Language = "C#" AutoEventWireup = "true" CodeFile = "GridViewSubDiff2.aspx.cs"
    Inherits = "chap8_GridViewSubDiff2" %>

<!DOCTYPE html PUBLIC " - //W3C//DTD XHTML 1.0 Transitional//EN"
"http://www.w3.org/TR/xhtml1/DTD/xhtml1 - transitional.dtd">
<html xmlns = "http://www.w3.org/1999/xhtml">
<head runat = "server">
    <title>从表</title>
</head>
<body>
    <form id = "form1" runat = "server">
    <div>
        从表<asp:GridView ID = "GridView1" runat = "server" AutoGenerateColumns = "False"
DataKeyNames = "ProductId"
            DataSourceID = "LinqDataSource1">
            <Columns>
                <asp:BoundField DataField = "ProductId" HeaderText = "ProductId" InsertVisible =
"False"
                    ReadOnly = "True" SortExpression = "ProductId" />
                <asp:BoundField DataField = "CategoryId" HeaderText = "CategoryId" SortExpression =
"CategoryId" />
                <asp:BoundField DataField = "ListPrice" HeaderText = "ListPrice" SortExpression =
"ListPrice" />
                <asp:BoundField DataField = "UnitCost" HeaderText = "UnitCost" SortExpression =
"UnitCost" />
                <asp:BoundField DataField = "SuppId" HeaderText = "SuppId" SortExpression =
"SuppId" />
                <asp:BoundField DataField = "Name" HeaderText = "Name" SortExpression =
"Name" />
                <asp:BoundField DataField = "Descn" HeaderText = "Descn" SortExpression =
"Descn" />
                <asp:BoundField DataField = "Image" HeaderText = "Image" SortExpression =
"Image" />
                <asp:BoundField DataField = "Qty" HeaderText = "Qty" SortExpression = "Qty" />
            </Columns>
        </asp:GridView>
        <asp:LinqDataSource ID = "LinqDataSource1" runat = "server" ContextTypeName =
"MyPetShopDataContext"
            TableName = "Product" Where = "CategoryId == @CategoryId">
            <WhereParameters>
```

```
                    <asp:QueryStringParameter Name = "CategoryId" QueryStringField = "CategoryId" Type =
"Int32" />
                </WhereParameters>
            </asp:LinqDataSource>
        </div>
        </form>
    </body>
</html>
```

操作步骤：

（1）在 chap8 文件夹中建立 GridViewSubDiff1. aspx。添加 LinqDataSource 和 GridView 控件各一个。设置 LinqDataSource 数据源为 Category 表并绑定到 GridView。在图 8-18 中，删除原先的 CategoryId，添加一列 HyperLinkField。设置属性 DataNavigateUrlFields 值为 CategoryId，属性 DataNavigateUrlFormatString 值为 "～/chap8/GridViewSubDiff2. aspx? CategoryId＝{0}"，属性 DataTextField 值为 Name。

（2）在 chap8 文件夹中建立 GridViewSubDiff2. aspx。添加 LinqDataSource 和 GridView 控件各一个。设置 LinqDataSource 数据源为 Product 表并绑定到 GridView。其中 LinqDataSource 的属性 where 设置如图 8-19 所示。

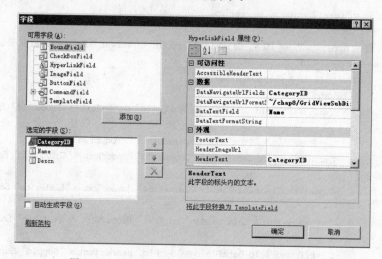

图 8-18　GridView1 的属性 Columus 设置界面图

（3）浏览 GridViewSubDiff1. aspx 进行测试。

程序说明：

（1）HyperLinkField 列的属性 DataNavigateUrlFields 值对应页面显示时到超链接的 NavigateUrl 属性；DataNavigateUrlFormatString 值确定目标 URL 的格式，其中{0}在网页浏览时会被 DataNavigateUrlFields 对应的字段值代替；DateTextField 值对应页面显示时到超链接的 Text 属性。

（2）当单击主表网页中的链接时，相应的查询字符串传递到从表网页，再获取其中的 CategoryId 值赋给 where 表达式的参数@CategoryId。

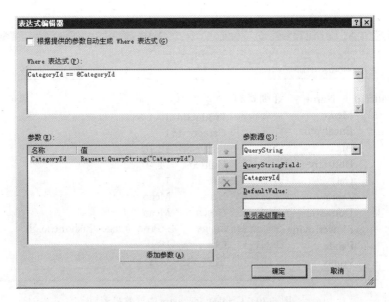

图 8-19　LinqDataSource 的 where 设置界面图

8.4　DetailsView 控件

DetailsView 控件以表格形式显示和处理来自数据源的单条记录,其表格只包含两个数据列:一个数据列逐行显示数据列名,另一个数据列显示对应列名相关的数据值。与 GridView 相比较,DetailsView 增加了数据插入的功能。

实例 8-8　结合 GridView 和 DetailsView 管理数据

如图 8-20 所示,当单击 GridView 中"详细资料"链接后在 DetailsView 中显示该记录的详细信息;然后在 DetailsView 中可根据需要编辑、删除、新建记录。

源程序:GridDetails.aspx 部分代码

```
< % @ Page Language = "C♯" AutoEventWireup = "true" CodeFile = "GridDetails.aspx.cs" Inherits =
"chap8_GridDetails" % >
…(略)
    <form id = "form1" runat = "server">
    <div>
        <table class = "style1">
            <tr>
                <td class = "style2">
                    <asp:GridView ID = "GridView1" runat = "server" AllowPaging = "True"
AutoGenerateColumns = "False"
                        DataKeyNames = "ProductId" DataSourceID = "SqlDataSource1">
                    <Columns>
                        <asp:BoundField DataField = "ProductId" HeaderText =
"ProductId" InsertVisible = "False"
                            ReadOnly = "True" SortExpression = "ProductId" />
                        <asp:BoundField DataField = "Name" HeaderText = "Name"
SortExpression = "Name" />
```

图 8-20　GridDetails. aspx 浏览效果图

```
                            <asp：CommandField HeaderText = "详细资料" SelectText = "详细资
料" ShowSelectButton = "True" />
                    </Columns>
                </asp：GridView>
            </td>
            <td>
                    <asp：DetailsView ID = "DetailsView1" runat = "server" AllowPaging =
"True" AutoGenerateRows = "False"
                        DataKeyNames = "ProductId" DataSourceID = "SqlDataSource2" Height =
"50px" OnItemDeleted = "DetailsView1_ItemDeleted"
                        OnItemInserted = "DetailsView1_ItemInserted" Width = "125px">
                        <Fields>
                            <asp：BoundField DataField = " ProductId " HeaderText =
"ProductId" InsertVisible = "False"
                                ReadOnly = "True" SortExpression = "ProductId" />
                            <asp：BoundField DataField = " CategoryId " HeaderText =
"CategoryId" SortExpression = "CategoryId" />
                            <asp：BoundField DataField = " ListPrice " HeaderText =
"ListPrice" SortExpression = "ListPrice" />
                            <asp：BoundField DataField = "UnitCost" HeaderText = "UnitCost"
SortExpression = "UnitCost" />
                            <asp：BoundField DataField = " SuppId " HeaderText = " SuppId "
SortExpression = "SuppId" />
                            <asp：BoundField DataField = " Name " HeaderText = " Name "
SortExpression = "Name" />
                            <asp：BoundField DataField = " Descn " HeaderText = " Descn "
SortExpression = "Descn" />
                            <asp：BoundField DataField = " Image " HeaderText = " Image "
SortExpression = "Image" />
                            <asp：BoundField DataField = " Qty " HeaderText = " Qty "
SortExpression = "Qty" />
                            <asp：CommandField ShowDeleteButton = "True" ShowEditButton =
```

```
"True" ShowInsertButton = "True" />
                                </Fields>
                                <HeaderTemplate>
                                    详细资料
                                </HeaderTemplate>
                        </asp:DetailsView>
                    </td>
            </tr>
        </table>
        <asp:SqlDataSource ID = "SqlDataSource1" runat = "server" ConnectionString = "< % $
ConnectionStrings:MyPetShopConnectionString % >"
            SelectCommand = "SELECT * FROM [Product]"></asp:SqlDataSource>
        <asp:SqlDataSource ID = "SqlDataSource2" runat = "server" ConnectionString = "< % $
ConnectionStrings:MyPetShopConnectionString % >"
            DeleteCommand = " DELETE FROM [Product] WHERE [ProductId] = @ ProductId"
InsertCommand = " INSERT INTO [Product] ([CategoryId], [ListPrice], [UnitCost], [SuppId],
[Name], [Descn], [Image], [Qty]) VALUES (@ CategoryId, @ ListPrice, @ UnitCost, @ SuppId,
@Name, @Descn, @Image, @Qty)"
            SelectCommand = " SELECT * FROM [Product] WHERE ([ProductId] = @ ProductId)"
UpdateCommand = " UPDATE [Product] SET [CategoryId] = @ CategoryId, [ListPrice] =
@ListPrice, [UnitCost] = @ UnitCost, [SuppId] = @ SuppId, [Name] = @ Name, [Descn] =
@Descn, [Image] = @ Image, [Qty] = @Qty WHERE [ProductId] = @ProductId">
            <SelectParameters>
                <asp:ControlParameter ControlID = "GridView1" Name = "ProductId" PropertyName =
"SelectedValue"
                    Type = "Int32" />
            </SelectParameters>
            <DeleteParameters>
                <asp:Parameter Name = "ProductId" Type = "Int32" />
            </DeleteParameters>
            <UpdateParameters>
                <asp:Parameter Name = "CategoryId" Type = "Int32" />
                <asp:Parameter Name = "ListPrice" Type = "Decimal" />
                <asp:Parameter Name = "UnitCost" Type = "Decimal" />
                <asp:Parameter Name = "SuppId" Type = "Int32" />
                <asp:Parameter Name = "Name" Type = "String" />
                <asp:Parameter Name = "Descn" Type = "String" />
                <asp:Parameter Name = "Image" Type = "String" />
                <asp:Parameter Name = "Qty" Type = "Int32" />
                <asp:Parameter Name = "ProductId" Type = "Int32" />
            </UpdateParameters>
            <InsertParameters>
                <asp:Parameter Name = "CategoryId" Type = "Int32" />
                <asp:Parameter Name = "ListPrice" Type = "Decimal" />
                <asp:Parameter Name = "UnitCost" Type = "Decimal" />
                <asp:Parameter Name = "SuppId" Type = "Int32" />
                <asp:Parameter Name = "Name" Type = "String" />
                <asp:Parameter Name = "Descn" Type = "String" />
                <asp:Parameter Name = "Image" Type = "String" />
                <asp:Parameter Name = "Qty" Type = "Int32" />
            </InsertParameters>
        </asp:SqlDataSource>
    </div>
    </form>
```

…（略）

源程序：GridDetails.aspx.cs

```
using System.Web.UI.WebControls;

public partial class chap8_GridDetails : System.Web.UI.Page
{
    protected void DetailsView1_ItemDeleted(object sender, DetailsViewDeletedEventArgs e)
    {
        GridView1.DataBind();
    }
    protected void DetailsView1_ItemInserted(object sender, DetailsViewInsertedEventArgs e)
    {
        GridView1.DataBind();
    }
}
```

操作步骤：

（1）在 chap8 文件夹中建立 GridDetails.aspx。添加两个 SqlDataSource，一个 GridView 和一个 DetailsView。

（2）设置 SqlDataSource1 数据源为 Product 表并绑定到 GridView。选中 GridView 的"启用选定内容"复选框。在 GridView 的属性 Columns 设置窗口中删除其他绑定字段，仅保留 ProductId 和 Name 列。

（3）设置 SqlDataSource2 数据源为 Product 表，在配置 Select 语句时单击 `WHERE(W)...`，如图 8-21 所示进行设置，设置完后再单击 `高级(V)...` 选择"生成 INSERT、UPDATE 和 DELETE 语句"。再将 SqlDataSource2 绑定到 DetailsView。单击 DetailsView 的智能标记，选择"启用插入"、"启用删除"和"启用编辑"选项。

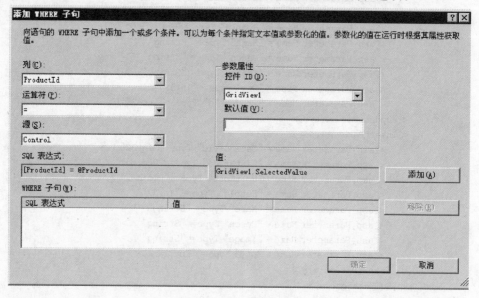

图 8-21　Where 设置界面图

（4）建立 GridDetails.aspx.cs。最后，浏览 GridDetails.aspx 进行测试。

程序说明：

ItemInserted 事件在插入记录后被触发。ItemDeleted 事件在删除记录后被触发。

8.5　小　　结

本章介绍了 ListControl 类、GridView 和 DetailsView 等数据绑定控件的使用。

ListControl 类提供了以列表显示数据的形式；GridView 提供了以二维表格显示数据的形式；DetailsView 提供了以单条记录显示数据的形式。熟练掌握这些数据绑定控件就能胜任绝大部分数据显示的工作。

当然，ASP.NET 3.5 还提供了其他的多种数据绑定控件。如能显示多条记录的 ListView。与 GridView 相比，ListView 的数据显示完全通过模板实现。若掌握了 GridView 中模板列的操作，再学习 ListView 不会有困难。再如显示单条记录的 FormView，其数据显示也是完全通过模板实现。

8.6　习　　题

1. 填空题

（1）数据绑定控件通过属性_____与数据源控件实现绑定。

（2）数据绑定控件通过属性_____与 Linq 查询返回的结果实现绑定。

（3）GridView 的属性_____确定是否分页。

（4）若设置了 ImageField 列的属性 DataImageUrlFormatString＝"～/pic/{0}"，其中的{0}由属性_____值确定。

（5）模板列中实现数据绑定时，_____方法用于单向绑定，_____方法用于双向绑定。

（6）实现不同页显示主从表常利用_____传递数据。

2. 是非题

（1）GridView 中能调整列的顺序。（　　　）

（2）GridView 中内置了插入数据的功能。（　　　）

（3）在模板列中可添加任何类型的控件。（　　　）

（4）模板列中的绑定方法必须写成＜％Eval("Name")％＞或＜％Bind("Name")％＞形式。（　　　）

（5）经过设置，DetailsView 能同时显示多条记录。（　　　）

3. 选择题

（1）如果希望在 GridView 中显示"上一页"和"下一页"的导航栏，则属性集合 PagerSettings 中的属性 Mode 值应设为（　　　）。

A. Numeric　　　　　B. NextPrevious　　　　C. Next Prev　　　　D. 上一页，下一页

（2）如果对定制列后的 GridView 实现排序功能，除设置 GridView 的属性 AllowSorting 值为 True 外，还应设置（　　　）属性。

    A. SortExpression   B. Sort   C. SortField   D. DataFieldText

（3）利用 GridView 和 DetailsView 显示主从表数据时，DetailsView 中插入了一条记录需要刷新 GridView，则应把 GridView.DataBind()方法的调用置于（　　　　）事件代码中。

    A. GridView 的 ItemInserting   B. GridView 的 ItemInserted

    C. DetailsView 的 ItemInserting   D. DetailsView 的 ItemInserted

4. 上机操作题

（1）建立并调试本章的所有实例。

（2）如图 8-22 所示，当在 DropDownList 中选择不同分类后，显示包含的产品。

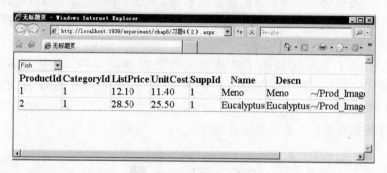

图 8-22　浏览效果图（一）

（3）如图 8-23 所示，对 OrderItem 表在 GridView 中统计订单总金额。当选中记录后单击"删除"按钮删除选择的记录。

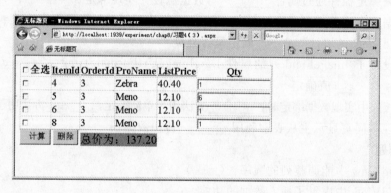

图 8-23　浏览效果图（二）

（4）结合使用 GridView 和 DetailsView 在不同页以主从表形式显示 Product 表。DetailsView 需要实现插入、编辑、删除等操作，并且在插入数据时涉及的外键数据以下拉列表形式进行选择输入。

（5）查找资料，利用 ListView 显示和编辑 Product 表数据，同时提供分页功能。（提示：分页需配合使用 DataPager 控件）

（6）查找资料，利用 FormView 显示、编辑 Order 表中满足条件的某条记录，其中条件自定。

第 9 章

用户和角色管理

本章要点：

☞ 了解 Windows 验证，掌握 Forms 验证。

☞ 掌握网站管理工具的应用。

☞ 掌握登录系列控件的应用。

☞ 掌握常用的 Membership 和 Roles 类的方法。

9.1　身份验证和授权

身份验证是要告知服务器发出请求的用户是谁。通常，用户必须向服务器提交凭证以确定用户的身份，如果提交凭证有效，那么就可以认为通过身份验证。一旦通过身份验证，还需确定用户能访问哪些资源，这个过程称为授权。例如，对于实现后台管理的页面，一般仅提供给管理员访问，此时就需要使用身份验证和授权。ASP.NET 3.5 提供了四种身份验证方式：Windows 验证、Passport 验证、None 验证和 Forms 验证。本节主要介绍常用的Windows 验证和 Forms 验证。

9.1.1　Windows 验证

Windows 验证基于 Windows 操作系统用户和用户组，适合于企业内部站点使用。要运用 Windows 验证，服务器端和客户端都必须是 Windows 操作系统，且 Web 服务器的硬盘格式必须是 NTFS。

Windows 验证方式依靠 IIS 来执行所需的用户验证，包括匿名身份验证、集成Windows 身份验证、Windows 域服务器的摘要身份验证和基本身份验证等。在 ASP.NET 3.5 中，使用 WindowsAuthenticationModule 模块执行 Windows 验证，该模块根据用户提供的信息构造 WindowsIdentity 对象后再传递到 IIS。IIS 验证用户身份后再将安全标记传递给 ASP.NET，由 ASP.NET 构造 WindowsPrincipal 对象，并将其附加到 Web 应用程序的上下文中。因此，访问 WindowsIdentity 和 WindowsPrincipal 对象可获取验证用户的信息。

使用 Windows 验证的网站资源授权需配合使用 Windows 的 NTFS 访问控制列表

（ACL）。也就是说,要在 Windows 操作系统中首先建立用户和用户组,并把用户归属到用户组中,再把权限分配给用户组实现授权。

配置网站 Windows 验证的操作步骤如下:

（1）启动 IIS,右击某站点,在弹出的快捷菜单中选择"属性"命令,单击"目录安全性"选项卡,再单击"身份验证和访问控制"选项区域中的"编辑"按钮,呈现如图 9-1 所示的界面。不要选中"启用匿名访问"复选框,而要选中"集成 Windows 身份验证"复选框。

（2）在 Windows 中新建一个用户组,例如 Website。在 Website 组中创建若干用户。

（3）设置站点对应文件夹的授权。如图 9-2 所示,去除 Everyone、Users 等组,增加 Website 组对站点文件夹的读取和运行等权限。

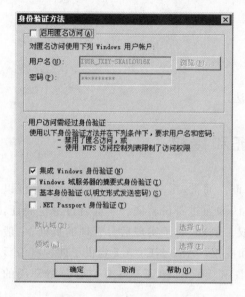

图 9-1　IIS 身份验证界面图

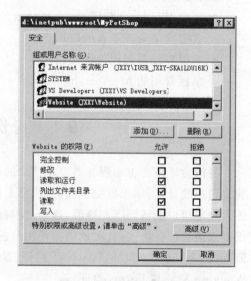

图 9-2　文件夹授权界面图

（4）配置站点的 web.config 文件,代码如下:

```
<system.web>
    <authentication mode = "Windows" />
    <identity impersonate = "true" />
</system.web>
```

（5）在联网的另一台计算机访问站点中的网页时,将弹出如图 9-3 所示的对话框,要求输入用户名和密码。通过身份验证后才能访问相应的网页。

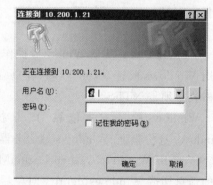

图 9-3　Windows 验证登录界面图

9.1.2　Forms 验证

Forms 验证适合于 Internet 站点,是多数 Web 应用程序使用的方式。Forms 验证本身并不能进行验证,只是使用自定义的用户界面收集用户信息,再通过自定义代码实现验证。在使用时,需配合使用 ASP.NET 成员资格和角色管理。其中,成员资格用于管理用户,角色用于管理授权。

通常,用户利用 Forms 验证访问受保护资源,包括四个步骤:第一步,用户请求受保护的网页,如 Default.aspx;第二步,ASP.NET 调用 Forms 验证服务获取用户请求,并检查其中是否包含用户凭据;第三步,如果未发现任何用户凭据,将自动转向用户登录页面,如 Login.aspx;第四步,初次请求的网页地址 Default.aspx 将以 ReturnUrl 值(ReturnUrl 是 QueryString 中的键值对)的形式,附加在登录网页 Login.aspx 的地址后。当用户通过验证后,ASP.NET 将根据 ReturnUrl 值把页面重定向到 Default.aspx。

Forms 验证的配置通过配置 web.config 中的<forms>配置节实现,示例代码如下:

```
<authentication mode = "Forms">
        <forms name = "Hstear" loginUrl = "Login.aspx" timeout = "40" />
</authentication>
```

上述代码中,设置 Forms 验证的前提是将<authentication>的 mode 属性值设置为 Forms,然后再设置<forms>配置节内容。<forms>配置节中主要的属性说明如表 9-1 所示。

表 9-1　<forms>配置节属性说明表

属　　性	说　　明
name	指定用于身份验证的 HTTP Cookie 名。默认值为 .ASPXAUTH
loginUrl	指定在未找到身份验证信息时需重定向的页面地址,通常是登录页面地址。默认值 Login.aspx
path	指定身份验证 Cookie 存放路径。默认值为"/"
protection	指定身份地址 Cookie 使用的加密类型
requireSSL	逻辑值,指定是否需要 SSL 连接传输身份验证 Cookie
slidingExpiration	逻辑值,指定是否使用弹性时间
timeout	指定身份验证 Cookie 的过期时间
defaultUrl	指定用户通过身份验证后需重定向的页面地址。默认值为 Default.aspx
cookieless	指定是否使用 Cookie 以及使用 Cookie 的方式

另外,还要说明的是,与 Forms 验证密切相关的类是 FormsAuthentication 类。该类提供的属性与<forms>配置节中的属性有对应关系,可以通过访问类的属性获取<forms>配置节中的属性值。还有,该类提供的方法能够管理 Forms 验证,如 RedirectFromLoginPage()将经过身份验证的用户重定向到最初请求的 URL;RedirectToLoginPage()将未经过身份验证的用户重定向到登录页面等。

9.2　成员资格和角色管理概述

成员资格管理功能与登录控件和 Forms 验证结合使用,可以提供完善的用户管理功能。配合使用角色管理,可以较好地提供授权管理功能。

9.2.1　成员资格管理

　　使用成员资格管理能创建和管理用户信息。例如，为新用户设置用户名、密码、电子邮件等信息，创建、修改和重置用户密码，删除和更新用户信息等。成员资格管理提供的类能方便地验证用户提交的用户名和密码。另外，ASP.NET 3.5 还实现了成员资格管理与个性化用户配置、角色管理等功能的集成。实际上，个性化用户配置和角色管理使用的用户身份信息均来自于成员资格管理功能所存储的用户信息。

　　成员资格管理基于提供程序模型构建。开发人员使用登录系列控件构建获取用户信息的界面，然后，由登录系列控件调用成员资格管理类中实现验证的方法。接下来，成员资格管理类中的对象将与成员管理提供程序交互，要求其对成员管理数据库进行操作。

　　默认情况下，成员管理数据库以 ASPNETDB.mdf 存储在 App_Data 文件夹下。其中与成员资格管理密切相关的数据表是 aspnet_Users 和 aspnet_Membership。表 aspnet_Users 存储了用户的部分信息，而 aspnet_Membership 存储了用户的详细信息。

　　成员资格管理的配置通过 web.config 中＜membership＞配置节实现，示例代码如下：

```
<membership defaultProvider = "AspNetSqlMembershipProvider">
    <providers>
    <clear/>
    <add name = " AspNetSqlMembershipProvider " type = " System. Web. Security.
SqlMembershipProvider, System. Web, Version = 2. 0. 0. 0, Culture = neutral, PublicKeyToken =
b03f5f7f11d50a3a" connectionStringName = "AspNetDbProvider" enablePasswordRetrieval = "false"
enablePasswordReset = " true" requiresQuestionAndAnswer = " true" applicationName = "/"
requiresUniqueEmail = " false" passwordFormat = " Hashed" maxInvalidPasswordAttempts = " 5"
minRequiredPasswordLength = "7" minRequiredNonalphanumericCharacters = "1" passwordAttemptWindow =
"10" passwordStrengthRegularExpression = "" />
    </providers>
</membership>
```

　　上述代码中，自定义成员资格程序的设置都包含在＜providers＞的＜add＞子配置节中，其中的属性说明如表 9-2 所示。

表 9-2　＜provides＞的＜add＞配置节属性说明表

属　　　性	说　　　明
name	指定成员资格提供程序的名称
type	指定成员资格提供程序的类型
connectionStringName	指定成员资格提供程序使用的连接数据库字符串
applicationName	指定使用成员数据库的 Web 应用程序名称
enablePasswordRetrieval	逻辑值，指定是否支持取回密码功能。默认值为 false
enablePasswordReset	逻辑值，指定是否支持重置密码功能。默认值为 true
requiresQuestionAndAnswer	逻辑值，指定当重置或取回密码时，是否需要输入密码提示问题。默认值为 true
requiresUniqueEmail	逻辑值，指定存储在数据库中的电子邮件是否唯一。默认值为 false

续表

属　　性	说　　明
passwordFormat	指定密码的存储格式。默认值为 Hashed
maxInvalidPasswordAttempts	指定允许密码或密码提示问题连续不成功测试的最多次数。默认值为 5
passwordAttemptWindow	指定跟踪失败的尝试所用的时间。默认值为 10 分钟
minRequiredPasswordLength	指定密码中必须包含字符的最小数量,值范围在 1～128 之间。默认值为 1
minRequiredNonalphanumericCharacters	指定密码中必须包含的特殊字符的最小数量。默认值为 1
passwordStrengthRegularExpression	指定用于密码的正则表达式

另外,还需要说明的是,与成员资格管理密切相关的类是 Membership 和 MembershipUser 类。Membership 类主要实现用户验证,创建、管理以及获取或设置＜membership＞配置节中相关的属性值。MembershipUser 类主要获取或设置用户信息功能。

9.2.2　角色管理

角色是指具有相同权限的一类用户或用户组,与授权有密切关系。基于角色的授权方式将访问权限与角色关联,然后,角色再与用户关联。管理人员授权时,是为角色授权,所影响的是角色中的多个用户。在实际使用时,需要根据不同角色对网页进行分类,并存放到不同的文件夹中;然后,再利用网站管理工具对不同文件夹设置不同的访问规则实现角色授权。

ASP.NET 3.5 角色管理能方便地创建和管理角色信息,如创建新角色、为用户分配角色、删除用户角色、获取角色信息等,能支持使用 Cookie 缓存角色信息,以避免频繁访问数据源。

角色管理与成员资格管理一样基于提供程序模型构建。执行角色管理功能时,首先利用登录系列控件实现用户登录、角色管理等用户界面,然后调用角色管理对象实现角色管理功能,最后将角色信息存储到数据库。

默认情况下,角色管理信息存储于 ASPNETDB.mdf,其中与角色有密切关系的数据表是 aspnet_Roles 和 aspnet_UsersInRoles。aspnet_Roles 存储角色信息,而 aspnet_UsersInRoles 存储用户和角色的联系信息。

角色管理的配置通过 web.config 中的＜roleManager＞配置节实现,示例代码如下:

```
＜roleManager enabled = "true" cacheRolesInCookie = "true"＞
    ＜providers＞
      ＜clear /＞
      ＜add connectionStringName = "AspNetDbProvider" applicationName = "/"
          name = "AspNetSqlRoleProvider" type = "System.Web.Security.SqlRoleProvider,
System.Web, Version = 2.0.0.0, Culture = neutral, PublicKeyToken = b03f5f7f11d50a3a" /＞
    ＜/providers＞
＜/roleManager＞
```

另外,与角色管理密切相关的类是 Roles 类,访问其属性能获取或设置＜roleManager＞配置节中的属性值,调用其方法可创建新角色、删除角色等。

9.3 利用网站管理工具实现成员资格和角色管理

ASP.NET 网站管理工具的"安全"选项卡除包括一个"安全设置向导"外,还包括三部分配置内容:一是创建和管理用户以及选择身份验证类型等,二是启用角色管理功能以及创建和管理角色等,三是创建和管理访问规则(即授权)。图 9-4 给出了"安全"选项卡界面图。

安全设置向导集成了对身份验证类型、用户、角色、访问规则等配置的用户界面和功能。主要的配置步骤如下:

(1)单击图 9-4 中"使用安全设置向导按部就班地配置安全性"链接后,在出现的向导窗口中单击"下一步"按钮,呈现如图 9-5 所示的界面。

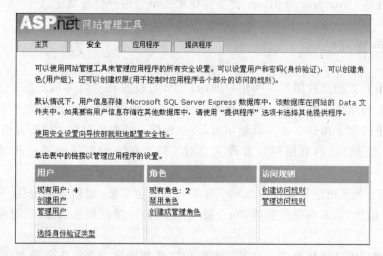

图 9-4　"安全"选项卡界面图

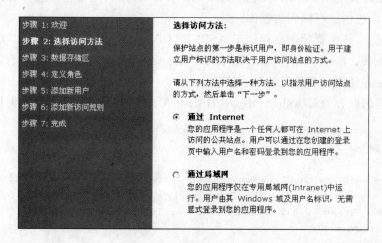

图 9-5　选择访问方法界面图

（2）在图9-5中，如果选择"通过 Internet"单选按钮，则表示站点使用 Forms 验证，而选择"通过局域网"单选按钮，则表示站点使用 Windows 验证。最终的配置结果将保存到 web.config。

（3）如图9-6和图9-7所示，定义角色前首先要启用角色管理功能，然后才能添加和管理角色。这些角色信息将保存到 ASPNETDB.mdf 数据库中。

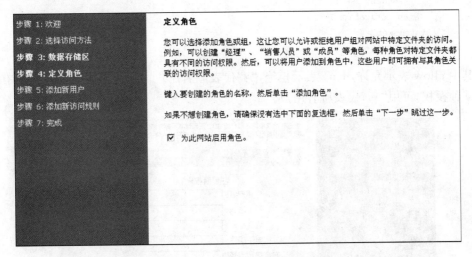

图 9-6 "定义角色"（启用角色）界面图

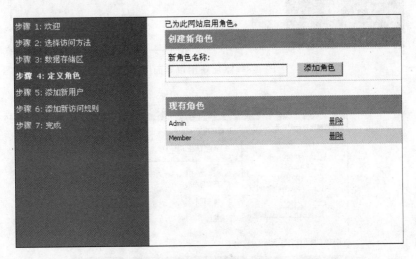

图 9-7 "定义角色"（添加和管理角色）界面图

（4）如图9-8所示，添加新用户时要求添加符合要求的用户名、密码、确认密码、电子邮件、安全提示问题、安全问题答案等数据。这些数据将保存到 ASPNETDB.mdf 数据库中。

（5）如图9-9所示，添加新访问规则可以对整个站点或单个文件夹实现用户授权。

如对 Admin 文件夹仅允许 Admin 角色的用户访问，禁止 Member 角色的用户和匿名用户访问，则逐个添加规则。添加的规则将保存到 Admin 文件夹下的 web.config 文件，形成的代码如下：

```
<?xml version = "1.0" encoding = "utf - 8"?>
<configuration>
    <system.web>
        <authorization>
            <allow roles = "Admin" />
            <deny roles = "Member" />
            <deny users = "?" />
        </authorization>
    </system.web>
</configuration>
```

其中 allow 表示允许,deny 表示拒绝,"?"代表匿名用户。在应用中若要针对所有用户进行某种授权,可用"*"代表所有用户。

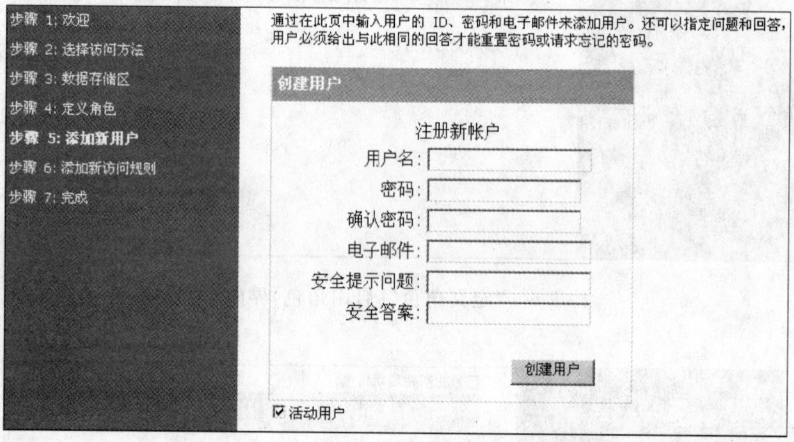

图 9-8　添加新用户界面图

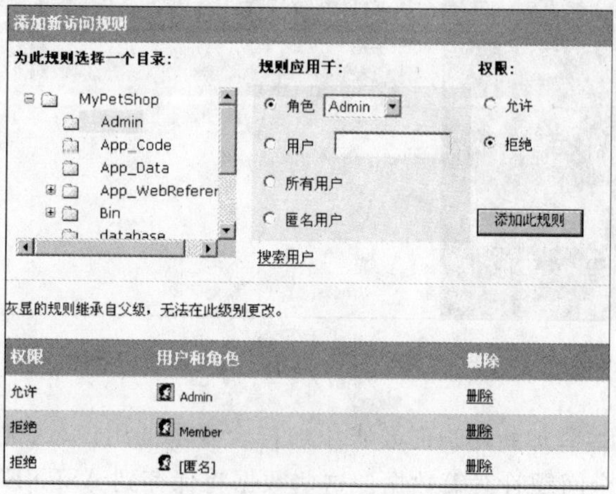

图 9-9　添加新访问规则界面图

在通常情况下,不大可能一次使用安全配置向导就能配置好 Web 站点。所以,常需要直接单击图 9-4 中的"创建用户"、"管理用户"、"创建或管理角色"链接等实现成员资格和角色管理。有关的操作界面跟安全配置向导中相应界面类似,不再详述。

注意：只有当配置 Web 站点使用 Forms 验证后，在"安全"选项卡的用户单元中才会显示当前创建的用户数量以及创建和管理用户的链接。

9.4　利用登录系列控件建立安全页

任何利用身份验证来实现用户登录，并由此访问受保护资源的 Web 站点，都需要一系列用户注册登录界面来完成用户身份验证等任务。经常需要的功能包括用户登录、创建新用户、显示登录状态、显示登录用户名、更新或重置密码等。利用 ASP.NET 3.5 中的登录系列控件可以方便地实现这些功能。

9.4.1　Login 控件

Login 控件用于实现登录界面，允许自定义界面外观，与成员资格管理紧密集成。使用时，主要通过设置属性而不需要编写代码就能够实现登录验证功能。

Login 控件实质是一个"用户控件"，通常必须包括用于输入用户名的文本框、用于输入密码的文本框和用于提交用户凭证的按钮。它还具有很强的自定义扩展能力，主要包括自定义找回密码页面的提示文字和超链接、自定义创建新用户页面的提示文字和超链接、自定义"下次登录时记住"的 CheckBox 控件、自定义模板等。其声明代码如下：

```
<asp:Login ID = "Login1" runat = "server">...</asp:Login>
```

Login 控件的主要属性如表 9-3 所示。

表 9-3　Login 控件的主要属性表

属　　性	说　　明
CreateUserText	指定"创建新用户"链接显示的文本
CreateUserUrl	指定"创建新用户"链接的 URL
DestinationPageUrl	指定用户登录成功时需重定向的 URL
DisplayRememberMe	逻辑值，指定是否显示"记住我"复选框。默认值为 True
FailureAction	指定登录失败时采取的操作。值 RedirectToLoginPage 表示重定向到自定义用户登录页面，值 Refresh 表示刷新页面并显示错误提示信息
Password	获取用户提交的密码
PasswordRecoveryText	指定"密码恢复"链接显示的文本
PasswordRecoveryUrl	指定"密码恢复"链接的 URL
RemberMeSet	指定是否选中"记住我"复选框
UserName	获取或设置用户名文本框的内容
VisibleWhenLoggedIn	逻辑值，指定用户登录成功后 Login 控件是否可见。默认值为 True

实例 9-1　建立登录页面

在图 9-10 中，当输入用户名和密码后，单击"登录"按钮，若用户名和密码正确则链接到 Default.aspx，否则给出错误提示信息；单击"我还没注册!"链接到 NewUser.aspx；单击

"忘记密码了?"链接到 GetPwd. aspx。

图 9-10　Login. aspx 浏览效果图

源代码：Login. aspx 部分代码

```
< % @ Page Language = "C # " AutoEventWireup = "true" CodeFile = "Login. aspx. cs" Inherits =
"chap9_Login" % >
…(略)
    <form id = "form1" runat = "server">
    <div>
        < asp: Login ID = " Login1" runat = " server" CreateUserText = " 我 还 没 注 册!"
CreateUserUrl = "~/chap9/NewUser. aspx"
            DestinationPageUrl = " ~/chap9/Default. aspx" PasswordRecoveryText = "忘记密码
了?" PasswordRecoveryUrl = "~/chap9/GetPwd. aspx">
        </asp:Login>
    </div>
    </form>
…(略)
```

操作步骤：

在 chap9 文件夹中建立 Login. aspx。添加 Login 控件一个,并参考源代码设置各属性。最后,浏览 Login. aspx 进行测试。

9.4.2　CreateUserWizard 控件

CreateUserWizard 控件实质是一个专用于创建新用户的 Wizard 控件,与成员资格管理紧密集成,能快速在成员数据表中创建新用户。控件的声明代码如下：

```
<asp:CreateUserWizard ID = "CreateUserWizard1" runat = "server">
    <WizardSteps>
        <asp:CreateUserWizardStep runat = "server" />
        <asp:CompleteWizardStep runat = "server" />
    </WizardSteps>
</asp:CreateUserWizard>
```

在使用 CreateUserWizard 控件创建新用户时,用户名和密码是新用户的主要标志。安全提示问题和安全问题答案用于用户忘记自己密码时给出的提示信息。

　　注意：CreateUserWizard 控件使用时要与 web. config 中的＜membership＞配置节属性信息结合。如要求输入的密码为强密码(即密码至少七个字符，至少包括一个字母和至少包括一个非数字非字母的特殊符号)，此时，就要在＜membership＞配置节中通过设置属性 minRequiredPasswordLength、minRequiredNonalphanumericCharacters 等实现。又如，要显示"安全提示问题"和"安全答案"，需要设置＜membership＞配置节中的属性 requiresQuestionAndAnswer。

　　CreateUserWizard 控件可以在用户完成所有的注册项目之后，自动给用户的邮箱发送用户注册信息的邮件，如感谢用户注册网站等。要实现该功能，需配置属性 MailDefinition，这个属性实质代表了 MailDefinition 类的一个对象。MailDefinition 类提供了定义一封E-mail 需要的所有属性，如属性 From 指定邮件从哪里发出、属性 Subject 指定邮件的主题、属性 BodyFileName 指定要发送邮件的文本等。在使用 BodyFileName 时，首先需定义一个. txt 文件，如 ThankEmail. txt。该文件可包含一些特殊表达式如＜％ userName％＞和＜％userpassword％＞用来代替注册的用户名和密码。

　　要使 CreateUserWizard 控件具有发送电子邮件的功能，还要对 web. config 文件中＜system. net＞配置节进行配置，示例代码如下：

```
<mailSettings>
  <smtp deliveryMethod = "Network" >
    <network defaultCredentials = "false" host = "smtp. 126. com" port = "25"   userName =
"jxssg"  password = "..."   />
  </smtp>
</mailSettings>
```

　　上述代码中，deliveryMethod = " Network"表示电子邮件通过 SMTP 服务器发送；defaultCredentials＝"false"表示不使用默认用户凭据访问 SMTP 服务器；host＝"smtp. 126. com"表示 SMTP 服务器名；port＝"25"表示 SMTP 服务器端口号；userName＝"jxssg"表示发送邮件的用户名；password＝"..."表示发送邮件的用户密码。

　　CreateUserWizard 控件的发送邮件功能还可与属性 AutoGeneratePassword 结合，用于验证用户注册的电子邮箱是否正确。当建立用户时，密码由系统产生，然后再发送给用户。用户只能进入自己登记的邮箱获取用户密码后才能登录网站。这样，也就验证了用户邮箱地址的有效性。

　　CreateUserWizard 控件其他的主要属性和事件如表 9-4 所示。

表 9-4　CreateUserWizard 控件的主要属性和事件表

属性和事件	说　　明
ActiveStepIndex	获取或设置当前步骤的索引值，值从 0 开始
Answer	获取或设置对密码问题的答案
ConfirmPassword	获取用户输入的确认密码
ContinueDestinationPageUrl	获取或设置在用户单击成功页上的继续按钮后将重定向到页面的 URL 地址
DisableCreatedUser	逻辑值，指定是否允许新用户登录到网站。默认值为 false

属性和事件	说　明
Email	获取或设置用户输入的电子邮件地址
LoginCreatedUser	逻辑值,指定是否在创建用户后登录新用户。默认值为 true
Password	获取用户输入的密码
Question	获取或设置用户输入的密码问题
UserName	获取或设置用户输入的用户名
CreatedUser 事件	在成员资格程序创建了新用户后被触发

实例 9-2　建立新用户

在图 9-11 中,当新用户填入注册信息后,若符合设置的规则,则单击"创建用户"按钮将把该用户加入到一般的成员角色 Member 中,并给用户发送感谢注册网站的邮件,再将网页重定向到 Login. aspx;当新用户填入的信息不符合设置的规则时,给出相应的出错提示信息。

图 9-11　NewUser. aspx 浏览效果图

感谢注册网站的邮件文本：ThankEmail.txt

```
<br>
您好! 非常感谢您在本网站注册! 下面是您在本网站的注册信息。<br>
请注意保管好自己的密码并删除本邮件!　<br>
用户名：<% userName %>　<br>
密码：<% password %>　<br>
```

源程序：NewUser. aspx 部分代码

```
<%@ Page Language = "C♯" AutoEventWireup = "true" CodeFile = "NewUser. aspx. cs" Inherits =
"chap9_NewUser" %>
…(略)
    <form id = "form1" runat = "server">
    <div>
        <asp:CreateUserWizard ID = "CreateUserWizard1" runat = "server" ContinueDestinationPageUrl =
"~/chap9/Login. aspx"
            OnCreatedUser = "CreateUserWizard1_CreatedUser" AutoGeneratePassword = "False">
            <MailDefinition BodyFileName = "~/chap9/ThankEmail. txt" From = "jxssg@126.com"
                IsBodyHtml = "True" Subject = "感谢注册">
            </MailDefinition>
```

```
        <WizardSteps>
            <asp:CreateUserWizardStep runat = "server" />
            <asp:CompleteWizardStep runat = "server" />
        </WizardSteps>
    </asp:CreateUserWizard>
</div>
</form>
```
…(略)

源程序：NewUser.aspx.cs

```
using System;
using System.Web.Security;

public partial class chap9_NewUser : System.Web.UI.Page
{
    protected void CreateUserWizard1_CreatedUser(object sender, EventArgs e)
    {
        //将注册的用户添加到"Member"角色
        Roles.AddUserToRole(CreateUserWizard1.UserName, "Member");
    }
}
```

操作步骤：

(1) 在 chap9 文件夹中建立 ThankEmail.txt。

(2) 配置 web.config 的<system.net>节。

(3) 在 chap9 文件夹中建立 NewUser.aspx，并参考源程序设置各属性。

(4) 建立 NewUser.aspx.cs。最后，浏览 NewUser.aspx 进行测试。

9.4.3　LoginName 控件

LoginName 控件用于用户登录验证之后，显示登录的用户名。实际上 LoginName 显示的是 System.Web.UI.Page.User.Identity.Name 的属性值。它不仅可以显示通过 Forms 验证的用户名，还可以显示其他登录验证之后的用户名。其声明代码如下：

```
<asp:LoginName ID = "LoginName1" runat = "server" />
```

LoginName 控件的属性 FormatString 用于格式化输出的用户名。如若设置 FormatString＝"Welcome,{0}"，则对已登录用户名 admin，将在页面上显示"Welcome, admin"。

9.4.4　LoginStatus 控件

LoginStatus 控件实现用户登录状态之间的切换。如果 HttpRequest.IsAuthenticated 属性返回值为 true，则表示用户通过验证，处于已登录状态，默认显示"注销"；否则表示处于未登录状态，默认显示"登录"。其声明代码如下：

```
<asp:LoginStatus ID = "LoginStatus1" runat = "server" />
```

当未登录用户单击"登录"按钮时将链接到网站根文件夹下的 Login. aspx,因此,需要将该文件存放到根文件夹下。当登录用户单击"注销"按钮时将由 LoginStatus 控件的属性 LogoutAction 确定操作方式,值 Refresh 表示刷新页面;值 Redirect 表示重定向到 LogoutPageUrl 属性定义的页面;值 RedirectToLoginPage 表示重定向到 web. config 中<forms>配置节的属性 loginUrl 定义的登录页面。

LoginStatus 控件的事件 LoggingOut 在单击注销按钮时被触发,常用于当用户必须完成某一项活动后才能离开网站的情形。若未完成该项活动,则可以通过设置 LoginCancelEventArgs 参数的属性 Cancel 值为 true,达到取消注销过程的目的。事件 LoggedOut 在注销完成后被触发,常用于释放数据库连接等。

9.4.5　LoginView 控件

LoginView 控件可根据匿名用户、登录用户或不同角色的用户显示不同的页面内容。其声明代码如下:

```
<asp:LoginView ID = "LoginView1" runat = "server">...</asp:LoginView>
```

LoginView 控件通过自定义模板为不同用户/角色显示不同的视图内容。AnonymousTemplate 用于设置匿名用户显示的视图内容;LoggedInTemplate 用于设置已登录站点,但不属于属性 RoleGroups 指定的包含于任何角色的用户显示的视图内容;属性 RoleGroups 用于设置具有特定角色的用户显示的视图内容。当一个用户属于多个角色时,应用程序的执行将对 RoleGroups 中的集合进行搜索,然后显示第一个匹配的模板内容。

注意: LoginView 控件在执行时首先显示属性 RoleGroups,其次显示 LoggedInTemplate,最后显示 AnonymousTemplate。

实例 9-3　利用 LoginView 显示不同界面

当用户未登录时,显示如图 9-12 所示的界面;当角色 Member 中的用户登录后,显示如图 9-13 所示的界面;当角色 Admin 中的用户登录后,显示如图 9-14 所示的界面。

图 9-12　匿名用户界面图

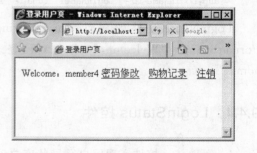

图 9-13　角色 Member 用户界面图

图 9-14 角色 Admin 用户界面图

源程序：Default.aspx 部分代码

```
<% @ Page Language = "C#" AutoEventWireup = "true" CodeFile = "Default.aspx.cs" Inherits =
"chap9_Default" %>
…(略)
    <form id = "form1" runat = "server">
    <div>
        <asp:LoginView ID = "LoginView1" runat = "server">
            <RoleGroups>
                <asp:RoleGroup Roles = "Admin">
                    <ContentTemplate>
                        <asp:LoginName ID = "LoginName2" runat = "server" FormatString =
"Welcome：{0}" />
                        <asp:LinkButton ID = "LinkButton2" runat = "server"
PostBackUrl = "~/chap9/ChangePwd.aspx">密码修改</asp:LinkButton>
                         
                        <asp:LinkButton ID = "LinkButton3" runat = "server">系统管理
</asp:LinkButton>
                         
                        <asp:LoginStatus runat = "server" />
                    </ContentTemplate>
                </asp:RoleGroup>
                <asp:RoleGroup Roles = "Member">
                    <ContentTemplate>
                        <asp:LoginName ID = "LoginName3" runat = "server" FormatString =
"Welcome：{0}" />
                        <asp:LinkButton ID = "LinkButton4" runat = "server"
PostBackUrl = "~/chap9/ChangePwd.aspx">密码修改</asp:LinkButton>
                         
                        <asp:LinkButton ID = "LinkButton5" runat = "server">购物记录
</asp:LinkButton>
                         
                        <asp:LoginStatus ID = "LoginStatus2" runat = "server" />
                    </ContentTemplate>
                </asp:RoleGroup>
            </RoleGroups>
            <LoggedInTemplate>
                您还未登录！
            </LoggedInTemplate>
```

```
                <AnonymousTemplate>
                    您还未登录！<asp:LoginStatus ID = "LoginStatus3" runat = "server" />
                     
                </AnonymousTemplate>
            </asp:LoginView>
            <br />
        </div>
        </form>
    …(略)
```

操作步骤：

(1) 在 chap9 文件夹中建立 Default. aspx。添加一个 LoginView 控件。

(2) 单击 LoginView 控件的智能标记，选择"编辑 RoleGroups"选项，呈现一个对话框。在该对话框中添加两个角色，如图 9-15 所示。

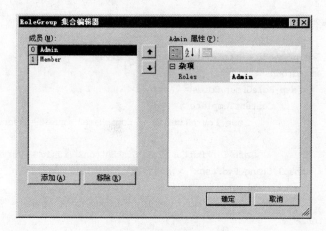

图 9-15　编辑 RoleGroups

(3) 选择视图 AnonymousTemplate，如图 9-16 所示，输入"您还未登录"，添加一个 LoginStatus 控件。选择 RoleGroup[0]-Admin，如图 9-17 所示，添加一个 LoginName 控件，两个 LinkButton 控件和一个 LoginStatus 控件，分别设置各控件属性。对 Member 角色视图类似于 Admin 角色进行操作。最后，浏览 Default. aspx 进行测试。

图 9-16　AnonymousTemplate 视图

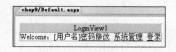

图 9-17　角色 Admin 视图

程序说明：

当用户未登录时直接浏览 Default. aspx 可看到匿名用户界面。单击"登录"链接到网站根文件夹下的 Login. aspx，以不同角色用户登录后浏览器再跳转到 Default. aspx，此时可看到对应角色的不同界面效果。

9.4.6 ChangePassword 控件

ChangePassword 控件用于修改用户的登录密码。该控件集成了成员资格管理功能，支持两种情况的修改密码。一种是用户登录后，提交旧密码和新密码来完成密码修改工作；另一种是用户不登录站点，此时需提交用户名、旧密码和新密码完成密码修改工作。与 CreateUserWizard 控件类似，ChangePassword 控件也支持向用户发送包含密码已修改提示信息的电子邮件。其声明代码如下：

```
<asp:ChangePassword ID = "ChangePassword1" runat = "server">
</asp:ChangePassword>
```

要允许未登录用户修改密码，需设置属性 DisplayUserName 值为 true。

ChangePassword 控件内置了两个视图：更改密码视图和成功视图。可以根据实际情况对这些视图进行自定义设置。

实例 9-4　修改用户密码

当匿名用户访问修改密码网页时，呈现如图 9-18 所示的界面，而对已登录用户呈现如图 9-19 所示的界面。

图 9-18　匿名用户修改用户密码　　　　　图 9-19　登录用户修改密码

源程序：ChangePwd.aspx 部分代码

```
<%@ Page Language = "C#" AutoEventWireup = "true" CodeFile = "ChangePwd.aspx.cs" Inherits = "chap9_ChangePwd" %>
…(略)
    <form id = "form1" runat = "server">
    <div>
        <asp:LoginView ID = "LoginView1" runat = "server">
            <RoleGroups>
                <asp:RoleGroup Roles = "Admin">
                    <ContentTemplate>
                        <asp:ChangePassword ID = "ChangePassword1" runat = "server"
ContinueDestinationPageUrl = "~/chap9/Default.aspx">
                        </asp:ChangePassword>
```

```
                        </ContentTemplate>
                    </asp:RoleGroup>
                    <asp:RoleGroup Roles = "Member">
                        <ContentTemplate>
                            <asp:ChangePassword ID = "ChangePassword2" runat = "server"
ContinueDestinationPageUrl = "~/chap9/Default.aspx">
                            </asp:ChangePassword>
                        </ContentTemplate>
                    </asp:RoleGroup>
                </RoleGroups>
                <LoggedInTemplate>
                </LoggedInTemplate>
                <AnonymousTemplate>
                    <asp:ChangePassword ID = "ChangePassword3" runat = "server"
ContinueDestinationPageUrl = "~/chap9/Login.aspx"
                        DisplayUserName = "True">
                    </asp:ChangePassword>
                     
                </AnonymousTemplate>
            </asp:LoginView>
        </div>
        </form>
...(略)
```

操作步骤：

（1）在 chap9 文件夹中建立 ChangePwd.aspx。添加一个 LoginView 控件，在其 AnonymousTemplate 视图中添加一个 ChangePassword 控件，设置该控件的属性 DisplayUserName 值为 true；在 LoginView 的 Member 和 Admin 角色视图中各添加一个 ChangePassword 控件。

（2）浏览 ChangePwd.aspx 可看到以匿名用户访问的效果。浏览 Login.aspx，用户成功登录后跳转到 Default.aspx，单击"密码修改"链接再跳转到 ChangePwd.aspx，可看到登录用户访问的效果。

9.4.7　PasswordRecovery 控件

PasswordRecovery 控件适用于用户丢失密码后，需要找回或重置密码的情况。该控件与成员资格管理功能集成，有两种工作方式：一种是找回原有密码，这种模式需要将 <membership> 配置节的属性 passwordFormat 值设置为 Clear 或 Encrypted；另一种是得到重置密码，这种模式需设置 passwordFormat 值为 Hashed。因经过 Hash 计算的密码不可恢复，所以第二种方式只能由系统随机产生一个新密码。最后，控件将找回或重置的密码通过电子邮件通知用户。其声明代码如下：

```
<asp:PasswordRecovery ID = "PasswordRecovery1" runat = "server">
</asp:PasswordRecovery>
```

使用 PasswordRecovery 控件时,除与属性 passwordFormat 有关外,还与<membership>配置节中其他的属性有关。例如,如果已设置 requiresQuestionAndAnswer 值为 true,则用户在找回密码的过程中将被要求回答安全问题。

PasswordRecovery 控件内置了三个视图:用户名视图、问题视图和成功视图。可以根据实际情况对这些视图进行自定义设置。

实例 9-5　重置用户密码

在图 9-20 中输入用户名,单击提交呈现如图 9-21 所示的界面,再输入安全问题答案。若输入的用户名和安全问题答案均正确,将给用户发送包含重置密码的电子邮件。

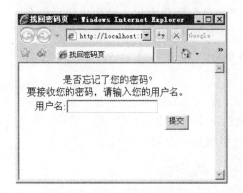
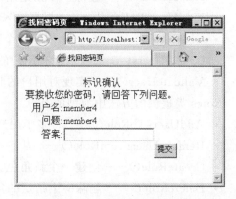

图 9-20　输入用户名　　　　　　　图 9-21　输入安全问题答案

源程序:GetPwd.aspx 部分代码

```
< % @ Page Language = "C#" AutoEventWireup = "true" CodeFile = "GetPwd.aspx.cs" Inherits =
"chap9_GetPwd" % >
…(略)
    <form id = "form1" runat = "server">
    <div>
        <asp:PasswordRecovery ID = "PasswordRecovery1" runat = "server">
            <MailDefinition BodyFileName = "~/chap9/PasswordMail.txt" From = "jxssg@126.
com" IsBodyHtml = "True"
                Subject = "您的新密码" Priority = "High">
            </MailDefinition>
        </asp:PasswordRecovery>
    </div>
    </form>
…(略)
```

操作步骤:

(1) 配置 web.config 中的<membership>和<system.net>配置节。

(2) 在 chap9 文件夹中建立 GetPwd.aspx。添加一个 PasswordRecovery 控件,参考源代码设置相关属性。最后,浏览 GetPwd.aspx 进行测试。

9.5 调用 Membership 类和 Roles 类进行用户角色管理

登录系列控件能快速地创建用户管理的安全页,但对删除用户、角色管理等无能为力。这些功能需要直接调用 Membership 类和 Roles 类的相关方法实现。

Membership 类提供的方法中典型的有:

- CreateUser()——添加一个新用户。
- DeleteUser()——删除一个指定用户。
- FindUsersByEmail()——根据输入的电子邮件参数获取相关的用户信息集合。
- GeneratePassword()——创建一个特定长度的随机密码。
- GetAllUsers()——获取所有用户的信息集合。
- ValidateUser()——实现对用户的验证。

Roles 类提供的方法中典型的有:

- AddUsersToRole()——将多个用户分配到一个角色中。
- RemoveUserFromRole()——从一个角色中删除一个用户。
- CreateRole()——创建一个新角色。
- DeleteRole()——删除一个指定的角色。
- GetAllRoles()——获取所有角色名数组。
- GetUsersInRole()——获取指定角色中包含的用户名数组。
- IsUserInRole()——判断指定用户是否归属于指定的角色。
- RoleExists()——判断是否已存在指定的角色名。

1. 显示用户列表和删除用户

用户列表显示和删除用户功能常包含于网站的后台管理中,仅提供给特定的角色用户,在网站开发过程中要注意授权的分配。

实例 9-6 显示用户列表和删除用户

如图 9-22 所示,显示的是网站所有的注册用户,单击"删除"将删除相应行的用户。

图 9-22 MemberDelete.aspx 浏览效果图

源程序：MemberDelete.aspx 部分代码

```
<%@ Page Language = "C#" AutoEventWireup = "true" CodeFile = "MemberDelete.aspx.cs"
Inherits = "chap9_MemberDelete" %>
…(略)
    <form id = "form1" runat = "server">
    <div>
        <asp:GridView ID = "GridView1" runat = "server" AutoGenerateColumns = "False"
OnRowDeleting = "GridView1_RowDeleting">
            <Columns>
                <asp:BoundField DataField = "UserName" HeaderText = "用户名" />
                <asp:BoundField DataField = "CreationDate" HeaderText = "注册时间" />
                <asp:BoundField DataField = "LastLoginDate" HeaderText = "最后登录时间" />
                <asp:CommandField ShowDeleteButton = "True" />
            </Columns>
        </asp:GridView>
    </div>
    </form>
…(略)
```

源程序：MemberDelete.aspx.cs

```
using System;
using System.Web.Security;
using System.Web.UI.WebControls;

public partial class chap9_MemberDelete : System.Web.UI.Page
{
    protected void Page_Load(object sender, EventArgs e)
    {
        if (!IsPostBack)
        {
            //调用自定义的 GetAllUsers()
            GetAllUsers();
        }
    }

    private void GetAllUsers()
    {
        //获取所有用户集合并绑定到 GridView1
        MembershipUserCollection users = Membership.GetAllUsers();
        GridView1.DataSource = users;
        GridView1.DataBind();
    }

    protected void GridView1_RowDeleting(object sender, GridViewDeleteEventArgs e)
    {
        GridViewRow gvRow = GridView1.Rows[e.RowIndex];
        string userName = gvRow.Cells[0].Text;
        //删除用户
```

```
        Membership.DeleteUser(userName);
        GetAllUsers();
    }
}
```

操作步骤：

（1）在 chap9 文件夹中建立 MemberDelete.aspx。添加一个 GridView 控件，设置 GridView 中各属性。

（2）建立 MemberDelete.aspx.cs。最后，浏览 MemberDelete.aspx 进行测试。

程序说明：

页面首次载入时调用自定义方法 GetAllUsers()得到所有用户列表并绑定到 GridView1。当单击"删除"按钮时，在删除 GridView1 中所在行之前触发 RowDeleting 事件，删除数据库中的用户。

2. 用户归属角色的操作

ASP.NET 3.5 网站开发若使用基于角色的安全技术，应在网站开发时就要考虑实际情况中可能出现的角色，然后利用网站管理工具，预先建立这些角色，并对这些角色设置合适的访问规则。一旦网站运行后再注册的用户，可以通过调用 Roles.AddUserToRole()将该用户添加到一般的角色中。若要对某些注册的用户添加到特定的角色，或从角色中删除一些用户，可考虑将这些功能放到网站的后台管理中。

实例 9-7　添加用户到角色和从角色中删除用户

在图 9-23 中，单击某角色名后将显示该角色包含的用户。单击"从角色中删除"链接可从指定角色中删除所在行的用户。单击"添加到角色"按钮可将选中的用户添加到选中的角色中。

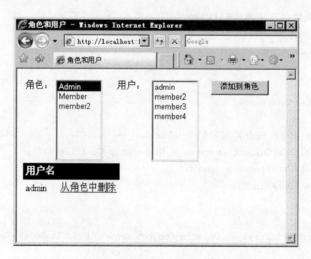

图 9-23　RolesUsers.aspx 浏览效果图

源程序：RolesUsers.aspx

```
<%@ Page Language = "C#" AutoEventWireup = "true" CodeFile = "RolesUsers.aspx.cs" Inherits
= "chap9_RolesUsers" %>

<!DOCTYPE html PUBLIC " - //W3C//DTD XHTML 1.0 Transitional//EN"
"http://www.w3.org/TR/xhtml1/DTD/xhtml1 - transitional.dtd">
<html xmlns = "http://www.w3.org/1999/xhtml">
<head runat = "server">
    <title>角色和用户</title>
    <style type = "text/css">
        .style1 { width: 100%; }
        .style2 { width: 48px; }
        .style3 { width: 54px; }
        .style4 { width: 96px; }
        .style5 { width: 99px; }
    </style>
</head>
<body>
    <form id = "form1" runat = "server">
    <table class = "style1">
        <tr>
            <td valign = "top" class = "style2">
                <asp:Label ID = "Label1" runat = "server" Text = "角色: "></asp:Label>
            </td>
            <td class = "style5">
                <asp:ListBox ID = "lstRoles" runat = "server" Rows = "8" AutoPostBack = "true" />
            </td>
            <td valign = "top" class = "style3">
                <asp:Label ID = "Label2" runat = "server" Text = "用户: "></asp:Label>
            </td>
            <td class = "style4">
                <asp:ListBox ID = "lstUsers" DataTextField = "Username" Rows = "8"
SelectionMode = "Multiple"
                    runat = "server" />
            </td>
            <td valign = "top">
                <asp:Button Text = "添加到角色" ID = "btnToRole" runat = "server"
OnClick = "btnToRole_Click" />
                <br />
                <asp:Label ID = "lblMsg" runat = "server"></asp:Label>
            </td>
        </tr>
    </table>
    <asp:GridView runat = "server" CellPadding = "4" ID = "GridView1" AutoGenerateColumns = "False"
        GridLines = "None" OnRowDeleting = "GridView1_RowDeleting">
        <HeaderStyle BackColor = "navy" ForeColor = "white" />
        <Columns>
            <asp:TemplateField HeaderText = "用户名">
                <ItemTemplate>
                    <asp:Label ID = "Label3" runat = "server" Text = "<%# Container.
```

```
DataItem.ToString() % >"></asp:Label>
                </ItemTemplate>
            </asp:TemplateField>
            <asp:CommandField DeleteText = "从角色中删除" ShowDeleteButton = "True" />
        </Columns>
    </asp:GridView>
    </form>
</body>
</html>
```

源程序：RolesUsers.aspx.cs

```csharp
using System;
using System.Web.Security;
using System.Web.UI.WebControls;

public partial class chap9_RolesUsers : System.Web.UI.Page
{
    protected void Page_Load(object sender, EventArgs e)
    {
        if (!IsPostBack)
        {
            //绑定所有角色到 lstRoles
            string[] roles = Roles.GetAllRoles();
            lstRoles.DataSource = roles;
            lstRoles.DataBind();
            //绑定所有用户到 lstUsers
            MembershipUserCollection users = Membership.GetAllUsers();
            lstUsers.DataSource = users;
            lstUsers.DataBind();
            if (lstRoles.SelectedItem != null)
            {
                //绑定已选择角色中的用户到 GridView1
                GetUsersInRole();
            }
        }
    }
    private void GetUsersInRole()
    {
        //绑定已选择角色中的用户到 GridView1
        string[] usersInRole = Roles.GetUsersInRole(lstRoles.SelectedValue);
        GridView1.DataSource = usersInRole;
        GridView1.DataBind();
    }
    protected void btnToRole_Click(object sender, EventArgs e)
    {
        // 判断是否已选择角色
        if (lstRoles.SelectedItem == null)
        {
            lblMsg.Text = "请选择角色!";
            return;
        }
```

```
        //判断是否已选择用户
        if (lstUsers.SelectedItem == null)
        {
            lblMsg.Text = "请选择用户!";
            return;
        }
        // 创建选择的用户列表
        string[] newusers = new string[lstUsers.GetSelectedIndices().Length];
        for (int i = 0; i < newusers.Length; i++ )
        {
            newusers[i] = lstUsers.Items[lstUsers.GetSelectedIndices()[i]].Value;
        }
        //添加用户列表到选择的角色中
        try
        {
            Roles.AddUsersToRole(newusers, lstRoles.SelectedValue);
            // 绑定已选择角色中的用户到 GridView1
            GetUsersInRole();
        }
        catch (Exception ee)
        {
            lblMsg.Text = ee.Message;
        }
    }
    protected void GridView1_RowDeleting(object sender, GridViewDeleteEventArgs e)
    {
        //获取要删除的用户名
        GridViewRow gvRow = GridView1.Rows[e.RowIndex];
        Label label3 = (Label)gvRow.Cells[0].FindControl("Label3");
        string username = label3.Text;
        //从角色中删除用户
        try
        {
            Roles.RemoveUserFromRole(username, lstRoles.SelectedValue);
        }
        catch (Exception ee)
        {
            lblMsg.Text = "从角色中删除用户时的错误:" + ee.GetType().ToString();
        }
        //绑定已选择角色中的用户到 GridView1
        GetUsersInRole();
    }
}
```

操作步骤:

(1) 在 chap9 文件夹中建立 RolesUsers. aspx。该页面采用表格布局。先建一个一行五列的表格,在各单元格中添加如图 9-23 所示的控件。另外,在表格下面再添加一个 GridView 控件。分别设置属性。

(2) 建立 RolesUsers. aspx. cs。最后,浏览 RolesUsers. aspx 进行测试。

程序说明：

页面首次载入时将系统中定义的角色名和用户名分别绑定到两个 ListBox 上。

当选中某角色时，引起页面往返，执行 Page_Load 事件中代码，将选中角色包含的用户绑定到 GridView 上。

当单击"从角色中删除"链接时，在删除选择行时之前触发 RowDeleting 事件，从选中角色中删除选择行所在的用户，再刷新 GridView。

当选择完用户，再单击"添加到角色"按钮后将把这些用户添加到选中的角色中，最后刷新 GridView。

9.6　小　　结

本章主要介绍 ASP.NET 3.5 网站开发的身份验证机制、用户和角色管理等。

身份验证向 Web 服务器确定用户的身份，根据适用的场合不同常用的验证有：Windows 验证和 Forms 验证。Windows 验证适用于构建基于 Intranet 的网站，而 Forms 验证适用于构建基于 Internet 的网站。使用 Forms 验证常要和 web.config、用户和角色管理配合。

用户管理在 ASP.NET 3.5 中通过成员资格管理实现，而用户授权由角色管理实现。要使用角色管理，需要将网站的网页根据角色不同进行分类，归属于不同的文件夹。实际上，授权的实现建立在对文件夹设置访问规则的基础上。实现成员资格管理和角色管理的途径有：一是利用网站管理工具，二是利用登录系列控件，三是直接调用 Membership 和 Roles 等类的方法。但实际工程使用常需要三种途径的配合。例如，在网站开发时常利用网站管理工具建立管理员用户和足够多的角色，并且对所有的角色进行访问规则设置以实现授权；在网站运行时需使用登录系列控件提供用户注册、登录等功能；在网站后台管理时常利用相关类的方法对已注册的用户实现删除、归属到不同的角色中实现不同的权限等功能。

9.7　习　　题

1. 填空题

（1）ASP.NET 3.5 提供的身份验证方式包括_____、Passport 验证、None 验证和_____。

（2）适合于企业内部使用的验证方式是_____。

（3）要获取 web.config 中<forms>配置节的属性信息可使用_____类。

（4）若要求用户注册时密码至少 8 位，应设置<membership>配置节的_____。

2. 是非题

（1）Forms 验证不能应用于企业内部网络。（　　　）

（2）Forms 验证使用时需要在操作系统中建立用户。（　　　）

（3）成员资格管理、角色管理等信息只能存储在 ASPNETDB.mdf 数据库中。（　　　）

（4）结合使用 CreateUserWizard 控件的发送邮件功能和属性 AutoGeneratePassword 可验证注册用户的电子邮箱正确性。（　　）

（5）使用 LoginName 控件可以显示登录用户的状态。（　　）

（6）一个用户只能归属于一种角色。（　　）

（7）ChangePassword 控件在修改密码成功后可向用户发送电子邮件。（　　）

3. 选择题

（1）利用网站管理工具，不能实现的操作是（　　）。

A. 设置网站的身份验证类型　　　　　　B. 管理操作系统用户

C. 删除角色　　　　　　　　　　　　　D. 用户授权

（2）下面有关 LoginView 控件的描述中，错误的是（　　）。

A. 可以为不同的角色用户提供不同的视图

B. 可以为不同的角色用户提供相同的视图

C. 若已设置 AnonymousTemplate 和 LoggedInTemplate，则在显示时首先显示 AnonymousTemplate 视图

D. 可以为登录用户提供相同的视图

（3）若某文件夹的 web.config 中包含如下代码：

```
<authorization>
    <allow roles = "Admin" />
    <deny users = " * " />
    <allow roles = "Member" />
</authorization>
```

则允许访问此文件夹下网页的角色的有（　　）。

A. Admin　　　　B. Admin 和 Member　　　　C. Member　　　　D. 拒绝所有角色用户

（4）Login 控件的属性 DestinationPageUrl 的作用是（　　）。

A. 登录成功时的提示　　　　　　　　　B. 登录失败时的提示

C. 登录失败时转向的网页　　　　　　　D. 登录成功时转向的网页

4. 简答题

（1）举例说明身份验证和授权过程。

（2）说明实现角色管理的流程。

5. 上机操作题

（1）对自己建立的网站使用网站管理工具进行配置。

（2）建立并调试本章的所有实例。

（3）仿照本章实例建立自己的登录系统。

第10章

主题、母版、用户控件和Web部件

本章要点：

☞ 了解主题并掌握建立和使用主题的方法。

☞ 理解母版页并能建立母版页。

☞ 掌握利用母版页创建一致网页布局的方法。

☞ 掌握建立和使用用户控件的方法。

☞ 熟悉利用 Web 部件实现个性化用户界面的方法。

10.1 主　　题

在 Web 应用程序中，通常所有的页面都有统一的外观和操作方式。ASP.NET 3.5 通过应用主题，来提供统一的外观。主题包括外观文件、CSS 文件和图片文件等，本节将介绍主题中的外观(Skin)以及定义和使用主题的基本方法。

10.1.1　主题概述

和 CSS 类似，主题包含了定义网页和控件外观的属性集合，可以认为主题是 CSS 的扩展。主题至少应包含外观文件，另外，还可以包括 CSS 文件、图片文件及其他资源。主题在存储时与一个主题文件夹对应。当存在多个主题文件夹时，就可以选择不同的主题显示不同网站风格。

根据应用范围的不同，可以将主题分为两种类型：全局主题和应用程序主题。

全局主题应用于 Web 服务器中的所有 Web 应用程序，存储于 C:\WINDOWS\Microsoft.NET\Framework\v2.0.50727\ASP.NETClientFiles\Themes 文件夹下(假设操作系统安装于 C 盘)。在 Themes 文件夹下添加的子文件夹即为全局主题文件夹。当网站发布到 IIS 后，全局主题的存储位置变为 C:\Inetpub\wwwroot\aspnet_client\system_web\2_0_50727\Themes 文件夹(假设 IIS 安装于 C:\Inetpub)。

应用程序主题为常用的主题类型，应用于单个 Web 应用程序。与全局主题的存储位置不同,应用程序主题存储于 Web 应用程序的 App_Themes 文件夹中。也就是说,每个 App_Themes文件夹中的子文件夹都对应一个应用程序主题。

10.1.2 自定义主题

1. 主题和外观文件

一个主题必须包含外观文件。下面以创建主题 Red 和外观文件 Red.skin 为例说明,操作步骤如下:

(1) 右击项目,在弹出的快捷菜单中选择"添加 ASP.NET 文件夹"→"主题"命令,如图 10-1 所示。Visual Studio 2008 会在网站根文件下自动添加文件夹 App_Themes,并在该文件夹下建立主题文件夹,重命名为 Red。

(2) 右击主题文件夹 Red,在弹出的快捷菜单中选择"添加新项"→"外观文件"模板,重命名为 Red.skin。

(3) 添加 Red.skin 后,文件夹的层次关系如图 10-2 所示。打开 Red.skin 文件,为不同类型的控件添加外观样式。

图 10-1 添加主题文件夹界面图　　　　　图 10-2 Red 文件夹层次图

下面的源文件 Red.skin 内容由系统自动建立,包含了为控件添加样式的模板。

源文件:Red.skin

```
<%--
默认的外观模板。以下外观仅作为示例提供。
1. 命名的控件外观。SkinId 的定义应唯一,因为在同一主题中不允许一个控件类型有重复的
SkinId。
<asp:GridView runat = "server" SkinId = "gridviewSkin" BackColor = "White" >
```

```
    <AlternatingRowStyle BackColor = "Blue" />
  </asp:GridView>
  2. 默认外观。未定义 SkinId。在同一主题中每个控件类型只允许有一个默认的控件外观。
  <asp:Image runat = "server" ImageUrl = "~/images/image1.jpg" />
  -- %>
```

接下来,就需要在 Red. skin 中为不同类型控件添加外观样式。控件外观样式只能对外貌属性进行定义。例如,下面是 Button 类型控件的外观定义:

```
  <asp:Button runat = "server" BackColor = "lightblue" ForeColor = "black" />
```

利用属性 SkinId 可以为同种类型控件定义多种外观,没有 SkinId 的则为默认外观,有 SkinId 的称为已命名外观。在使用时,同一主题中不允许同种类型控件有重复的 SkinId 值。如下面为 Label 类型控件定义了三种外观。

```
  <asp:Label   runat = "server" ForeColor = "#FF0000" Font-Size = "X-Small"/>
  <asp:Label   runat = "server" ForeColor = "#00FF00" Font - Size = "X - Small" SkinId =
  "LabelGreen"/>
  <asp:Label   runat = "server" ForeColor = "#0000FF" Font - Size = "X - Small" SkinId =
  "LabelBlue"/>
```

当为同种类型控件定义多种外观后,在网页中使用主题时应通过控件的属性 SkinId 进行区分。如:

```
  <asp:Label ID = "Label1" SkinId = "LabelBlue" Runat = "Server" />
```

表示 Label1 控件使用 LabelBlue 外观。

2. 添加 CSS 到主题

外观文件只能定义与服务器控件相关的样式,如果要设置 HTML 元素或 HTML 服务器控件的样式,则要通过在主题中添加 CSS 文件来实现。操作时,可右击主题文件夹 Red,在弹出的快捷菜单中选择"添加新项"→"样式表"模板,重命名为 Red. css,然后在 Red. css 中添加 HTML 元素样式。

3. 添加图片文件到主题

如果在主题中添加图片文件,可以创建更好的控件外观。如图 10-2 所示,通常在 App_ Themes 文件夹中创建 Images 文件夹,再添加合适的图片文件到 Images 文件夹中。要使用 Images 文件夹中的图片文件,可以通过控件的相关链接图片文件的 URL 属性进行访问。

10.1.3　使用主题

自己定义或从网上下载主题后,就可以在 Web 应用程序中使用主题了。可以在单个网页中应用主题,也可以在网站或网站部分网页中应用主题。

1. 对单个网页应用主题

对单个网页应用主题需要使用@ Page 指令的属性 Theme 或 StylesheetTheme。示例代码如下：

```
<%@ Page Theme = "ThemeName" %>
<%@ Page StylesheetTheme = "ThemeName" %>
```

其中，属性 StyleSheetTheme 表示主题为本地控件的从属设置。也就是说，如果在页面上为某个控件设置了本地属性，则主题中与控件本地属性相同的属性将不起作用。而使用属性 Theme 则本地属性会被覆盖。

2. 对网站应用主题

可以通过修改应用程序的 web.config 文件，将主题应用于整个网站。示例代码如下：

```
<configuration>
    <system.web>
        <pages theme = "ThemeName" />
    </system.web>
</configuration>
```

当在 web.config 文件中通过<pages>元素设置了主题后，网站中所有的 ASP.NET 网页都将应用该主题。

如果要对一部分页应用某主题，可以将这些页与它们自己的 web.config 文件放在一个文件夹中，或者在根 web.config 文件中创建一个<location>元素以指定文件夹。例如以下代码为子文件夹 sub1 设置了主题。

```
<configuration>
    <location path = "sub1">
        <system.web>
            <pages theme = "ThemeName" />
        </system.web>
    </location>
</configuration>
```

注意：如果同时存在页面主题和应用程序主题，则页面主题优先。

3. 禁用主题

默认情况下，主题将重写页和控件外观的本地设置。有时希望单独给某些控件或页预定义外观，而不希望主题重写它，就可以利用禁用主题来实现。禁用主题可以通过设置属性 EnableTheming 值为 false 来实现。控件和页都具有属性 EnableTheming，页面禁用主题的示例代码如下：

```
<%@ Page EnableTheming = "false" %>
```

控件禁用主题的示例代码如下：

```
<asp:Calendar id = "Calendar1" runat = "server" EnableTheming = "false" />
```

实例 10-1　动态切换主题

如图 10-3 所示，当选择不同的主题后，页面中的控件将呈现不同的外貌。

图 10-3   Theme.aspx 浏览效果图

源程序：Blue.skin

```
<asp:Label runat = "server" ForeColor = "Blue" />
<asp:TextBox runat = "server" ForeColor = "Blue" />
<asp:Button runat = "server" ForeColor = "Blue" />
```

源程序：Green.skin

```
<asp:Label runat = "server" ForeColor = "Green" />
<asp:TextBox runat = "server" ForeColor = "Green" />
<asp:Button runat = "server" ForeColor = "Green" />
```

源程序：Theme.aspx

```
<%@ Page Language = "C#" AutoEventWireup = "true" CodeFile = "Theme.aspx.cs" Inherits =
"Theme" %>
…(略)
    <form id = "form1" runat = "server">
    <div>
        <asp:DropDownList ID = "ddlThemes" runat = "server" AutoPostBack = "True" Style =
"font-size: large">
            <asp:ListItem Value = "0">-- 请选择主题-- </asp:ListItem>
            <asp:ListItem>Blue</asp:ListItem>
            <asp:ListItem>Green</asp:ListItem>
        </asp:DropDownList>
        <br />
        <asp:Label ID = "Label1" runat = "server" Style = "font-size: large" Text =
"用户名: "></asp:Label>
        <asp:TextBox ID = "TextBox1" runat = "server" Style = "font-size: large"></asp:
TextBox>
        <br />
        <asp:Button ID = "Button1" runat = "server" Style = "font-size: large" Text = "确定" />
    </div>
    </form>
…(略)
```

源程序：Theme.aspx.cs

```
using System;
using System.Web.UI;

public partial class Theme : System.Web.UI.Page
{
```

```
protected void Page_PreInit(object sender, EventArgs e)
{
    //当选择 ddlThemes 下拉列表框中的"Blue"或"Green"时设置页面主题
    if (Request["ddlThemes"] != "0")
    {
        Page.Theme = Request["ddlThemes"];
    }
}
}
```

操作步骤：

(1) 新建一个网站 chap10。

(2) 新建主题 Blue，并建立 Blue. skin 文件。

(3) 新建主题 Green，并建立 Green. skin 文件。

(4) 在网站 chap10 的根文件夹下建立 Theme. aspx，并添加 DropDownList、Label、TextBox、Button 控件各一个，分别设置属性。

(5) 建立 Theme. aspx. cs。最后，浏览 Theme. aspx 进行测试。

程序说明：

(1) 因本章与第 9 章内容在使用 web. config 上有冲突，所以独立建立一个网站。

(2) 在对 DropDownList 控件 ddlThemes 的属性 Items 进行设置时，将"--请选择主题--"项的属性 Value 值设置为 0，这样在程序中即可容易地判断是否选择了"--请选择主题--"。

(3) 属性 Page. Theme 值的设置必须在 Page_PreInit 事件中设置。通过 Request ["ddlThemes"]可获取控件 ddlThemes 选中的值。

10.2 母 版 页

利用母版页可以方便快捷地建立统一风格的 ASP. NET 网站，并且容易管理和维护，大大提高了设计效率。本节将介绍母版页的组成、建立母版页和使用母版页建立内容页的方法。

10.2.1 母版页概述

ASP. NET 母版页可以为网页创建一致的布局。使用时，母版页为网页定义所需的外观和标准行为，然后在母版页基础上创建要包含显示内容的各个内容页。当用户请求内容页时，这些内容将与母版页合并，这样，母版页的布局与内容页的内容就可以组合在一起输出。

使用母版页具有下面的优点：

(1) 使用母版页可以集中处理网页的通用功能，也就是说，若要修改所有网页的通用功能，只需要修改母版页即可。

(2) 使用母版页可以方便地创建一组控件和代码，并应用于一组网页。例如，可以在母版页上使用控件来创建一个应用于所有网页的菜单。

（3）通过允许控制占位符控件的呈现方式，母版页可以在细节上控制最终页的布局。

1. 母版页的组成

母版页由特殊的@ Master 指令识别，该指令替换了用于普通.aspx 页的@ Page 指令。除@Master 指令外，母版页还包含网页的所有顶级 XHTML 元素，如＜html＞、＜head＞和＜form＞。可以在母版页中使用任何 XHTML 元素和 ASP.NET 元素。通常可以在母版页上建立一个 HTML 表用于布局、将一个＜img＞元素用于公司徽标、将静态文本用于版权声明并使用服务器控件创建站点的标准导航。

母版页可以包含一个或多个可替换内容的占位符控件 ContentPlaceHolder。操作时，这些占位符控件定义可替换内容呈现的区域，然后在内容页中定义可替换内容，最后，这些可替换内容将呈现在占位符控件定义的区域中。

母版页文件的扩展名是.master。下面的源程序 MasterPageSample.master 是一个简单母版页的描述，程序中只有一个 ContentPlaceHolder 控件 ContentPlaceHolder1。

源程序：MasterPageSample.master

```
< % @ Master Language = "C#" AutoEventWireup = "true"
CodeFile = "MasterPageSample.master.cs"
    Inherits = "MasterPageSample" % >

<! DOCTYPE html PUBLIC " - //W3C//DTD XHTML 1.0 Transitional//EN"
"http://www.w3.org/TR/xhtml1/DTD/xhtml1 - transitional.dtd">
<html xmlns = "http://www.w3.org/1999/xhtml">
<head runat = "server">
    <title>母版页实例</title>
    <asp:ContentPlaceHolder ID = "head" runat = "server">
    </asp:ContentPlaceHolder>
</head>
<body>
    <form id = "form1" runat = "server">
    <div>
        <asp:ContentPlaceHolder ID = "ContentPlaceHolder1" runat = "server">
        </asp:ContentPlaceHolder>
    </div>
    </form>
</body>
</html>
```

下面的示例代码是与 MasterPageSample.master 关联的内容页，其中，属性 MasterPageFile 表示母版页文件路径。它包含一个 Content 控件，并使用属性 ContentPlaceHolderID 与母版页中的 ContentPlaceHolder 控件联系起来。

```
< % @ Page Language = "C#" MasterPageFile = "～/MasterPageSample.master"
AutoEventWireup = "true"
    CodeFile = "MasterPageSample.aspx.cs" Inherits = "MasterPageSample" Title = "简单母版页
    测试" % >

<asp:Content ID = "Content1" ContentPlaceHolderID = "head" runat = "Server">
```

</asp:Content>
<asp:Content ID = "Content2" ContentPlaceHolderID = "ContentPlaceHolder1" runat = "Server">
　　简单母版页测试！
</asp:Content>

2. 母版页处理

如图 10-4 所示,在运行时,包含母版页的处理步骤如下:

(1) 用户通过输入内容页 A. aspx 的 URL 来请求该页。

(2) 获取 A. aspx 后,读取@Page 指令。如果该指令引用一个母版页,则也读取该母版页。如在图 10-4 所示的流程中将读取 A. master。如果这是第一次请求这两个页,则两个页都要进行编译。

(3) 母版页合并到内容页,其中各个 Content 控件的内容合并到母版页中相应的 ContentPlaceHolder 控件中。

(4) 浏览器中呈现得到的合并页浏览效果。

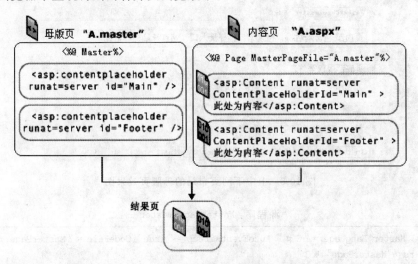

图 10-4　包含母版页的页面处理步骤图

10.2.2　创建母版页

创建母版页的方式和创建 Web 窗体类似。操作时,在解决方案资源管理器中,右击网站的名称,在弹出的快捷菜单中选择“添加新项”命令,选择“母版页”模板,重命名母版页名称,界面如图 10-5 所示。其中,“选择母版页”复选框表示可以将其他母版页嵌入到当前的母版页中。

实例 10-2　创建母版页

如图 10-6 所示,本实例将创建一个母版页 MasterPage. master,该母版页采用常见的上中下网页布局。

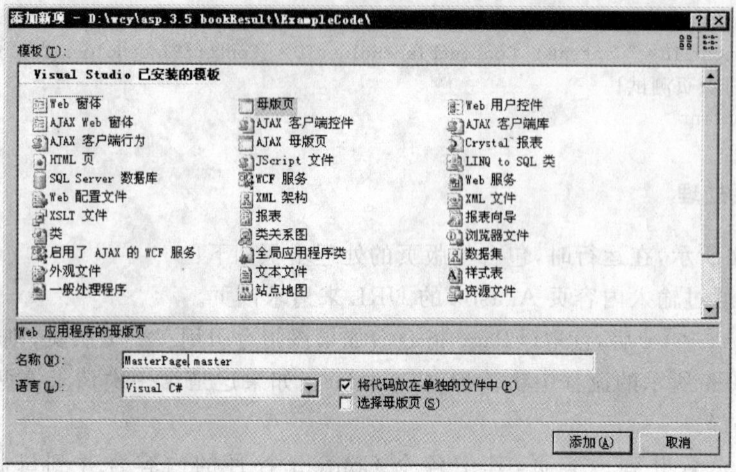

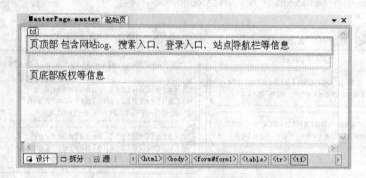

图 10-5　添加母版页对话框图

图 10-6　上中下网页布局的母版页效果图

源程序：MasterPage.master

```
< % @ Master Language = "C # " AutoEventWireup = "true" CodeFile = "MasterPage.master.cs"
Inherits = "MasterPage" % >

<!DOCTYPE html PUBLIC " - //W3C//DTD XHTML 1.0 Transitional//EN"
"http://www.w3.org/TR/xhtml1/DTD/xhtml1 - transitional.dtd">
<html xmlns = "http://www.w3.org/1999/xhtml">
<head id = "Head1" runat = "server">
    <title>模板页</title>
    <asp:ContentPlaceHolder ID = "head" runat = "server">
    </asp:ContentPlaceHolder>
</head>
<body>
    <form id = "form1" runat = "server">
    <table cellpadding = "3" cellspacing = "1" width = "100 % ">
        <tr>
            <td>
                页顶部包含网站 log、搜索入口、登录入口、站点导航栏等信息
            </td>
        </tr>
```

```
        <tr>
            <td>
                <div>
                    <asp:ContentPlaceHolder ID = "ContentPlaceHolder1" runat = "server">
                    </asp:ContentPlaceHolder>
                </div>
            </td>
        </tr>
        <tr>
            <td>
                页底部版权等信息
            </td>
        </tr>
    </table>
    </form>
</body>
</html>
```

10.2.3　创建内容页

　　母版页提供了统一布局的模板,而要显示不同网页的内容需要创建不同的内容页。内容页仅包含要与母版页合并的内容,可以在其中添加用户请求该页面时要显示的文本和控件。

实例 10-3　创建内容页

　　本实例将创建基于母版页 MasterPage. master 的内容页。图 10-7 给出了浏览内容页 ContentPage. aspx 时的效果。

图 10-7　ContentPage. aspx 浏览效果图

源程序：ContentPage. aspx

```
<%@ Page Language = "C#" MasterPageFile = "MasterPage. master" AutoEventWireup = "true"
    CodeFile = "ContentPage. aspx. cs" Inherits = "ContentPage" Title = "内容页" %>

<asp:Content ID = "Content1" ContentPlaceHolderID = "head" runat = "Server">
</asp:Content>
<asp:Content ID = "Content2" ContentPlaceHolderID = "ContentPlaceHolder1" runat = "Server">
```

```
<p>
    添加页面内容</p>
</asp:Content>
```

操作步骤:

(1) 右击 chap10 网站,在弹出的快捷菜单中选择"添加新项"命令,弹出如图 10-8 所示的对话框。选择"Web 窗体",重命名为 ContentPage.aspx。选中"选择母版页"复选框。

(2) 单击"添加"按钮,则弹出"选择母版页"对话框,如图 10-9 所示。选择 MasterPage. master 选项,然后单击"确定"按钮。

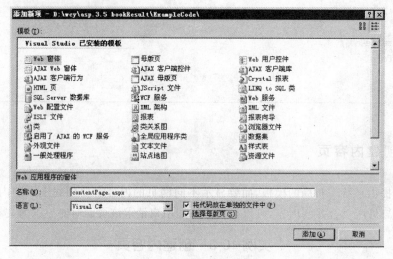

图 10-8　添加内容页

(3) Visual Studio 2008 创建的 ContentPage.aspx 设计界面如图 10-10 所示。其中包含了在 MasterPage.master 中定义的用于统一网页布局的信息,这些信息呈现灰色,不能被修改,只有占位符控件 ContentPlaceHolder 所在区域可以修改。最后,再根据不同网页显示内容的不同添加控件或文本到 ContentPlaceHolder 中。本例输入了"添加页面内容"的文本信息。

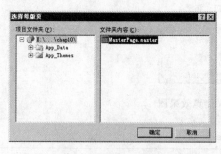

图 10-9　"选择母版页"对话框

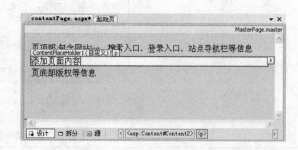

图 10-10　ContentPage.aspx 设计界面图

程序说明:

页面包含一个@ Page 指令,此指令的属性 MasterPageFile 表示当前页将与根文件夹下的 MasterPage.master 母版页合并。浏览 ContentPage.aspx 呈现如图 10-7 所示的效果,运行结果为内容页和母版页的合并输出。

10.3　用户控件

在 ASP.NET 网页中,除了使用 Web 服务器控件外,还可以根据需要创建重复使用的自定义控件,这些控件称作用户控件。用户控件是一种复合控件,工作原理非常类似于 ASP.NET 网页,可以向用户控件添加现有的 Web 服务器控件和标记,并定义控件的属性和方法。用户控件在实际工程中常用于统一网页显示风格。本节将介绍用户控件的工作原理、如何创建用户控件和如何向 ASP.NET 网页中添加用户控件等。

10.3.1　用户控件概述

在网站设计中,有时可能需要实现内置 ASP.NET Web 服务器控件未提供的功能,有时可能需要提取多个网页中相同的用户界面来统一网页显示风格。在这些情况下,可以创建自己的控件。一种方法是创建用户控件,然后将用户控件作为一个单元对待,为其定义属性和方法;另一种方法是自定义控件,就是编写一个类,此类从 Control 或 WebControl 派生。因为可以重用现有的控件,所以创建用户控件要比创建自定义控件方便得多。

ASP.NET Web 用户控件文件与 .aspx 文件相似,同时具有用户界面页和代码。可以采取与创建 ASP.NET 网页相似的方式创建用户控件,然后向其中添加所需的控件。最后,根据需要添加事件代码。

用户控件与 ASP.NET 网页有以下区别:

- 用户控件的文件扩展名为 .ascx。
- 用户控件中没有@ Page 指令,而是包含@ Control 指令。
- 用户控件不能作为独立文件运行,而必须像处理其他控件一样,只有将它们添加到 ASP.NET 网页中后才能使用。
- 用户控件中没有<html>、<body>或<form>元素,这些元素必须位于宿主网页中。
- 可以在用户控件上使用与在 ASP.NET 网页上所用相同的 HTML 元素(<html>、<body> 或<form>元素除外)和 Web 服务器控件。例如可以将 Button 服务器控件放在用户控件中,并创建按钮的事件处理程序。

10.3.2　创建用户控件

可以像设计 ASP.NET 网页一样设计用户控件,也可以将 ASP.NET 网页更改为一个用户控件。后者针对在已经开发好的 ASP.NET 网页并打算在整个 Web 应用程序中访问其功能的情况下使用。

1. 设计用户控件

向网站中添加用户控件的方法和添加网页的步骤类似。

下面以创建 SearchUserControl.ascx 用户控件为例说明操作流程。

（1）右击 chap10 网站，在弹出的快捷菜单中选择"添加新项"命令，选择"Web 用户控件"模板，重命名为 SearchUserControl. ascx，如图 10-11 所示，单击"添加"按钮，则在 chap10 网站的根文件夹下添加了一个用户控件。

图 10-11　添加用户控件

（2）在"设计"视图下像普通 ASP.NET 网页一样添加控件和编写事件代码。本例添加了一个 TextBox 和一个 Button 控件。Visual Studio 2008 自动生成的代码如源程序 SearchUserControl. ascx 所示。

（3）若需要和其他控件交互，则可以为用户控件添加公用属性。如在源程序 SearchUserControl. ascx. cs 中，为 SearchUserControl 类添加了公用属性 Text；在 Page_Load 事件中设置了 Button 控件的属性 Text 值来源于用户控件的属性 Text 值；在 Click 事件中设置了文本框 txtSearchKey 的 Text 属性值，当然，在实际工程中需要访问数据库。

源程序：SearchUserControl.ascx

```
< % @ Control Language = "C#" AutoEventWireup = "true" CodeFile = "SearchUserControl. ascx. cs"
    Inherits = "SearchUserControl" % >
<asp:TextBox ID = "txtSearchKey" runat = "server" Width = "143px"></asp:TextBox>
<p>
<asp: Button ID = "btnSearch" runat = "server" Text = "搜　索" Width = "146px" OnClick =
"btnSearch_Click" />
</p>
```

源程序：SearchUserControl.ascx.cs

```
using System;
public partial class SearchUserControl : System. Web. UI. UserControl
{
    //添加用户控件的公用属性 Text
    private string _text;
    public string Text
    {
        get
        {
            return _text;
        }
        set
```

```
        {
            _text = value;
        }
    }
    protected void Page_Load(object sender, EventArgs e)
    {
        btnSearch.Text = this.Text;
    }
    protected void btnSearch_Click(object sender, EventArgs e)
    {
        txtSearchKey.Text = "搜索完成";
    }
}
```

2. 将单文件 ASP.NET 网页转换为用户控件

如果 ASP.NET 网页是一个单个的文件,可以按照以下步骤将页面转换为一个用户控件:

(1) 重命名 .aspx 文件扩展名为 .ascx。

(2) 从页面中移除＜html＞、＜body＞和＜form＞元素;将@ Page 指令更改为 @ Control 指令;移除 @ Control 指令中除 Language、AutoEventWireup(如果存在)、CodeFile 和 Inherits 之外的所有属性。

3. 将代码隐藏 ASP.NET 网页转换为用户控件

如果 ASP.NET 网页不是单个的文件,包含有代码隐藏文件,则要复杂些。可以按照以下步骤将页面转换为一个用户控件:

(1) 重命名 .aspx 文件扩展名为 .ascx。

(2) 重命名代码隐藏文件使其文件扩展名为 .ascx.cs。

(3) 打开代码隐藏文件并将该文件继承的类从 Page 更改为 UserControl。

(4) 在 .aspx 文件中,移除＜html＞、＜body＞和＜form＞元素;将@ Page 指令更改为@ Control 指令;移除@ Control 指令中除 Language、AutoEventWireup(如果存在)、CodeFile 和 Inherits 之外的所有属性;在@Control 指令中,将 CodeFile 属性值更改为指向重命名后的代码隐藏文件名。

10.3.3 使用用户控件

要使用用户控件,就要将其包含在 ASP.NET 网页中。首先要在包含用户控件的 ASP.NET 网页中创建一个@ Register 指令,示例代码如下:

```
<%@ Register Src = "SearchUserControl.ascx" TagName = "SearchUserControl" TagPrefix = "uc1" %>
```

其中,Register 指令包含的属性说明如下:

- 属性 TagPrefix 将前缀与用户控件相关联。控件前缀标记,类似于 Web 服务器控件的 asp 前缀。在使用用户控件时,先加前缀,如＜uc1:SearchUserControl...＞。
- 属性 TagName 将名称与用户控件相关联。控件名称标记,类似于 Web 服务器控件

　　的控件类名称,如 TextBox。

- 属性 Src 定义用户控件文件的路径。

注意:用户控件不能存放于 App_Code 文件夹下。

　　创建好 @ Register 指令后,接下来就可在网页的<form>元素内部声明用户控件元素。示例代码如下:

```
<uc1:SearchUserControl ID = "SearchUserControl1" runat = "server" />
```

　　上面的示例代码表示在网页中添加了一个用户控件 SearchUserControl。如果用户控件有公开的公共属性,则可以在属性窗口中设置这些属性。

　　实际上,在 ASP.NET 网页的设计模式下,可以直接将用户控件文件从解决方案资源管理器窗口中拖到页面上,即在页面上添加了该用户控件。

实例 10-4　使用用户控件

　　本实例将用户控件 SearchUserControl 添加到 ASP.NET 网页中。图 10-12 给出了包含用户控件 SearchUserControl 的 UserControlTest.aspx 浏览效果。

图 10-12　UserControlTest.aspx 浏览效果图

源程序:UserControlTest.aspx 部分代码

```
<% @ Page Language = "C#" AutoEventWireup = "true" CodeFile = "UserControlTest.aspx.cs"
   Inherits = "UserControlTest" % >

<% @ Register Src = "SearchUserControl.ascx" TagName = "SearchUserControl" TagPrefix = "uc1" % >
<!DOCTYPE html PUBLIC " - //W3C//DTD XHTML 1.0 Transitional//EN"
…(略)
    <form id = "form1" runat = "server">
    <div>
        <uc1:SearchUserControl ID = "SearchUserControl1" runat = "server" Text = "开始查找" />
    </div>
</form>
…(略)
```

操作步骤:

(1) 在 chap10 网站根文件夹下新建 UserControlTest.aspx。

(2) 将 SearchUserControl.ascx 拖动页面上,设置控件公用属性 Text 为"开始查找"。

(3) 浏览 UserControlTest.aspx 页查看效果。

程序说明：

当页面载入到用户控件时，触发用户控件的 Page_Load 事件，将用户控件的属性 Text 值赋值给 btnSearch. Text，因此，在按钮上显示"开始查找"。当单击"开始查找"按钮时触发 Click 事件，在文本框 txtSearchKey 中显示"搜索完成"。当然，在实际工程中搜索常需要与数据库结合。

10.4　Web 部 件

主题、母版和用户控件为网站提供了统一的风格，但众口难调，有些用户希望对网站界面进行个性化设置。利用 Web 部件能很好地解决这种问题。本节将介绍 Web 部件及其应用。

10.4.1　Web 部件概述

ASP.NET Web 部件是一组集成控件，基于 Web 部件的网站能使最终用户可以直接从浏览器修改网页的内容、外观和行为。这些修改可以应用于网站上的所有用户或个别用户。当用户修改页和控件时，可以保存这些设置以便以后能保留用户的个人设置项。这就意味着最终用户能动态地对 Web 应用程序进行个性化设置，而无须开发人员或管理员的干预。

要实现 Web 部件功能，需要两个关键要素。

(1) 个性化配置 Profile。Profile 保证了用户从浏览器修改页面的外观、内容及行为后，能把这些信息保存到 ASPNETDB. mdf 中。当用户下次登录时，系统会正确地加载页面，显示修改后的页面内容。默认情况下，ASP.NET 3.5 自动启用 Web 部件页面的个性化设置功能。

(2) Web 部件控件集。这些控件集实现了 Web 部件功能的核心结构和服务，可大致分为两类：一类用于管理页面中所有的 Web 部件控件，如 WebPartManager 可以管理 Web 部件控件、Web 部件控件之间的通信连接、切换显示模式等；另一类是区域控件及包含在区域中的控件，区域控件包括 CatalogZone、ConnectionsZone、EditorZone 和 WebPartZone。这些不同的区域控件用于包含不同类型的控件。

注意：Web 部件控件指用于实现 Web 部件功能的基本组件，而 WebPart 控件指包含于区域控件 WebPartZone 内的控件。

10.4.2　使用 Web 部件

要建立包含 Web 部件的网页，需要对 web. config 中的＜webParts＞和＜authentication＞配置节进行配置。

1. ＜ webParts＞ 配置节

Web 部件个性化配置都保存在＜webParts＞配置节中，示例代码如下：

```
＜webParts enableExport = "true"＞
```

```
<personalization defaultProvider = "AspNetSqlProvider">
  <providers>
    <add connectionStringName = "AspNetDbProvider" applicationName = "/" name = "AspNetSqlProvider"
type = "System.Web.UI.WebControls.WebParts.SqlPersonalizationProvider"/>
  </providers>
  <authorization>
    <allow users = " * "  verbs = "enterSharedScope"/>
  </authorization>
</personalization>
</webParts>
```

上述代码中,属性 enableExport 用于设置是否允许 WebPart 控件导出。<authorization>
子配置节设置授权信息,其中属性 verbs 值可以为 enterSharedScope 或 modifyState。
enterSharedScope 表示对 WebPart 控件的所有个性化修改将应用于所有用户,而
modifyState 表示对 WebPart 控件的所有个性化修改仅应用于当前用户。

2. 页面身份验证

当页面启用 Windows 验证时,建立的 Web 部件网页在浏览时可以直接对 WebPart 控件进行个性化设置。

当页面启用 Forms 验证时,以匿名用户访问 Web 部件网页将不能对 WebPart 控件进行个性化设置。因此,需要配合第 9 章的用户和角色管理知识,只有当用户登录成功后才能对 Web 部件网页中的 WebPart 控件进行个性化设置。

3. 建立 Web 部件网页

在建立 Web 部件网页时,通常利用表格进行页面布局,可以根据页面上要显示的内容分成适当的行和列。布局完成后,需要添加一个 WebPartManager 控件,再根据需要添加区域控件,最后在区域控件中添加 Web 部件。

1) 添加一个 WebPartManager 控件

WebPartManager 控件是 Web 部件的总控中心。它能跟踪 Web 部件控件、管理 Web 部件控件、切换显示模式和管理与 Web 部件控件相关的事件等。WebPartManager 控件在网页浏览时不会呈现用户界面,并且一个 WebPartManager 控件只能管理一个页面。也就是说,若在母版页中已包含一个 WebPartManager 控件,那么使用该母版页的内容页中就不能再添加 WebPartManager 控件。还需注意的是,在一个 Web 部件网页中,有且仅有一个 WebPartManager 控件。WebPartManager 控件定义的语法格式如下:

```
<asp:WebPartManager ID = "WebPartManager1" runat = "server"> </asp:WebPartManager>
```

注意:在建立 Web 部件网页时,应首先建立 WebPartManager 控件。也就是说,有关 WebPartManager 控件的源代码应出现在<form>元素中其他 Web 部件控件的前面。

2) 添加区域控件

在每个 Web 部件网页中,区域控件 WebPartZone 必不可少。WebPartZone 控件用于承载网页上的 WebPart 控件,并为其包含的控件提供公共的用户界面。这些公共的用户界

面元素统称为镶边,由所有控件上的外围用户界面元素组成,包括边框、标题、页眉和页脚、样式特性以及谓词(即用户可以对控件执行的用户界面操作,如关闭或最小化)。定义的语法格式如下:

```
<asp:WebPartZone runat = "server" ID = " WebPartZone1"></asp:WebPartZone>
```

默认情况下,WebPartZone 中的每个 WebPart 控件以菜单的形式显示选择项,当单击右上角的下三角按钮时,将弹出一个选择菜单。可以设置 WebPartZone 的属性 WebPartVerbRenderMode 来改变这种默认的显示方式。值 Menu 表示谓词呈现在标题栏的菜单中;值 TitleBar 表示谓词在标题栏中直接呈现为链接。如图 10-13 所示,左边控件的属性 WebPartVerbRenderMode 值为 Menu,此时显示菜单。而右边控件的属性 WebPartVerbRenderMode 值为 TitleBar,此时呈现为链接。

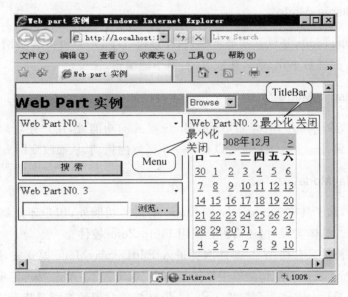

图 10-13 Menu 和 TitleBar 显示方式效果图

其他的区域控件应结合 WebPartManager 控件的不同页面模式进行添加。

3) 在 WebPartZone 中添加 WebPart 控件

有两种创建 WebPart 控件的方法。一种是创建基于 HTML 服务器控件、Web 服务器控件和用户控件的 WebPart 控件。这种方法包含的控件在使用时与普通方法相同,但在运行时,这些控件将自动被 GenericWebPart 类封装,进而成为真正的 WebPart 控件;另一种方法是创建继承自 WebPart 类的 WebPart 控件。相比较而言,后一种方法实现较复杂。

添加的 WebPart 控件必须包含于<ZoneTemplate>元素中,示例代码如下:

```
<asp:WebPartZone ID = "WebPartZone1" runat = "server">
    <ZoneTemplate>
        <asp:TextBox ID = "TextBox1" runat = "server"></asp:TextBox>
        <asp:Button ID = "Button1" runat = "server" Text = "Button" />
    </ZoneTemplate>
</asp:WebPartZone>
```

上述示例代码表示在 WebPartZone 控件 WebPartZone1 中包含 TextBox 和 Button 两个 WebPart 控件。

10.4.3　WebPartManager 显示模式

WebPartManager 处于不同的显示模式，Web 部件网页就呈现不同内容，用户就能实现不同的功能。可以通过修改 WebPartManager 控件的属性 DisplayMode 值来改变页面显示模式，从而实现添加、移动和修改页面的功能。显示模式共包括五种：BrowseDisplayMode、DesignDisplayMode、EditDisplayMode、CatalogDisplayMode 和 ConnectDisplayMode。对于这些显示模式，在同一时刻只能选择其中的一种。

1. BrowseDisplayMode

BrowseDisplayMode 是默认的显示模式，在该模式下，用户可以查看网页上的内容，也可以将 WebPart 控件最小化、最大化或关闭，但不能编辑、拖曳。

2. DesignDisplayMode

在该模式下，除了具有 BrowseDisplayMode 模式的功能外，用户还可以将 WebPart 控件从一个区域拖到另一个区域；也可以在同一个区域内拖动，从而改变网页的布局。

3. EditDisplayMode

在该模式下，除了具有 DesignDisplayMode 模式的功能外，用户还能编辑 WebPart 控件的外观和行为。具体实现时，还需配合使用 EditorZone 控件。

EditorZone 控件只有在 Web 部件网页进入 EditDisplayMode 模式时才变为可见。在该模式下，WebPart 控件的操作菜单中增加了一个"编辑"项。单击"编辑"项将显示包含于 EditorZone 中的 EditorPart 系列控件。EditorPart 控件是何种类型意味着用户能够进行何种类型的编辑。

EditorPart 系列控件如表 10-1 所示。

表 10-1　EditorPart 系列控件对应表

EditorPart 系列控件	说　　明
AppearanceEditorPart	用于编辑 WebPart 控件的外观属性
BehaviorEditorPart	用于重新排列或删除 WebPart 控件以更改页面布局
LayoutEditorPart	用于编辑 WebPart 控件的布局属性
PropertyGridEditorPart	用于编辑 WebPart 控件的自定义属性

4. CatalogDisplayMode

在该模式下，除了具有 DesignDisplayMode 模式的功能外，用户还能添加或删除 WebPart 控件。常用于想重新启用被用户关闭的 WebPart 控件的应用场合。具体实现时，还需配合使用 CatalogZone 控件。

CatalogZone 控件只有在 Web 部件网页进入 CatalogDisplayMode 模式时才变为可见。与 EditorZone 控件只能包含 EditorPart 系列控件类似, CatalogZone 控件只能包含 CatalogPart 系列控件。CatalogPart 系列控件如表 10-2 所示。

表 10-2　CatalogPart 系列控件对应表

CatalogPart 系列控件	说　　明
DeclarativeCatalogPart	显示声明在 WebPartsTemplate 中的 WebPart 控件列表
PageCatalogPart	显示页面中已删除的 WebPart 控件列表
ImportCatalogPart	显示从 .webpart 文件中导入的 WebPart 控件列表

5. ConnectDisplayMode

在该模式下,除了具有 DesignDisplayMode 模式的功能外,用户还能在不同的 WebPart 控件之间建立连接,实现数据的相互传输。

任何一个 WebPart 控件,既可以是数据的提供者(Provider),也可以是数据的消费者 (Consumer)。WebPart 控件之间的连接有两种形式:静态连接和动态连接。静态连接是开发人员在设计时建立的连接,而动态连接是网页在运行时建立的连接。

静态连接建立的步骤包括:定义通信接口,在提供者中实现接口,在提供者中实现 [ConnectionProvider]方法,在消费者中实现[ConnectionConsumer]方法,在 WebPartManger 中通过属性 StaticConnections 声明连接。

动态连接需要配合使用 ConnectionsZone 控件,该控件只能包含 WebPartConnection 控件。在 ConnectDisplayMode 模式下,支持连接的 WebPart 控件的菜单将新增"连接"命令。单击"连接"按钮可以实现提供者和消费者之间的连接。

实例 10-5　Web 部件应用

本实例利用一个下拉列表框来动态改变页面模式。图 10-14 表示 BrowseDisplayMode 模式,此时可以最小化、还原和关闭 WebPart 控件。图 10-15 表示 DesignDisplayMode 模式,此时还可以移动 WebPart 控件。图 10-16 表示 CatalogDisplayMode 模式,此时显示已删除的 WebPart 控件列表;图 10-17 表示 EditDisplayMode 模式,此时可编辑 WebPart 控件的外观属性,单击"编辑"按钮后呈现如图 10-18 所示的界面。

源程序:WebParts.aspx

```
<%@ Page Language = "C#" AutoEventWireup = "true" CodeFile = "WebParts.aspx.cs" Inherits =
"WebParts" %>
<%@ Register Src = "SearchUserControl.ascx" TagName = "SearchUserControl" TagPrefix = "uc1" %>
…(略)
    <form id = "form1" runat = "server">
    <div>
        <asp:WebPartManager runat = "server" ID = "MyPartManager" />
        <table style = "width: 100%">
            <tr valign = "middle" style = "background: #00ccff">
                <td colspan = "2">
                    <span style = "font-size: 16pt; font-family: Verdana"><strong>Web
```

部件应用</strong> </span>

```
            </td>
            <td style = "height: 22px">
                <asp:DropDownList ID = "ddlMode" runat = "server" AutoPostBack = "True"
    OnSelectedIndexChanged = "ddlMode_SelectedIndexChanged">
                    <asp:ListItem>Browse</asp:ListItem>
                    <asp:ListItem>Design</asp:ListItem>
                    <asp:ListItem>Catalog</asp:ListItem>
                    <asp:ListItem>Edit</asp:ListItem>
                </asp:DropDownList>
            </td>
        </tr>
        <tr valign = "top">
            <td style = "width: 20 % ">
                <asp:CatalogZone runat = "server" ID = "SimpleCatalog">
                    <ZoneTemplate>
                        <asp:PageCatalogPart runat = "server" ID = "MyCatalog" />
                    </ZoneTemplate>
                </asp:CatalogZone>
                <asp:EditorZone runat = "server" ID = "SimpleEditor">
                    <ZoneTemplate>
                        <asp:AppearanceEditorPart ID = "MyMainEditor" runat = "server" />
                    </ZoneTemplate>
                </asp:EditorZone>
            </td>
            <td style = "width: 60 % ">
                <asp:WebPartZone runat = "server" ID = "MainZone" Width = "190px">
                    <ZoneTemplate>
                        <uc1:SearchUserControl ID = "SearchUserControl1" runat = "server"
    Text = "搜索" />
                    </ZoneTemplate>
                </asp:WebPartZone>
            </td>
            <td style = "width: 20 % ">
                <asp:WebPartZone runat = "server" ID = "HelpZone" Style = "margin - left: 0px">
                    <ZoneTemplate>
                        <asp:Calendar runat = "server" ID = "MyCalendar" ShowTitle = "true" />
                        <asp:FileUpload ID = "FileUpload1" runat = "server" />
                    </ZoneTemplate>
                </asp:WebPartZone>
            </td>
        </tr>
    </table>
    </div>
    </form>
…(略)
```

源程序：WebParts.aspx.cs

```
using System;
using System.Web.UI.WebControls.WebParts;

public partial class WebParts : System.Web.UI.Page
{
    protected void Page_Load(object sender, EventArgs e)
    {

        if (!IsPostBack)
        {
            //给每个WebPart控件设置标题
            int i = 1;
            foreach (WebPart part in MyPartManager.WebParts)
            {
                if (part is GenericWebPart)
                {
                    part.Title = string.Format("WebPart控件 NO.{0}", i);
                    i++;
                }
            }
        }
    }


    protected void ddlMode_SelectedIndexChanged(object sender, EventArgs e)
    {
        //根据ddlMode列表框中选择的模式修改 MyPartManager.DisplayMode,改变页面模式
        MyPartManager.DisplayMode = MyPartManager.DisplayModes[ddlMode.SelectedValue];
    }
}
```

图10-14　Browse模式效果图

图 10-15　Design 模式效果图

图 10-16　Catalog 模式效果图

操作步骤：

（1）在 chap10 网站的根文件夹下建立 WebParts. aspx。如图 10-19 所示，插入一个表格进行布局设计。

（2）添加一个 DropDownList 控件。

（3）添加一个 WebPartManager 控件。

（4）添加一个 CatalogZone 控件，并在其中添加一个 PageCatalogPart 控件。

（5）添加一个 EditorZone 控件，并在其中添加一个 AppearanceEditorPart 控件。

（6）添加两个 WebPartZone 控件。其中一个 WebPartZone 控件包含 SearchUserControl 用户控件。另一个 WebPartZone 控件包含一个 Calendar 控件和一个 FileUpload 控件。

图 10-17 Edit 模式效果图

图 10-18 编辑界面

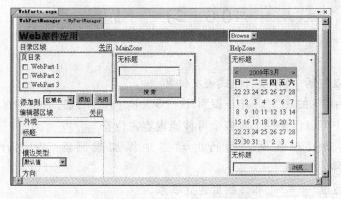

图 10-19 WebParts.aspx 设计界面图

（7）对上述控件参考源代码设置属性。

（8）建立 WebParts.aspx.cs 文件。最后，浏览 WebParts.aspx 进行测试。

程序说明：

当页面首次载入时，给每个 WebPart 控件设置标题，因为包含于 WebPartZone 中的 WebPart 控件是用户控件和服务器控件，会自动被 GenericWebPart 类封装，所以，在判断语句中使用 part is GenericWebPart 进行判别。

当在下拉列表中选择不同的浏览模式时，将触发 SelectedIndexChanged 事件，修改属性 MyPartManager. DisplayMode 值，从而呈现不同的页面模式。其中 DisplayModes["Browse"]对应 BrowseDisplayMode、DisplayModes["Design"]对应 DesignDisplayMode、DisplayModes ["Catalog"]对应 CatalogDisplayMode、DisplayModes["Edit"]对应 EditDisplayMode。

10.5 小   结

本章介绍了 ASP.NET 3.5 中的主题、母版、用户控件和 Web 部件，以及利用这些技术创建具有统一风格和个性化网站的方法。

主题包括外观文件、CSS 文件和图片文件，外观文件为 ASP.NET 中的服务器控件提供一致的外观。主题分为全局主题和应用程序主题，全局主题可以应用于 Web 服务器上任意 Web 应用程序，而应用程序主题只能应用于单个 Web 应用程序。主题对应一个主题文件夹，应用程序主题文件夹必须放在 ASP.NET 专用文件夹 App_Themes 中。

利用母版页可以方便快捷地建立统一风格的 ASP.NET 网站，并且容易管理和维护，大大提高了设计效率。在使用时，母版页定义了整体布局，和内容页组合输出。用户控件在实际工程中常用于统一网页显示风格。与母版页相比较，用户控件用于网页局部。

基于 Web 部件的网站能使最终用户可以直接从浏览器修改网页的内容、外观和行为，从而实现用户的个性化设置。使用时，每个 Web 部件页中必须添加一个 WebPartManager 控件，可以通过修改该控件的属性 DisplayMode 值来改变页面显示模式，从而使用户可以在浏览器中添加、移动和修改 WebPart 控件。

10.6 习   题

1. 填空题

(1) 主题可以包括_____、样式表文件和_____。

(2) 母版页由特殊的_____指令识别，该指令替换了用于普通 .aspx 网页的@ Page 指令。

(3) 母版页中可以包含一个或多个可替换内容占位符_____。

(4) 如果用户要想在网站运行时动态地添加或删除 WebPart 控件，则需要添加_____控件。

(5) 内容页通过_____和母版页建立联系。

2. 是非题

(1) 主题至少要有样式表文件。(   )

(2) 母版页只能包含一个 ContentPlaceHolder 控件。(   )

(3) 在同一主题中每个控件类型只允许有一个默认的控件外观。(   )

(4) 控件外观中必须指定 SkinId 值。(   )

(5) 同一主题中不允许一个控件类型有重复的 SkinId。(   )

(6) 每个部件页可以包含多个 WebPartManager 控件。(   )

3. 选择题

(1) 主题不包括(   )。

A. skin 文件　　　B. css 文件　　　C. 图片文件　　　D. config 文件

(2) 一个主题必须包含(   )。

A. skin 文件　　　B. css 文件　　　C. 图片文件　　　D. config 文件

(3) 母版页文件的扩展名是(   )。

A. .aspx　　　　　B. .master　　　　C. .cs　　　　　D. .skin

(4) 在(   )模式下，允许重新启用被用户关闭的 WebPart 控件。

A. BrowseDisplayMode　　　　　　　B. DesignDisplayMode

C. EditDisplayMode　　　　　　　　 D. CatalogDisplayMode

4. 简答题

(1) <%@ Page Theme = "ThemeName" %>和<%@ Page StylesheetTheme = "ThemeName" %>有何区别？

(2) 主题包括哪几种方式？

(3) 简述包含 ASP.NET 母版页的页面运行时的显示原理。

5. 上机操作题

(1) 建立并调试本章的所有实例。

(2) 设计一个母版页，并利用该母版页建立一个个人站点。

(3) 设计一个主题，并将主题应用于一个留言板系统。

(4) 利用 Web 部件技术设计并实现个人站点的首页。

(5) 设计母版页和内容页，浏览的效果如图 10-20 所示。

图 10-20　设计效果图

第11章

网 站 导 航

本章要点：

☞ 了解网站导航的含义和实现方法。

☞ 掌握网站地图文件的结构并能合理建立网站地图。

☞ 掌握网站导航控件 SiteMapPath、TreeView 和 Menu 的用法。

☞ 掌握母版页中网站导航控件的用法。

11.1 网 站 地 图

在含有大量网页的任何网站中，要实现用户随意在网页之间进行切换的导航系统颇有难度，尤其是在更改网站时。传统的模式是通过页面上散布的超链接方式实现，在页面移动或修改页面名称时，开发人员不得不进入页面逐个修改超链接，导航难度很大。ASP.NET 3.5 中的网站导航系统可创建网页的集中网站地图，使得导航的管理变得十分简单。

11.1.1 网站地图文件

如果要使用网站导航，就需要一种方式来描述网站中网页的层次结构。默认方法是创建一个包含网站层次结构的 XML 文件，其中包括网页标题和 URL。XML 文件的结构反映了网站的结构，每个网页表示为网站地图中的一个＜siteMapNode＞元素。最上面的节点表示主页，子节点表示网站中下层的网页。通常称该文件为网站地图文件。如果要使用 ASP.NET 3.5 的导航系统，就必须建立网站地图文件。

实例 11-1 添加网站地图

如果要使用导航系统就需要添加网站地图，下面是向网站中添加网站地图的操作步骤。

（1）在解决方案资源管理器中，右击网站的名称，在弹出的快捷菜单中选择"添加新项"命令，打开"添加新项"对话框。

（2）在"Visual Studio 已安装的模板"之下单击"站点地图"模板。

（3）在"名称"文本框中，确保名称为 Web. sitemap，如图 11-1 所示。

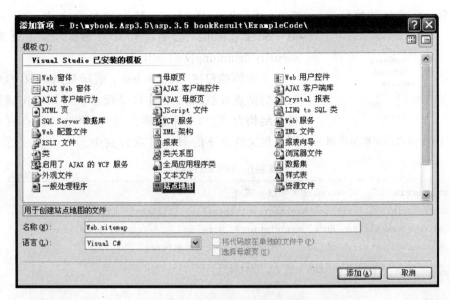

图 11-1 添加网站地图界面图

（4）单击"添加"按钮，则在网站的根文件夹下添加了网站地图文件 Web. sitemap。
Web. sitemap 的默认代码如下：

```
<?xml version = "1.0" encoding = "utf-8" ?>
<siteMap xmlns = "http://schemas.microsoft.com/AspNet/SiteMap-File-1.0">
    <siteMapNode url="" title=""  description="">
        <siteMapNode url="" title=""  description="" />
        <siteMapNode url="" title=""  description="" />
    </siteMapNode>
</siteMap>
```

注意：要使用网站地图必须包含 Web. sitemap，并且必须存放在网站的根文件夹下。

Web. sitemap 中根元素＜siteMap＞包含了＜siteMapNode＞元素，这些＜siteMapNode＞
元素形成树型文件夹结构，其中第一层＜siteMapNode＞元素即为网站的主页。
＜siteMapNode＞元素常用属性如表 11-1 所示。

表 11-1 ＜siteMapNode＞元素常用属性表

属　　性	说　　明
title	表示超链接的显示文本
description	描述超链接的作用，当鼠标指针指向超链接时会给出的提示信息
url	超链接目标页的地址
siteMapFile	引用另一个 sitemap 文件
resourceKey	用于页面本地化，使用时还需要在＜siteMap＞节点加上 enableLocalization="true"
securityTrimmingEnabled	是否让 sitemap 支持安全特性
roles	确定哪些角色可以访问当前节点。多个角色用逗号隔开，使用时还需要将属性 securityTrimmingEnabled 值设置为 true

注意：应用权限的时候，web. config 中＜siteMap＞配置节的子元素＜provider＞
的子元素＜add＞也要有相对应的配置，即设置属性
securityTrimmingEnabled＝"true"。

```
Home
    Products
        Hardware
        Software
    Services
        Training
        Consulting
        Support
```

图 11-2 站点的导航结构图

下面的源程序 Web. sitemap 表示某网站的网站地图，
对应的站点导航结构如图 11-2 所示。可以看出该站点的
树型结构为三层，非常清晰。其中，网站的所有页面都在
网站根文件夹下的 chap11 文件夹中。

源程序：Web. sitemap

```
<?xml version = "1.0" encoding = "utf - 8" ? >
<siteMap xmlns = "http://schemas.microsoft.com/AspNet/SiteMap - File - 1.0" >
  <siteMapNode title = "Home" description = "Home" url = "~/chap11/Home.aspx" >
    <siteMapNode siteMapFile = "~/chap11/Products.sitemap" />
    <siteMapNode siteMapFile = "~/chap11/Services.sitemap" />
  </siteMapNode>
</siteMap>
```

11.1.2 嵌套网站地图文件

对于复杂的网站导航，将所有的导航信息都放在一个 Web. sitemap 中会显得比较杂
乱。在这种情况下，可以考虑使用嵌套网站地图文件，即将信息分散到多个 . sitemap 文件
中，再把分散的 . sitemap 文件合并到一个 . sitemap 文件中。其中，在合并时要用到
＜siteMapNode＞元素的 siteMapFile 属性。

实例 11-2 嵌套网站地图

本实例功能与实例 11-1 完全相同，但使用嵌套网站地图实现。也就是说，首先将描述
Products 和 Services 的信息分散到文件 Products. sitemap 和 Services. sitemap 中，然后在
Web. sitemap 中利用＜siteMapNode＞元素的 siteMapFile 属性链接包含的 . sitemap 文件。
其中 Products. sitemap 和 Services. sitemap 存放在 chap11 文件夹下，而 Web. sitemap 存放
在网站根文件夹下。

源程序：Web. sitemap

```
<?xml version = "1.0" encoding = "utf - 8" ?>
<siteMap xmlns = "http://schemas.microsoft.com/AspNet/SiteMap - File - 1.0" >
  <siteMapNode title = "Home" description = "Home" url = "home.aspx" >
    <siteMapNode siteMapFile = "~/chap11/Products.sitemap" />
    <siteMapNode siteMapFile = "~/chap11/Services.sitemap" />
  </siteMapNode>
</siteMap>
```

源程序：Products.sitemap

```
<?xml version = "1.0" encoding = "utf - 8" ?>
<siteMap xmlns = "http://schemas.microsoft.com/AspNet/SiteMap - File - 1.0" >
  <siteMapNode title = "Products" description = "Our products"   url = "~/chap11/Products.
aspx">
    <siteMapNode title = "Hardware"  description = "Hardware we offer"  url = "~/chap11/
Hardware.aspx" />
    <siteMapNode title = "Software"  description = "Software for sale"  url = "~/chap11/
Software.aspx" />
  </siteMapNode>
</siteMap>
```

源程序：Services.sitemap

```
<?xml version = "1.0" encoding = "utf - 8" ?>
<siteMap xmlns = "http://schemas.microsoft.com/AspNet/SiteMap - File - 1.0" >
  <siteMapNode title = "Services" description = "Services we offer"
    url = "~/chap11/Services.aspx">
    <siteMapNode title = "Training" description = "Training"
      url = "~/chap11/Training.aspx" />
    <siteMapNode title = "Consulting" description = "Consulting"
      url = "~/chap11/Consulting.aspx" />
    <siteMapNode title = "Support" description = "Support"
      url = "~/chap11/Support.aspx" />
  </siteMapNode>
</siteMap>
```

11.2 SiteMapPath 控件显示导航

在实际应用中,经常在每个网页上添加当前页位于当前网站层次结构中哪个位置的导航,这种功能称为面包屑功能。在以前的网站中要实现面包屑的功能是比较复杂的,ASP.NET 3.5 提供了可自动实现面包屑功能的 SiteMapPath 控件。SiteMapPath 控件可以自动绑定网站地图,不需要数据源控件。使用时只需要将 SiteMapPath 控件添加到页面中就可以了。当然,最好的方法是将 SiteMapPath 控件添加到母版页中。定义的语法格式如下：

<asp:SiteMapPath ID = "SiteMapPath1" runat = "server"> </asp:SiteMapPath>

SiteMapPath 控件的常用属性如表 11-2 所示。

表 11-2　SiteMapPath 控件的常用属性表

属　　性	说　　明
PathSeparator	获取或设置一个符号,用于站点导航路径的路径分隔符
PathDirection	获取或设置导航路径节点的呈现顺序
ParentLevelsDisplayed	获取或设置相对于当前显示节点的父节点级别数
PathSeparatorTemplate	获取或设置一个控件模板,用于站点导航路径的路径分隔符

实例 11-3 SiteMapPath 控件显示导航

如图 11-3 所示，利用 SiteMapPath 控件显示网站导航的导航路径字符串。

源程序：Hardware.aspx

```
< % @ Page Language = "C#" AutoEventWireup = "true" CodeFile = "Hardware.aspx.cs" Inherits =
"chap11_Hardware" % >
…(略)
    <form id = "form1" runat = "server">
    站点导航 SiteMapPath 测试页 Hardware.aspx
    <div>
        <asp:SiteMapPath ID = "SiteMapPath1" runat = "server"> </asp:SiteMapPath>
    </div>
</form>
…(略)
```

操作步骤：

（1）建立与实例 11-1 相同的网站地图文件 Web.sitemap。

（2）在 chap11 文件夹中建立 Hardware.aspx。添加一个 SiteMapPath 控件。最后，浏览 Hardware.aspx 进行测试，效果如图 11-3 所示。

下面结合实例 11-3 来说明 SiteMapPath 控件的常用属性。

PathDirection 属性用来更改导航路径的方向。默认值为 RootToCurrent，表示由根节点到当前页面，图 11-3 即为默认效果。值 CurrentToRoot 表示导航路径方向为当前页在左、主页在右。如果将源程序 Hardware.aspx 中的 SiteMapPath 控件代码改为如下形式：

```
<asp:SiteMapPath ID = "SiteMapPath1" runat = "server" PathDirection = "CurrentToRoot">
</asp:SiteMapPath>
```

再浏览 Hardware.aspx，显示的效果如图 11-4 所示，此时导航路径方向为当前页在最左边。

图 11-3 Hardware.aspx 默认导航效果图

图 11-4 列表反向导航效果图

在图 11-3 中，导航默认的分隔符号是">"，实际上可以通过修改 SiteMapPath 控件的 PathSeparator 属性来更改分隔符。如果将源程序 Hardware.aspx 中的 SiteMapPath 控件代码改为如下形式：

```
<asp:SiteMapPath ID = " SiteMapPath1" runat = "server" PathSeparator = "| ">
</asp:SiteMapPath>
```

再浏览 Hardware. aspx,显示的效果如图 11-5 所示,导航的分隔符号变成了"|"。

图 11-5 分隔符设置导航效果图

在图 11-3 中,ParentLevelsDisplayed 值为默认值−1,此时显示节点的深度为没有限制,即显示当前节点到根节点的所有节点,这样做可能会使节点列表非常长。可以考虑将 ParentLevelsDisplayed 属性的值设置为比较合适的值。如果将源程序 Hardware. aspx 中的 SiteMapPath 控件代码改为如下形式:

```
<asp:SiteMapPath ID=" SiteMapPath1" runat = "server" ParentLevelsDisplayed = "1">
</asp:SiteMapPath>
```

再浏览 Hardware. aspx,显示结果如图 11-6 所示,SiteMapPath 控件只显示了一级页面深度,即只显示父级链接 Products,而没有显示主页 Home 链接。

另外,还可以通过 PathSeparatorTemplate 来设置一个用于站点导航的路径分隔符模板。例如可以将路径分隔符设置为图片等。如果将源程序 Hardware. aspx 中的 SiteMapPath 控件代码改为如下形式:

```
<asp:SiteMapPath ID = "SiteMapPath1" runat = "server">
    <PathSeparatorTemplate>
        <asp:Image ID = "Image1" runat = "server" Height = "16px"
            ImageUrl = "~/App_Themes/red/images/Arrow. GIF" Width = "16px" />
    </PathSeparatorTemplate>
</asp:SiteMapPath>
```

再浏览 Hardware. aspx,显示结果如图 11-7 所示,站点导航的路径分隔符变成了一个图片。

图 11-6 深度有限制导航效果图

图 11-7 路径分隔符为图片的导航效果图

11.3 TreeView 控件显示导航

TreeView 控件常用于以树型结构显示分层数据的情形。利用 TreeView 控件可以实现站点导航,也可以用来显示 XML、表格或关系数据。凡是树型层次关系的数据的显示,都可以用 TreeView 控件。本节将介绍 TreeView 控件及在导航系统中的应用。

11.3.1　TreeView 控件

TreeView 控件中的每个项都称为一个节点，每一个节点都是一个 TreeNode 对象。节点分为根节点、父节点、子节点和叶节点。最上层的节点是根节点，可以有多个根节点。没有子节点的节点是叶节点。定义的语法格式如下：

<asp:TreeView ID = "TreeView1" runat = "server"> </asp:TreeView>

TreeView 控件常用的属性如表 11-3 所示。

表 11-3　TreeView 控件常用属性表

属　　性	说　　明
CheckedNodes	获取选中了复选框的节点
CollapseImageUrl	节点折叠后的图像
EnableClientScript	是否允许在客户端处理展开和折叠事件
ExpandDepth	第一次显示时所展开的级数
ExpandImageUrl	节点展开后的图像
NoExpandImageUrl	不可折叠（即无子节点）节点的图像
PathSeparator	节点之间的路径分隔符
SelectedNode	当前选中的节点
SelectedValue	当前选中的节点值
ShowCheckBoxes	是否在节点前显示复选框
ShowLines	节点间是否显示连接线

TreeView 控件中的层次数据可以在设计时添加，也可以通过编程操作 TreeNode 对象动态地添加和修改。还可以使用数据源控件进行绑定，如可以使用 SiteMapDataSource 控件将网站地图数据填充到 TreeView 控件中，利用 XmlDataSource 控件从 XML 文件中获取填充数据。

另外，可以利用 TreeView 控件的 CollapseAll()和 ExpandAll()方法折叠和展开节点。利用 TreeView 控件的 Nodes.Add()方法添加节点到控件中。利用 TreeView 控件的 Nodes.Remove()方法删除指定的节点。

TreeView 控件中的每个节点实际上都是 TreeNode 类对象，在构建 TreeView 时经常要对 TreeNode 对象进行编程操作。TreeNode 类的常用属性如表 11-4 所示。

表 11-4　TreeNode 类常用属性表

属　　性	说　　明
ChildNodes	获取当前节点的下一级子节点集合
ImageUrl	获取或设置节点旁显示图像的 URL
NavigateUrl	获取或设置单击节点时导航到的 URL
Parent	获取当前节点的父节点

实例 11-4 TreeView 控件应用

本实例利用 TreeView 控件显示城市结构图,并能动态地添加和移除节点、折叠和展开节点。如图 11-8 所示,当在文本框中填入"海宁",单击"添加节点"按钮后在节点"嘉兴"下添加了一个子节点。

图 11-8 myTreeView. aspx 浏览效果图

源程序: myTreeView. aspx

```
< % @ Page Language = "C♯" AutoEventWireup = "true" CodeFile = "myTreeView. aspx. cs" Inherits =
"chap11_myTreeView" % >
…(略)
<form id = "form1" runat = "server">
<div style = "width: 366px">
  <table class = "style1">
    <tr>
      <td class = "style2">
              <asp:TreeView ID = "TreeView1" runat = "server" ShowLines = "True">
                <SelectedNodeStyle BorderStyle = "Solid" />
                <Nodes>
                    <asp:TreeNode Text = "浙江" Value = "浙江">
                        <asp:TreeNode Text = "杭州" Value = "杭州"></asp:TreeNode>
                        <asp:TreeNode Text = "嘉兴" Value = "嘉兴"></asp:TreeNode>
                        <asp:TreeNode Text = "宁波" Value = "宁波"></asp:TreeNode>
                    </asp:TreeNode>
                </Nodes>
              </asp:TreeView>
      </td>
      <td class = "style3">
          <asp:TextBox ID = "txtNode" runat = "server"></asp:TextBox>
          <br />
          <asp:Button ID = "btnAddNode" runat = "server" OnClick = "btnAddNode_Click" Text =
"添加节点"
                  Width = "129px" />
          <br />
          <asp:Button ID = "btnRemoveNode" runat = "server" OnClick = "btnRemoveNode_Click"
              Text = "移除当前节点"  Width = "131px" />
      </td>
```

```
        <td>
          <asp:Button ID = "btnExpandAll" runat = "server" OnClick = "btnExpandAll_Click"
              Text = "全部展开" Width = "101px" />
          <br />
          <asp:Button ID = "btnCollapseAll" runat = "server" OnClick = "btnCollapseAll_Click"
              Text = "全部折叠" Width = "94px" />
        </td>
      </tr>
    </table>
  </div>
</form>
…(略)
```

源程序：myTreeView.aspx.cs

```csharp
using System;
using System.Web.UI;
using System.Web.UI.WebControls;

public partial class chap11_myTreeView : System.Web.UI.Page
{
    //移除当前节点
    protected void btnRemoveNode_Click(object sender, EventArgs e)
    {
        if (TreeView1.SelectedNode != null)   //存在当前节点
        {
            //获取当前节点的父节点
            TreeNode parentNode = TreeView1.SelectedNode.Parent;
            //移除当前节点
            parentNode.ChildNodes.Remove(TreeView1.SelectedNode);
        }
    }
    //添加节点
    protected void btnAddNode_Click(object sender, EventArgs e)
    {
        //添加节点的值为空则返回
        if (txtNode.Text.Trim().Length < 1)
        {
            return;
        }
        //建立新节点 childNode,设置 Value 属性值
        TreeNode childNode = new TreeNode();
        childNode.Value = txtNode.Text.Trim();
        if (TreeView1.SelectedNode != null)   //存在当前节点
        {
            //将 childNode 添加到当前节点
            TreeView1.SelectedNode.ChildNodes.Add(childNode);
        }
        else                                  //不存在当前节点
        {
            //childNode 作为根节点添加到 TreeView1 中
            TreeView1.Nodes.Add(childNode);
```

```
    }
        txtNode.Text = "";                  //清除文本框
    }
    protected void btnCollapseAll_Click(object sender, EventArgs e)
    {
        TreeView1.CollapseAll();            //全部折叠
    }
    protected void btnExpandAll_Click(object sender, EventArgs e)
    {
        TreeView1.ExpandAll();              //全部展开
    }
}
```

操作步骤:

（1）在 chap11 文件夹中建立 myTreeView.aspx,添加一个 TreeView 控件。

（2）单击 TreeView 智能标记,选择"编辑节点"选项,在打开的"TreeView 节点编辑器"中添加节点,如图 11-9 所示。

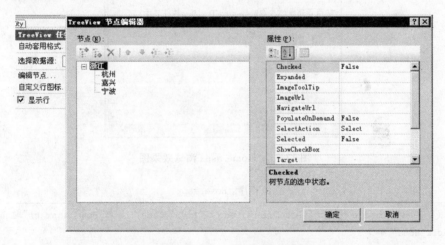

图 11-9 TreeView 节点编辑器界面图

（3）添加一个 TextBox 控件和四个 Button 控件,设计界面如图 11-10 所示。

（4）建立 myTreeView.aspx.cs 文件。最后,浏览 myTreeView.aspx 进行测试。

程序说明:

（1）TreeView 控件的 ShowLines 属性值为 True,表示节点之间用线条连接。

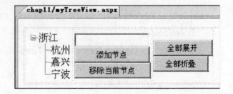

图 11-10 myTreeView.aspx 设计界面图

（2）<SelectedNodeStyle BorderStyle="Solid" /> 表示用实线边框标出当前节点。

（3）当没有选择节点时,添加的节点为新的根节点。

（4）有时需要设置 TreeView 控件的外观样式,系统为 TreeView 控件提供了许多预设的样式,具体设置将在 11.3.2 节中介绍。

11.3.2　使用 TreeView 控件实现导航

与 SiteMapPath 控件不同，TreeView 控件需要数据源控件的支持。它与 SiteMapDataSource 控件配合使用可以实现站点导航的树型结构显示。只要将 TreeView 控件的 DataSourceID 值设置为 SiteMapDataSource 控件 ID 值就可以了。

实例 11-5　利用 TreeView 控件显示导航

如图 11-11 所示，TreeView 控件以树型结构的形式显示站点的结构图，其中使用的网站地图文件为实例 11-1 建立的 Web.sitemap。

图 11-11　Home.aspx 浏览效果图

源程序：Home.aspx

```
< % @ Page Language = "C # " AutoEventWireup = "true" CodeFile = "Home.aspx.cs" Inherits =
"chap11_Home" % >
…(略)
<form id = "form1" runat = "server">
站点导航测试主页 home.aspx(TreeView 控件显示)
<div>
<asp:TreeView ID = " TreeView1" runat = " server" DataSourceID = "smdsSiteMap" > </asp:
TreeView>
<asp:SiteMapDataSource ID = "smdsSiteMap" runat = "server" />
</div>
</form>
…(略)
```

操作步骤：

在 chap11 文件夹中建立 Home.aspx。添加一个 TreeView 控件和一个 SiteMapDataSource 控件，并设置属性。最后，浏览 Home.aspx 查看效果。

程序说明：

SiteMapDataSource 控件能自动绑定 Web.sitemap，将 Web.sitemap 中的导航信息通过 TreeView 控件呈现在网页上。

下面结合 Home.aspx，说明 TreeView 控件的预设样式。

TreeView 控件有许多预设的样式，用户可以在页面设计时设置预设样式。在页面设计视图中，单击 TreeView 控件的智能标记选择"自动套用格式"选项，在"自动套用格式"对话框中可以选择预设样式，如图 11-12 所示。

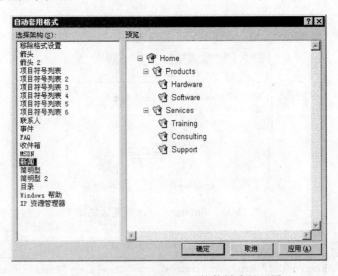

图 11-12　选择 TreeView 控件样式界面图

如果选择了"新闻"样式，源程序 Home.aspx 的 TreeView 控件代码被自动修改为如下形式：

```
<asp:TreeView ID = "TreeView1" runat = "server" DataSourceID = "smdsSiteMap"
Height = "151px" ImageSet = "News" NodeIndent = "10" Width = "101px">
    <ParentNodeStyle Font - Bold = "False" />
    <HoverNodeStyle Font - Underline = "True" />
    <SelectedNodeStyle Font - Underline = "True" HorizontalPadding = "0px"
            VerticalPadding = "0px" />
    <NodeStyle Font - Names = "Arial" Font - Size = "10pt" ForeColor = "Black"
            HorizontalPadding = "5px" NodeSpacing = "0px" VerticalPadding = "0px" />
</asp:TreeView>
```

其中 ImageSet＝"News"设置了图像组为新闻组样式，<NodeStyle>指定了节点的样式。

11.4　Menu 控件显示导航

Menu 控件可以以人们熟悉的菜单形式显示分层数据。与 TreeView 控件类似，它也需要数据源控件的支持，如配合使用 SiteMapDataSource 控件，Menu 控件就可以实现站点导航的菜单显示效果。与 TreeView 控件相同,只要将 Menu 控件的属性 DataSourceID 值设置为 SiteMapDataSource 控件 ID 值就可以了。

Menu 控件的属性 Orientation 可以确定菜单的排列方式,值 Vertical 表示竖向排列,值 Horizontal 表示横向排列,默认值为 Vertical。

实例 11-6　利用 Menu 控件显示导航菜单

如图 11-13 所示,利用 Menu 控件可以使网站导航以菜单的形式呈现。

图 11-13　Products. aspx 浏览效果图

源程序: Products. aspx

```
< % @ Page Language = "C#" AutoEventWireup = "true" CodeFile = "Products.aspx.cs" Inherits =
"chap11_ Products" % >
…(略)
<form id = "form1" runat = "server">
    站点导航 Menu 测试页 Menu. aspx
    <div>
        <asp:Menu ID = " Menu1" runat = "server" DataSourceID = "smdsSiteMap">
        </asp:Menu>
        <asp:SiteMapDataSource ID = "smdsSiteMap" runat = "server" />
    </div>
</form>
…(略)
```

操作步骤:

在 chap11 文件夹中建立 Products. aspx。添加一个 Menu 控件和一个 SiteMapDataSource 控件,并设置属性。最后,浏览 Products. aspx 查看效果。

11.5　母版页中使用网站导航

在一个网页中添加网站导航并不复杂,但网站导航常需要应用于所有网页,如果在每个网页中添加导航控件,这样既繁琐又很难统一网站风格,还会增加网站的维护工作量。例如,若要更改网页中导航控件的位置,就不得不逐个更改每个网页。ASP. NET 3.5 可以在母版页中使用网站导航控件,这样,就可以在母版页中创建包含导航控件的布局,再将母版页应用于所有的内容页。基于母版页使用网站导航的基本步骤是:

(1) 创建用于导航的母版页。

(2) 将导航控件添加到母版页。

(3) 创建网站的内容页,利用属性 MasterPageFile 与母版页关联。

下面通过一个实例来学习如何建立包含网站导航控件的母版页和与之关联的内容页。

实例 11-7　实现基于母版页的网站导航

在图 11-14 中,网站导航由母版页实现,内容页与母版页关联,并输入了一些提示信息。

图 11-14　Services. aspx 浏览效果图

源程序:SiteMapMasterPage.master

```
< % @ Master Language = "C♯" AutoEventWireup = "true"
CodeFile = "SiteMapMasterPage. master. cs"
Inherits = "chap11_SiteMapMasterPage" % >
...(略)
<form id = "form1" runat = "server">
<table cellpadding = "3" cellspacing = "1" width = "100 % "
style = "border - style: solid">
<tr>
    <td colspan = "2"> 站点导航栏测试</td>
</tr>
<tr>
   <td colspan = "2"   style = "border - style: solid; border - width: 1px; ">
        <asp:SiteMapPath ID = "SiteMapPath1" runat = "server"></asp:SiteMapPath>
   </td>
</tr>
<tr>
   <td>
<asp:TreeView ID = "TreeView1" runat = "server" DataSourceID = "SiteMapDataSource1"></asp:
TreeView>
```

```
        <asp:SiteMapDataSource ID = "SiteMapDataSource1" runat = "server" />
    </td>
    <td style = "border - style: solid; border - width: 1px">
        <asp:ContentPlaceHolder ID = "ContentPlaceHolder1" runat = "server">
        </asp:ContentPlaceHolder>
    </td>
</tr>
<tr>
<td colspan = "2"> 页底部版权等信息</td>
</tr>
</table>
</form>
…(略)
```

源程序: Services.aspx

```
<% @ Page Language = " C # " MasterPageFile = " ~/chap11/SiteMapMasterPage. master "
AutoEventWireup = "true"  CodeFile = "Services. aspx.cs" Inherits = "chap11_Services" Title =
"无标题页" %>
<asp:Content ID = "Content1" ContentPlaceHolderID = "ContentPlaceHolder1" runat = "Server">
<p>站点导航测试主页 Services.aspx</p>
<p>利用了母版页 SiteMapMasterPage.master</p>
</asp:Content>
```

操作步骤:

(1) 在 chap11 文件夹下添加母版页 SiteMapMasterPage. master,在母版页中添加一个 SiteMapPath 控件、一个 TreeView 控件和一个 SiteMapDataSource 控件,并设置 TreeView 控件的属性 DataSourceId 值为 SiteMapDataSource 控件的 ID 值。设计界面如图 11-15 所示。

图 11-15 SiteMapMasterPage. master 设计界面图

(2) 在 chap11 文件夹下添加与母版页 SiteMapMasterPage. master 关联的内容页 Services. aspx,输入提示信息。最后,浏览 Services. aspx 查看效果。可以看到页面的上部 有面包屑导航,左边有树型文件夹导航。

11.6 小 结

本章介绍了 ASP.NET 3.5 提供的导航系统。这个系统的核心是在 XML 文件(网站地图文件)中详细描述站点结构。同时提供功能强大的导航控件,例如 SiteMapPath 控件、TreeView 控件和 Menu 控件。导航控件可以获取网站地图文件的数据从而很方便地实现导航功能。可以利用嵌套的方式合理构建网站地图文件。利用新的导航系统可以节省大量的编码时间。要使用网站地图必须包含 Web.sitemap,并且必须存放在网站的根文件夹下。

本章还详细介绍了 SiteMapPath 控件、TreeView 控件和 Menu 控件的使用方法,以及如何利用母版页实现导航,从而更加高效地实现网站的导航系统。利用 SiteMapPath 控件可以方便地实现显示网页位于当前网站层次结构中位置的面包屑导航。该控件可以自动绑定 Web.sitemap,不需要数据源控件。TreeView 控件以树型结构显示网站地图,Menu 控件以菜单形式显示网站地图,二者都需要绑定数据源控件 SiteMapDataSource。

11.7 习 题

1. 填空题

(1) 网站地图文件的扩展名是_____。

(2) <siteMapNode>元素的 url 属性表示_____。

(3) 若要使用网站导航控件,必须在_____文件中描述网站的结构。

(4) SiteMapPath 控件的属性 PathDirection 功能是_____。

2. 是非题

(1) 一个网站地图中只能有一个<siteMapNode>根元素。( )

(2) 网站导航文件不能嵌套使用。( )

(3) 网站导航控件都必须通过 SiteMapPath 控件来访问网站地图数据。( )

(4) 母版页中不能添加导航控件。( )

3. 选择题

(1) 关于嵌套网站地图文件的说法中,( )是正确的。

A. 网站地图文件必须在网站根文件夹下。

B. 网站地图文件必须在 App_Data 子文件夹下。

C. 网站地图文件必须和引用的网页在同一个文件夹中。

D. Web.sitemap 必须在网站根文件夹下。

(2) 网站导航控件( )不需要添加数据源控件。

A. SiteMapPath   B. TreeView   C. Menu   D. SiteMapDataSource

(3) 母版页中使用导航控件,要求( )。

A. 母版页必须在根文件夹下。

B. 母版页名字必须为 Web.master。

C. 与普通页一样使用,浏览母版页时就可以查看效果。

D. 必须有内容页才能查看效果。

4. 简答题

(1) 描述网站地图文件的基本格式。

(2) 举例说明如何利用嵌套方式解决复杂的网站导航问题。

(3) 如何在母版页中使用网站导航功能?

5. 上机操作题

(1) 建立并调试本章的所有实例。

(2) 分析某新闻网站的结构,并建立网站地图。

(3) 模仿第 15 章 MyPetShop 综合实例的导航系统,建立导航系统。

(4) 建立描述本书目录的 XML 文件,并利用 TreeView 控件显示。

第 12 章

ASP.NET AJAX

本章要点：

☞ 了解 AJAX 基础知识。

☞ 理解 AJAX 工作原理。

☞ 理解 ASP.NET AJAX 技术。

☞ 掌握 ASP.NET AJAX 服务器控件的用法。

☞ 了解 ASP.NET AJAX Control Toolkit 的安装和控件功能。

12.1 AJAX 基础

AJAX(Asynchronous JavaScript and XML)是一种利用已经成熟的技术构建具有良好交互性的 Web 应用程序的好方法。通常称 AJAX 页面为无刷新 Web 页面。

ASP.NET AJAX 是 AJAX 的 Microsoft 实现方式，对 AJAX 的使用以控件形式提供，提高了易用性。ASP.NET AJAX 1.0 以单独下载的形式发布，可以在 ASP.NET 2.0 之上安装。从.NET Framework 3.5 开始，不再需要下载和安装单独的 ASP.NET AJAX。本节将介绍 AJAX 和 ASP.NET AJAX 基础知识。

12.1.1 AJAX 概述

众所周知，桌面应用程序，具有良好的交互性。Web 应用程序是最新的潮流，它们提供了在桌面上不能实现的服务。但是 Web 应用程序需要等待 Web 服务器响应、等待请求返回和生成新的页面，程序的交互性比桌面应用程序要差。AJAX 技术将桌面应用程序具有的交互性应用于 Web 应用程序，使 Web 应用程序能更好地展现动态而漂亮的用户界面。

AJAX 所用到的技术包括：

- XMLHttpRequest 对象。该对象允许浏览器与 Web 服务器通信，通过 MSXML ActiveX 组件可以在 IE 5.0 以上的浏览器中使用。

- JavaScript 代码。这是运行 AJAX Web 应用程序的核心代码，帮助改进与服务器应用程序的通信。

- DHTML。通过使用＜div＞、＜span＞和其他动态 HTML 元素来动态更新表单。

- 文档对象模型 DOM。通过 JavaScript 代码使用 DOM 处理 HTML 结构和服务器返回的 XML。

　　下面来比较没有利用 AJAX 技术和利用 AJAX 技术的 Web 应用程序之间的差别。如图 12-1 所示,在传统的 Web 应用程序中,每当用户请求网页时,将导致服务器端重新生成一个 Web 页面,不管内容是否重复,这个新的网页会覆盖掉原来的网页内容,也就是将其整个网页刷新。运用 AJAX 技术后,它便会在网页中嵌入一层 AJAX 引擎。当客户端请求网页时,由 AJAX 引擎向服务器端异步地发出请求。服务器端将收到的请求处理后再传回XML 格式数据到 AJAX 引擎。最后,部分更新客户端界面。整个过程由 AJAX 引擎异步完成,客户端不需要刷新整个页面。

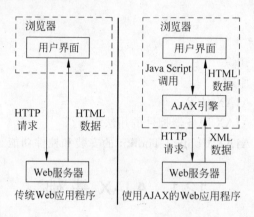

图 12-1　传统和使用 AJAX 的 Web 应用程序比较图

12.1.2　ASP.NET AJAX 技术

　　ASP.NET AJAX 是 AJAX 的 Microsoft 实现方式,专用于 ASP.NET 开发人员。使用ASP.NET 中的 AJAX 功能,可以生成丰富的 Web 应用程序。与传统的 Web 应用程序相比,基于 ASP.NET AJAX 的 Web 应用程序具有以下优点:

- 局部页刷新,即只刷新已发生更改的网页部分。
- 自动生成的代理类,可简化从客户端脚本调用 Web 服务方法的过程。
- 支持大部分流行的浏览器。
- 因为网页的大部分处理工作是在浏览器中执行的,所以大大提高了效率。

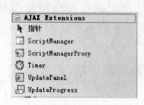

图 12-2　AJAX Extensions
界面图

　　ASP.NET AJAX 功能框架包含两部分:客户端脚本库和服务器端 AJAX Extensions。这两部分组合在一起提供了可靠的开发框架。客户端脚本库包含一系列的JavaScript 脚本,简化了开发人员创建 AJAX 窗体的复杂性。服务器端 AJAX Extensions 包含 ASP.NET AJAX 服务器控件,图 12-2 给出了 Visual Studio 2008 工具箱中的AJAX Extensions。这些 ASP.NET AJAX 服务器控件在使用时与其他 ASP.NET 控件一样方便。

实例 12-1 认识 ASP.NET AJAX

如图 12-3 所示,本实例创建了一个 AJAX Web 窗体,在窗体上既包含传统的控件,也包含 ASP.NET AJAX 控件,用以比较两者的差别。当单击"没有使用 AJAX"按钮,则会刷新整个页面,两个标签的内容都会改变。如果单击"使用 AJAX"按钮,则只刷新页面的部分区域,只有下面的标签内容会改变。

图 12-3 FirstAjax.aspx 浏览效果图

源程序:FirstAjax.aspx

```
<%@ Page Language = "C#" AutoEventWireup = "true" CodeFile = "FirstAjax.aspx.cs" Inherits =
"chap12_FirstAjax" %>
…(略)
<form id = "form1" runat = "server">
<div>
    <asp:ScriptManager ID = "ScriptManager1" runat = "server" />
    <asp:Label ID = "lblNoAjax" runat = "server" Text = "Label"></asp:Label>
    <asp:Button ID = "btnNoAjax" runat = "server" OnClick = "btnNoAjax_Click" Text = "没有使用
AJAX" />
    <asp:UpdatePanel ID = "UpdatePanel1" runat = "server">
      <ContentTemplate>
       <asp:Label ID = "lblUseAjax" runat = "server" Text = "Label"></asp:Label>
       <asp:Button ID = "btnUseAjax" runat = "server" OnClick = "btnUseAjax_Click" Text = "使
用 AJAX" />
      </ContentTemplate>
    </asp:UpdatePanel>
</div>
</form>
…(略)
```

源程序:FirstAjax.aspx.cs

```
using System;
using System.Web.UI.WebControls;
public partial class chap12_FirstAjax : System.Web.UI.Page
{
    //刷新整个页面
    protected void btnNoAjax_Click(object sender, EventArgs e)
    {
        lblNoAjax.Text = DateTime.Now.ToString();
        lblUseAjax.Text = DateTime.Now.ToString();
```

```
    }
    //刷新页面 UpdatePanel1 控件中的部分
    protected void btnUseAjax_Click(object sender, EventArgs e)
    {
        lblNoAjax.Text = DateTime.Now.ToString();
        lblUseAjax.Text = DateTime.Now.ToString();
    }
}
```

操作步骤：

（1）右击 chap12 文件夹，在弹出的快捷菜单中选择"添加新项"命令，在弹出的对话框中选择"AJAX Web 窗体"，在"名称"文本框中输入 FirstAjax. aspx，如图 12-4 所示。单击"添加"按钮，则在 chap12 文件夹中添加了 FirstAjax. aspx。与普通的 Web 窗体不同，该窗体最上面自动包含了一个 ScriptManager 控件 ScriptManager1。

（2）添加一个 Button 控件和一个 Label 控件，将 ID 属性分别修改为 btnNoAjax 和 lblNoAjax，将 Button 控件的 Text 属性修改为"没有使用 AJAX"。

（3）添加一个 UpdatePanel 控件 UpdatePanel1。

（4）在控件 UpdatePanel1 中添加一个 Button 控件和一个 Label 控件，将 ID 属性分别修改为 btnUseAjax 和 lblUseAjax，将 Button 控件的 Text 属性修改为"使用 AJAX"。设计界面如图 12-5 所示。

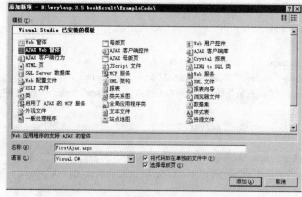

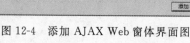

图 12-4　添加 AJAX Web 窗体界面图

图 12-5　FirstAjax. aspx 设计界面图

（5）建立 FirstAjax. aspx. cs。最后，浏览 FirstAjax. aspx 进行测试。

程序说明：

事件处理程序 btnNoAjax_Click 和 btnUseAjax_Click 都回送服务器当前时间。不同的是前者将刷新整个网页，而后者只刷新 lblUseAjax 所在的 UpdatePanel 区。其中＜ContentTemplate＞子元素标识需要刷新的区域。有关 UpdatePanel 控件的内容将在 12.2 节介绍。

12.2　ASP.NET AJAX 服务器控件

当把 ASP.NET AJAX 控件添加到 ASP.NET 网页上后，再浏览这些网页会自动将支持的客户端 JavaScript 脚本发送到浏览器以获取 AJAX 功能。

最常使用的 ASP.NET AJAX 服务器控件包括：

- ScriptManager——管理客户端组件、局部页刷新、本地化、全球化和自定义用户脚本的脚本资源。如果使用 UpdatePanel、UpdateProgress 和 Timer 控件，就必须包含 ScriptManager 控件。
- UpdatePanel——实现刷新页的选定部分，而不是使用同步回发来刷新整个页面。
- UpdateProgress——提供有关 UpdatePanel 控件中的局部页刷新的状态信息。
- Timer——按定义的时间间隔执行回发。可以使用 Timer 控件来发送整个页面，或配合使用 UpdatePanel 控件以按定义的时间间隔执行局部页刷新。

本节将分别介绍这些 ASP.NET AJAX 服务器控件以及它们的用法。

12.2.1 ScriptManager 控件

ScriptManager 控件是 ASP.NET 中 AJAX 功能的核心，它管理着一个页面上的所有 ASP.NET AJAX 资源。包括将 Microsoft AJAX 库的 JavaScript 脚本下载到浏览器和协调通过使用控件 UpdatePanel 启用的局部页面刷新。每个实现 AJAX 功能的页面都需要添加一个 ScriptManager 控件。定义的语法格式如下：

```
<asp:ScriptManager ID = "ScriptManager1" runat = "server" />
```

如果仅在一个 ASP.NET 网页上添加了一个 ScriptManager 控件，而没有添加其他的 ASP.NET AJAX 服务器控件，则在浏览该网页时就会将 Microsoft AJAX 库的 JavaScript 脚本下载到浏览器。

ScriptManager 控件的属性 EnablePartialRendering 确定了网页是否能实现局部页刷新功能。默认情况下，属性 EnablePartialRendering 值为 true。因此，默认情况下，当向网页添加 ScriptManager 控件时，将启用局部页刷新功能。

下面的源程序 ScriptManager.aspx 是仅包含一个 ScriptManager 的 ASP.NET AJAX 页。源程序 ScriptManger 是浏览 ScriptManager.aspx 后，在 IE 浏览器中查看源文件看到的代码。从中可以看出，在客户端生成了支持 AJAX 功能的 JavaScript 脚本库。

源程序：ScriptManager.aspx

```
<%@ Page Language = "C#" AutoEventWireup = "true" CodeFile = "ScriptManager.aspx.cs"
Inherits = "ScriptManager" %>
…（略）
<form id = "form1" runat = "server">
  <div>
     <asp:ScriptManager ID = "ScriptManager1" runat = "server" />
  </div>
</form>
…（略）
```

源程序：ScriptManger

```
<!DOCTYPE html PUBLIC " - //W3C//DTD XHTML 1.0 Transitional//EN"
"http://www.w3.org/TR/xhtml1/DTD/xhtml1 - transitional.dtd">
<html xmlns = "http://www.w3.org/1999/xhtml">
```

```html
<head><title>
    ScriptManager.aspx
</title>
    <script type = "text/javascript">
        function pageLoad() {
        }
    </script>
</head>
<body>
    <form name = "form1" method = "post" action = "ScriptManager.aspx" id = "form1">
<div>
<input type = "hidden" name = "__EVENTTARGET" id = "__EVENTTARGET" value = "" />
<input type = "hidden" name = "__EVENTARGUMENT" id = "__EVENTARGUMENT" value = "" />
<input type = "hidden" name = "__VIEWSTATE" id = "__VIEWSTATE"
value = "/wEPDwUKLTY0Mzg3MTY0M2RkqUgH9Y96aDdQcPdNqxgYQxXsEpE = " />
</div>


<script type = "text/javascript">
//<![CDATA[
var theForm = document.forms['form1'];
if (!theForm) {
    theForm = document.form1;
}
function __doPostBack(eventTarget, eventArgument) {
    if (!theForm.onsubmit || (theForm.onsubmit() != false)) {
        theForm.__EVENTTARGET.value = eventTarget;
        theForm.__EVENTARGUMENT.value = eventArgument;
        theForm.submit();
    }
}
//]]>
</script>


<script src = "/ExampleCode/WebResource.axd?d = ljgWkLr7fNFB2Smd3CBIgA2&amp;t = 631952827135000000"
type = "text/javascript"></script>


<script
src = "/ExampleCode/ScriptResource.axd?d = - vKcbOgny8SWlMLGjr_UkQF6iHNeRuekxwjEqrKjkfiqbf - SKpH8C
naUyx0k4eE06l53NGV_dGuFt - lvMOEIJAcFN - jsnMsxO5RH81JQhxM1&amp;t = 633532828097968750"
type = "text/javascript"></script>


<script type = "text/javascript">
//<![CDATA[
if (typeof(Sys) = = = 'undefined') throw new Error('ASP.NET Ajax 客户端框架未能加载。');
//]]>
</script>


<script
```

```
src = "/ExampleCode/ScriptResource.axd?d = - vKcbOgny8SWlMLGjr_UkQF6iHNeRuekxwjEqrKjkfiqbf - SKpH8C
naUyx0k4eE0M4Hr - K3vxwmiXoEbOWtjgP859bu8qxF0saL4cyIueemtzDEYSEmYGGYH3dDMn5qZ0&amp;t =
633532828097968750"type = "text/javascript"></script>
    <div>
        <script type = "text/javascript">
//<![CDATA[
Sys.WebForms.PageRequestManager._initialize('ScriptManager1', document.getElementById('form1'));
Sys.WebForms.PageRequestManager.getInstance()._updateControls([], [], [], 90);
//]]>
</script>
    </div>

<script type = "text/javascript">
//<![CDATA[
Sys.Application.initialize();
//]]>
</script>
</form>
</body>
</html>
```

1. 在 ScriptManager 中注册自定义 JavaScript 脚本

在 ASP.NET 网页中可以通过<script>元素引用 JavaScript 脚本文件，如：

```
<script type = "text/javascript" src = "MyScript.js"></script>
```

但是，以此方式调用的脚本将不能局部刷新页面，或无法访问 Microsoft AJAX 库的某些组件。若要使脚本文件能支持 ASP.NET AJAX Web 应用程序，必须在该页面的 ScriptManager 控件中注册该脚本文件。注册脚本文件的方法是在 ScriptManager 控件的<Scripts>子元素中创建一个指向脚本文件的 ScriptReference 对象。操作时，可通过设置 ScriptManager 控件的 Scripts 属性实现，如图 12-6 所示。

图 12-6　ScriptManager 控件的 Scripts 属性设置图

设置后的示例代码如下：

```
<asp:ScriptManager ID = " ScriptManager1" runat = "server">
  <Scripts>
    <asp:ScriptReference path = "MyScript.js" />
  </Scripts>
</asp:ScriptManager>
```

上述示例代码表示在 ScriptManager 控件 ScriptManager1 中注册了脚本文件 MyScript.js。与一般的脚本文件不同，这里的脚本文件若要能被 ScriptManager 控件正确处理，则必须在脚本文件末尾包含对 Sys.Application.notifyScriptLoaded()方法的调用。也就是说，脚本文件 MyScript.js 的最后一句必须是：

```
if (typeof(Sys) !== 'undefined')  Sys.Application.notifyScriptLoaded();
```

该语句的作用是通知应用程序，已完成脚本文件的加载。

另外，还可以使用 RegisterClientScriptBlock()方法直接在 ScriptManager 控件中注册脚本。示例代码如下：

```
ScriptManager.RegisterClientScriptBlock(Button1, typeof(Button), DateTime.Now.ToString(),
"alert('welcome')", true);
```

该语句作用是将 JavaScript 脚本注册到 Button1 控件，在执行时单击 Button1 将在网页中弹出一个对话框。

2. 在母版页中使用 ScriptManager

可以在母版页中添加 ScriptManager 控件，然后在内容页中添加其他 ASP.NET AJAX 控件实现页面局部刷新功能。需要注意的是，在 ASP.NET AJAX 页中只允许包含一个 ScriptManager 控件。因此，如果在母版页中已添加了 ScriptManager 控件，则在内容页中就不能再添加 ScriptManager 控件。如果这时还要在内容页中使用 ScriptManager 控件的其他功能，可以通过添加 ScriptManagerProxy 控件实现。ScriptManagerProxy 控件工作方式和 ScriptManager 控件相同，只是它专用于使用了母版页的内容页。例如，以下的示例代码表示在一个内容页中利用 ScriptManagerProxy 控件添加注册脚本 MyScript.js。

```
<% @ Page Language = "C#" MasterPageFile = "~/AjaxMasterPage.master" %>
<asp:Content ID = "Content1" ContentPlaceHolderID = "ContentPlaceHolder1" Runat = "Server">
    <asp:ScriptManagerProxy ID = "ScriptManagerProxy1" runat = "server">
        <Scripts>
            <asp:ScriptReference Path = "MyScript.js" />
        </Scripts>
    </asp:ScriptManagerProxy>
</asp:Content>
```

12.2.2　UpdatePanel 控件

UpdatePanel 控件是一个容器控件，该控件自身不会在页面上显示任何内容，主要作用是放置在其中的控件将具有局部刷新的功能。通过使用 UpdatePanel 控件,减少了整页回发时的屏幕闪烁并提高了网页交互性,改善了用户体验,同时也减少了在客户端和服务器之间传输的数据量。

一个页面上可以放置多个 UpdatePanel 控件。每个 UpdatePanel 控件可以指定独立的页面区域,实现独立的局部刷新功能。实际使用时将需要局部刷新的控件放在 UpdatePanel 控件内部的＜ContentTemplate＞子元素中。另外,还可以利用控件的＜Triggers＞元素内的＜asp:AsyncPostBackTrigger＞元素定义触发器。示例代码如下:

```
<asp:UpdatePanel ID = "UpdatePanel1" runat = "server">
    <ContentTemplate>
            … //添加需要刷新的控件
    </ContentTemplate>
    <Triggers>
            <asp:AsyncPostBackTrigger ControlID = "Button1" EventName = "Click" />
    </Triggers>
</asp:UpdatePanel>
```

其中,＜asp:AsyncPostBackTrigger ControlID＝"Button1" EventName＝"Click" /＞定义了触发器,表示在触发控件 Button1 的 Click 事件后,会产生异步回发并刷新＜ContentTemplate＞元素中的控件。

1. 使用内部按钮刷新 UpdatePanel 控件

内部按钮是指包含于 UpdatePanel 控件内的按钮。

实例 12-2　使用内部按钮刷新 UpdatePanel 控件

如图 12-7 所示,单击命令按钮时会引发页面往返,包含于 UpdatePanel 控件中的 Label 控件和 Button 控件将被刷新。

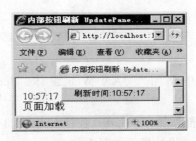

图 12-7　UpdatePanel1.aspx 浏览效果图

实际上,在使用时允许其他能引起页面往返的控件来代替按钮控件,如设置了属性 AutoPostBack＝"true" 的 DropDownList 控件。当选择 DropDownList 控件中不同的项时,将局部刷新 UpdatePanel 控件指定的页面区域。

源程序:UpdatePanel1.aspx

```
<%@ Page Language = "C#" AutoEventWireup = "true" CodeFile = "UpdatePanel1.aspx.cs"
Inherits = "chap12_UpdatePanel1" %>
…(略)
```

```
<form id = "form1" runat = "server">
<div>
    <asp:ScriptManager ID = "ScriptManager1" runat = "server" />
    <asp:UpdatePanel ID = "UpdatePanel1" runat = "server">
        <ContentTemplate>
            <asp:Label ID = "Label1" runat = "server" Text = "Label"></asp:Label>
            <asp:Button ID = "Button1" runat = "server" OnClick = "Button1_Click"
Text = "刷新 UpdatePanel"  Width = "147px" />
        </ContentTemplate>
    </asp:UpdatePanel>
    <asp:Label ID = "Label2" runat = "server" Text = "控件外标签"></asp:Label>
</div>
</form>
…（略）
```

源程序：UpdatePanel1.aspx.cs

```
using System;
public partial class chap12_UpdatePanel1 : System.Web.UI.Page
{
    protected void Page_Load(object sender, EventArgs e)
    {
        Label1.Text = "UpdatePanel 控件加载";
        Label2.Text = "页面加载";
    }
    protected void Button1_Click(object sender, EventArgs e)
    {
        Label1.Text = DateTime.Now.ToLongTimeString();
        Button1.Text = "刷新时间:" + DateTime.Now.ToLongTimeString();
        Label2.Text = DateTime.Now.ToLongTimeString();
    }
}
```

操作步骤：

（1）在 chap12 文件夹中添加"AJAX Web 窗体"UpdatePanel1.aspx，添加一个 UpdatePanel 控件。

（2）在 UpdatePanel1 内部添加一个 Label 控件 Label1 和一个 Button 控件 Button1，外部添加一个 Label 控件 Label2，设计界面如图 12-8 所示。

（3）建立 UpdatePanel1.aspx.cs 文件。最后，在浏览器中测试 UpdatePanel1.aspx 页。

图 12-8 UpdatePanel1.aspx 设计界面图

程序说明：

默认情况下，UpdatePanel 控件内的任何回发控件（如 Button 控件）都将导致异步回发并刷新面板的内容。Label1 控件和 Button1 控件都包含在 UpdatePanel1 控件的 ＜ContentTemplate＞子元素中。当单击命令按钮时会引发页面往返，页面上的 Label1 控件和 Button1 控件都被刷新，而控件 Label2 没有刷新。

2. 使用外部按钮刷新 UpdatePanel 控件

外部按钮是指未包含在 UpdatePanel 控件内的按钮。若要在单击按钮时实现局部刷新功能，就需要在 UpdatePanel 控件的＜Triggers＞元素中进行触发器设置。

实例 12-3　使用外部按钮刷新 UpdatePanel 控件

如图 12-9 所示，单击命令按钮时会引发页面往返，页面上的 Label1 控件将被刷新，而 Button1 控件不刷新。

图 12-9　UpdatePanel2.aspx 浏览效果图

源程序：UpdatePanel2.aspx

```
< % @ Page Language = "C#" AutoEventWireup = "true" CodeFile = "UpdatePanel2.aspx.cs"
Inherits = "chap12_UpdatePanel2" % >
…（略）
<form id = "form1" runat = "server">
<div>
  <asp:ScriptManager ID = "ScriptManager1" runat = "server" />
  <asp:UpdatePanel ID = "UpdatePanel1" runat = "server">
    <ContentTemplate>
        <asp:Label ID = "Label1" runat = "server" Text = "Label"></asp:Label>
    </ContentTemplate>
    <Triggers>
        <asp:AsyncPostBackTrigger ControlID = "Button1" EventName = "Click" />
    </Triggers>
  </asp:UpdatePanel>
</div>
 <asp:Button ID = "Button1" runat = "server" OnClick = "Button1_Click" Text = "刷新 UpdatePanel" />
</form>
…（略）
```

源程序：UpdatePanel2.aspx.cs

```
using System;
public partial class chap12_UpdatePanel2 : System.Web.UI.Page
```

```
    {
        protected void Page_Load(object sender, EventArgs e)
        {
            Label1.Text = "UpdatePanel 控件加载";
        }
        protected void Button1_Click(object sender, EventArgs e)
        {
            Label1.Text = DateTime.Now.ToLongTimeString();
            Button1.Text = "刷新时间:" + DateTime.Now.ToLongTimeString();
        }
    }
}
```

操作步骤:

(1) 在 chap12 文件夹中添加"AJAX Web 窗体"UpdatePanel2. aspx,添加一个 UpdatePanel 控件。

(2) 在 UpdatePanel1 内部添加一个 Label 控件,外部添加一个 Button 控件,设计界面如图 12-10 所示。为 UpdatePanel1 指定触发器 AsyncPostBackTrigger:Button1. Click,如图 12-11 所示。

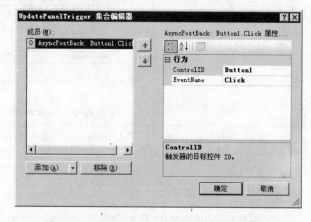

图 12-10 UpdatePanel2. aspx 设计界面图   图 12-11 UpdatePanel1 控件的触发器设置图

(3) 建立 UpdatePanel2. aspx. cs 文件。最后,在浏览器中浏览 UpdatePanel2. aspx 进行测试。

程序说明:

为了避免不必要的数据回送,可以只将需要更新的控件放在 UpdatePanel 控件内部的 <ContentTemplate>子元素中。而将引发回送事件的控件放在 UpdatePanel 控件外部。同时为 UpdatePanel 控件建立<Triggers>子元素标识的触发器。与实例 12-2 比较,本实例将返回一个较小的异步响应。

3. 同一个页面使用多个 UpdatePanel 控件

启用局部页刷新后,控件可执行一个回发来更新整个网页,也可执行异步回发来刷新一个或多个 UpdatePanel 控件的内容。是否导致异步回发并刷新 UpdatePanel 控件将根据属性 UpdateMode 的值而定。

如果将 UpdatePanel 控件的属性 UpdateMode 值设置为 Always,则每次执行回发时都会刷新控件 UpdatePanel 的内容。回发包括来自其他 UpdatePanel 控件所包含的控件的异步回发,也包括来自 UpdatePanel 控件未包含的控件的回发。

如果将属性 UpdateMode 值设置为 Conditional,则会在以下情况下刷新 UpdatePanel 控件的内容:

(1) 显式调用 UpdatePanel 控件的 Update()方法时。

(2) UpdatePanel 控件嵌套在另一个 UpdatePanel 控件中并且刷新父面板时。

(3) 通过使用 UpdatePanel 控件的 Triggers 属性定义为触发器的控件导致回发时。在这种情况下,该控件显式触发 UpdatePanel 内容的刷新。

(4) 将属性 ChildrenAsTriggers 值设置为 true 并且 UpdatePanel 控件的子控件导致回发时。

注意:不允许同时将属性 ChildrenAsTriggers 值设置为 false 和属性 UpdateMode 值设置为 Always,否则会引发异常。

实例 12-4　同一个页面使用多个 UpdatePanel 控件

如图 12-12 所示,在 AJAX Web 窗体中包含两个 UpdatePanel 控件所指定的独立更新区域。单击不同的按钮刷新不同的区域。当单击命令按钮"刷新面板 1"时会引发页面往返,页面上的 Label1 和 Button1 控件被刷新。当单击命令按钮"刷新面板 2"时会引发页面往返,页面上的 Label2 控件被刷新。

图 12-12　MultiUpdatePanel.aspx 浏览效果图

源程序:MultiUpdatePanel.aspx

```
<%@ Page Language = "C#" AutoEventWireup = "true" CodeFile = "MultiUpdatePanel.aspx.cs"
    Inherits = "chap12_MultiUpdatePanel" %>
…(略)
<form id = "form1" runat = "server">
    <asp:ScriptManager ID = "ScriptManager1" runat = "server" />
    <asp:UpdatePanel ID = "UpdatePanel1" runat = "server" UpdateMode = "Conditional">
        <ContentTemplate>
            <asp:Label ID = "Label1" runat = "server" Text = "时间显示 1"></asp:Label>
            <asp:Button ID = "Button1" runat = "server" OnClick = "Button1_Click"
                    Text = "刷新面板 1" />
```

```
        </ContentTemplate>
    </asp:UpdatePanel>
    <asp:UpdatePanel ID = "UpdatePanel2" runat = "server" UpdateMode = "Conditional">
        <ContentTemplate>
            <asp:Label ID = "Label2" runat = "server" Text = "时间显示 2"></asp:Label>
        </ContentTemplate>
        <Triggers>
            <asp:AsyncPostBackTrigger ControlID = "Button2" EventName = "Click" />
        </Triggers>
    </asp:UpdatePanel>
    <asp:Button ID = "Button2" runat = "server" OnClick = "Button2_Click" Text = "刷新面板 2" />
</form>
…(略)
```

源程序：MultiUpdatePanel.aspx.cs

```
using System;
public partial class chap12_MultiUpdatePanel : System.Web.UI.Page
{
    protected void Button1_Click(object sender, EventArgs e)
    {
        Label1.Text = "刷新时间:" + DateTime.Now.ToLongTimeString();
    }
    protected void Button2_Click(object sender, EventArgs e)
    {
        Label2.Text = "刷新时间:" + DateTime.Now.ToLongTimeString();
    }
}
```

操作步骤:

（1）在 chap12 文件夹中新建"AJAX Web 窗体"MultiUpdatePanel.aspx，添加两个 UpdatePanel 控件 UpdatePanel1 和 UpdatePanel2，将属性 UpdateMode 值都设置为 Conditional。

（2）在 UpdatePanel1 中添一个 Label 控件 Label1 和一个 Button 控件 Button1。

（3）在 UpdatePanel2 中添一个 Label 控件 Label2。在 UpdatePanel1 和 UpdatePanel2 控件外添加一个 Button 控件 Button2，为 UpdatePanel2 指定触发器 AsyncPostBackTrigger：Button2.Click。设计界面如图 12-13 所示。

图 12-13　MultiUpdatePanel.aspx 设计界面图

（4）建立 MultiUpdatePanel.aspx.cs 文件。最后，在浏览器中浏览 MultiUpdatePanel.aspx 进行测试。

12.2.3　Timer 控件

ASP.NET AJAX Timer 控件按定义的时间间隔引发页面往返。当 Web 应用程序需要定期刷新一个或多个 UpdatePanel 控件的内容时，可以使用 Timer 控件来实现。如定期运行服务器上的代码、按定义的时间间隔刷新网页等。

Timer 控件会将一个 JavaScript 组件嵌入到网页中。当经过属性 Interval 定义的时间间隔后,该 JavaScript 组件将从浏览器启动回发。此时,Timer 控件的 Tick 事件将被触发。

设置 Interval 属性可指定回发发生的频率,而设置 Enabled 属性可启用或禁用 Timer 控件。属性 Interval 值是以毫秒为单位定义的,其默认值为 60 000 毫秒(60 秒)。如果将 Timer 控件的属性 Interval 值设置为一个较小值将会产生发送到 Web 服务器的大量通信数据。所以设置合理的属性 Interval 值非常关键,通常在满足需要的情况下属性 Interval 值要尽量大些。

使用 Timer 控件时,必须在网页中包括 ScriptManager 控件。可以在网页上包含多个 Timer 控件。也可以将一个 Timer 控件用作网页中多个 UpdatePanel 控件的触发器关联控件。

实例 12-5 Timer 控件应用

如图 12-14 所示,本实例利用 Timer 控件来定时刷新网页上的汇率值以及该汇率的生成时间。初始情况下,Timer 控件每 5 秒引发页面往返一次,从而更新一次 UpdatePanel 中的内容。用户可以选择每 5 秒、每 60 秒更新一次汇率值,或根本不更新。

图 12-14 Timer.aspx 浏览效果图

源程序: Timer.aspx

```
<%@ Page Language = "C#" AutoEventWireup = "true" CodeFile = "Timer.aspx.cs"
Inherits = "chap12_Timer" %>
…(略)
<form id = "form1" runat = "server">
  <asp:ScriptManager ID = "ScriptManager1" runat = "server" />
  <asp:Timer ID = "Timer1" OnTick = "Timer1_Tick" runat = "server" Interval = "11000" />
  <asp:UpdatePanel ID = "StockPricePanel" runat = "server" UpdateMode = "Conditional">
    <Triggers>
        <asp:AsyncPostBackTrigger ControlID = "Timer1" />
    </Triggers>
    <ContentTemplate>
      汇率:1$ 兑换 RMB ￥
      <asp:Label ID = "lblStockPrice" runat = "server"></asp:Label><br />
      时间:<asp:Label ID = "lblTimeOfPrice" runat = "server"></asp:Label><br />
    </ContentTemplate>
  </asp:UpdatePanel>
</asp:UpdatePanel>
<div>
```

```
            <br /> 刷新频率:<br />
            <asp:RadioButton ID = "RadioButton1" AutoPostBack = "true"
                      GroupName = "TimerFrequency" runat = "server" Text = "5 秒"
                      OnCheckedChanged = "RadioButton1_CheckedChanged" /><br />
            <asp:RadioButton ID = "RadioButton2" AutoPostBack = "true"
                      GroupName = "TimerFrequency" runat = "server" Text = "60 秒"
                      OnCheckedChanged = "RadioButton2_CheckedChanged" /><br />
            <asp:RadioButton ID = "RadioButton3" AutoPostBack = "true"
                      GroupName = "TimerFrequency" runat = "server" Text = "不刷新"
                      OnCheckedChanged = "RadioButton3_CheckedChanged" /> <br />
        页面最后更新时间:<asp:Label ID = "lblOriginalTime" runat = "server"></asp:Label>
    </div>
    </form>
    ... （略）
```

源程序: Timer.aspx.cs

```csharp
using System;
public partial class chap12_Timer : System.Web.UI.Page
{
    protected void Page_Load(object sender, EventArgs e)
    {
        lblOriginalTime.Text = DateTime.Now.ToLongTimeString();
    }
    protected void Timer1_Tick(object sender, EventArgs e)
    {
        //显示随机汇率值，实际使用时需从数据库中获取数据
        lblStockPrice.Text = GetStockPrice();
        //显示汇率时间
        lblTimeOfPrice.Text = DateTime.Now.ToLongTimeString();
    }
    //返回一个随机的汇率值
    private string GetStockPrice()
    {
        double randomStockPrice = 6.7 + new Random().NextDouble();
        return randomStockPrice.ToString("C");
    }
    //将刷新间隔时间设置为 5 秒
    protected void RadioButton1_CheckedChanged(object sender, EventArgs e)
    {
        Timer1.Enabled = true;
        Timer1.Interval = 5000;
    }
    //将刷新间隔时间设置为 60 秒
    protected void RadioButton2_CheckedChanged(object sender, EventArgs e)
    {
        Timer1.Enabled = true;
        Timer1.Interval = 60000;
    }
    //设置为不刷新
    protected void RadioButton3_CheckedChanged(object sender, EventArgs e)
    {
```

```
            Timer1.Enabled = false;
        }
    }
```

操作步骤：

（1）在 chap12 文件夹中添加"AJAX Web 窗体"Timer.aspx。

（2）添加一个 ScriptManager 控件、一个 Timer 控件、一个 UpdatePanel 控件和三个 RadioButton 控件。在 UpdatePanel1 中添加一个 Label 控件，并指定触发器。设计界面如图 12-15 所示。

（3）建立 Timer.aspx.cs 文件。最后，在浏览器中浏览 Timer.aspx 进行测试。

程序说明：

Timer1_Tick 事件处理程序在 Timer1.Enabled 值为 true 的情况下，间隔 Timer1.Interval 属性设置的时间自动执行一次。RadioButton3_CheckedChanged 将 Timer1.Enabled 值设置为 false 后，浏览器将不

图 12-15　Timer.aspx 设计界面图

再启动回发，也就是说 Timer1_Tick 事件的代码就不会被执行。事件 RadioButton1_CheckedChanged 和 RadioButton2_CheckedChanged 则启用控件 Timer1，并通过修改控件 Timer1 的 Interval 值来设置回发的频率。

12.2.4　UpdateProgress 控件

当网页包含一个或多个用于局部页刷新的 UpdatePanel 控件时，UpdateProgress 控件可用于设计更为直观的用户界面（UI）。如果局部页刷新速度较慢，通过 UpdateProgress 控件可以显示任务的完成情况。

在一个网页上可以放置多个 UpdateProgress 控件，通过设置 UpdateProgress 控件的属性 AssociatedUpdatePanelID，可以使每个 UpdateProgress 控件与单个 UpdatePanel 控件关联。也可以使用一个不与任何特定 UpdatePanel 控件相关联的 UpdateProgress 控件，在这种情况下，该控件将为所有 UpdatePanel 控件显示进度消息。示例代码如下：

```
<form id = "form1" runat = "server">
    <div>
    <asp:ScriptManager ID = "ScriptManager1" runat = "server">
    </asp:ScriptManager>
    <asp:UpdatePanel ID = "UpdatePanel1" runat = "server">
        <ContentTemplate>
            <asp:Button ID = "Button1" runat = "server" Text = "服务" OnClick = "Button1_Click" />
        </ContentTemplate>
    </asp:UpdatePanel>
    <asp:UpdateProgress ID = "UpdateProgress1" runat = "server">
        <ProgressTemplate>
                请求服务中…
```

```
            </ProgressTemplate>
        </asp:UpdateProgress>
    </div>
</form>
```

其中,UpdateProgress 控件放在 UpdatePanel 控件外,没有设置属性 Associated UpdatePanelID,默认和页面上所有的 UpdatePanel 控件相关联。再看下面的示例代码:

```
<form id = "form1" runat = "server">
<div>
    <asp:ScriptManager ID = "ScriptManager1" runat = "server">
    </asp:ScriptManager>
    <asp:UpdatePanel ID = "UpdatePanel1" runat = "server">
        <ContentTemplate>
            <asp:Button ID = "Button1" runat = "server" Text = "更新 1" OnClick = "Button1_Click" />
            <asp:UpdateProgress ID = "UpdateProgress1" runat = "server"
AssociatedUpdatePanelID = "UpdatePanel1">
                    <ProgressTemplate>
                        UpdatePanel1 更新中…
                    </ProgressTemplate>
            </asp:UpdateProgress>
        </ContentTemplate>
    </asp:UpdatePanel>
    <asp:UpdatePanel ID = "UpdatePanel2" runat = "server">
        <ContentTemplate>
            <asp:Button ID = "Button2" runat = "server" Text = "更新 2"OnClick = "Button2_Click" />
            <asp:UpdateProgress ID = "UpdateProgress2" runat = "server"
AssociatedUpdatePanelID = "UpdatePanel2">
                    <ProgressTemplate>
                        UpdatePanel2 更新中…
                    </ProgressTemplate>
            </asp:UpdateProgress>
        </ContentTemplate>
    </asp:UpdatePanel>
</div>
</form>
```

其中,UpdateProgress1 控件和 UpdateProgress2 控件分别位于 UpdatePanel1 控件和 UpdatePanel2 控件的<ContentTemplate>元素内,AssociatedUpdatePanelID = "UpdatePanel1" 将 UpdateProgress1 控件和 UpdatePanel1 控件相关联,AssociatedUpdatePanelID = "UpdatePanel2"将 UpdateProgress2 控件和 UpdatePanel2 控件相关联。则当单击"更新 1" 按钮时,只显示进度控件 UpdateProgress1,而单击"更新 2"按钮时,只显示进度控件 UpdateProgress2。

实例 12-6 UpdateProgress 控件应用

如图 12-16 所示,当单击命令按钮时会显示 UpdateProgress 中的内容,请求结束后就 不再显示进度条信息,如图 12-17 所示。

图 12-16　UpdateProgress. aspx 浏览效果图　　　图 12-17　请求结束后效果图

源程序：UpdateProgress. aspx

```
<% @ Page Language = "C♯" AutoEventWireup = "true" CodeFile = "UpdateProgress. aspx. cs"
Inherits = "chap12_UpdateProgress" % >
…（略）
<form id = "form1" runat = "server">
  <asp:ScriptManager ID = "ScriptManager1" runat = "server" />
  <asp:UpdatePanel ID = "UpdatePanel1" runat = "server">
      <ContentTemplate>
          <asp:Label ID = "lblTime" runat = "server" Font - Bold = "True"></asp:Label>
          <asp:Button ID = "btnRefreshTime" runat = "server" OnClick = "cmdRefreshTime_
Click" Text = "向服务器申请刷新" />
      </ContentTemplate>
  </asp:UpdatePanel>
  <br />
  <asp:UpdateProgress runat = "server" ID = "updateProgress1">
      <ProgressTemplate>
          <div style = "font - size: xx - small">
              正在连接服务器 …<img src = "wait.gif" />
          </div>
      </ProgressTemplate>
  </asp:UpdateProgress>
</form>
…（略）
```

源程序：UpdateProgress. aspx. cs

```
using System;
public partial class chap12_UpdateProgress : System. Web. UI. Page
{
    protected void cmdRefreshTime_Click(object sender, EventArgs e)
    {
        //延时 10 秒
        System. Threading. Thread. Sleep(TimeSpan. FromSeconds(10));
        lblTime. Text = DateTime. Now. ToLongTimeString();
    }
}
```

操作步骤：

（1）在 chap12 文件夹中添加"AJAX Web 窗体"
UpdateProgress.aspx。

（2）添加 UpdateProgress 和 UpdatePanel 控件
各一个，设计界面如图 12-18 所示。

（3）建立 UpdateProgress.aspx.cs 文件。最后，
在浏览器中浏览 UpdateProgress.aspx 进行测试。

程序说明：

命令按钮 btnRefreshTime 的 Click 事件代码利用
Thread.Sleep()方法延时 10 秒，然后再返回服务器的
当前时间。在实际应用中，延迟往往是由于较大的数
据通信量或需要花很长时间来处理的服务器代码造成
的，例如需要长时间运行的复杂数据库查询等。

图 12-18　UpdateProgress.aspx
设计界面图

12.3　ASP.NET AJAX Control Toolkit

为了更好地利用 ASP.NET AJAX，Microsoft 一直在开发一系列支持 AJAX 并可以在
ASP.NET 应用程序中使用的扩展 AJAX 控件，这些控件统称为 ASP.NET AJAX Control
Toolkit。默认情况下，ASP.NET AJAX Control Toolkit 并没有安装到 Visual Studio 2008
中，要获取 ASP.NET AJAX Control Toolkit，可以访问网站 http://www.asp.net/ajax/，
并按页面上的链接找到最新版本的下载页面。

从站点上下载 ZIP 文件后，把它解压到硬盘某个位置。在下载文件中包含一个 .vsi 文
件 AjaxControlToolkit.vsi，运行该安装文件会安装新的 Visual Studio 项目模板。

如果要使用这些扩展 AJAX 控件，需要手工添加到 Visual Studio 2008 工具箱中。操
作步骤如下：

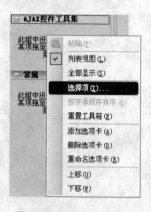

图 12-19　选择项界面图

（1）右击"工具箱"，在弹出的快捷菜单中选择"添加选项
卡"命令，将选项卡命名为"AJAX 控件工具集"（选项卡名可
自定）。

（2）右击"AJAX 控件工具集"选项卡，在弹出的快捷菜单中
选择"选择项"命令，如图 12-19 所示。

（3）打开"选择工具箱项"对话框，单击"浏览"按钮，选择
C:\AjaxControlToolkit-Framework3\SampleWebSite\Bin（假
设 ZIP 文件解压缩到 C:\AjaxControlToolkit-Framework3）文
件夹下的 AjaxControlToolkit.dll，如图 12-20 所示。单击"确
定"按钮，则将扩展 AJAX 控件添加到了"AJAX 控件工具集"工
具箱，如图 12-21 所示。

扩展 AJAX 控件的使用与其他控件的使用方式相同，当在 ASP.NET 网页上添加扩展
AJAX 控件后，AjaxControlToolkit.dll 会自动添加到相应 Web 应用程序的 Bin 文件夹下。

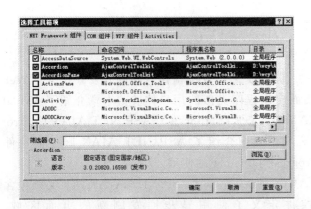

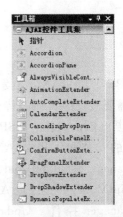

图 12-20　选择工具箱项界面图　　　　图 12-21　AJAX 控件工具集界面图

表 12-1 给出了 ASP.NET AJAX Control Toolkit 包含的部分常用 AJAX 控件和简要功能说明。

表 12-1　部分常用扩展 AJAX 控件表

控　件	说　明
AlwaysVisibleControlExtender	悬浮在固定位置的面板
CollapsiblePanelExtender	可折叠的面板
DropShadowExtender	让面板投射出阴影
HoverMenuExtender	显示附加信息的面板
ModalPopupExtender	网页中的模态对话框
RoundedCornersExtender	为面板添加圆角效果
TextBoxWatermarkExtender	带有水印效果的 TextBox
ToggleButtonExtender	用图片来代替 CheckBox
SliderExtender	网页上的滑动条
DropDownExtender	SharePoint 样式的下拉菜单
ValidatorCalloutExtender	更加醒目的 Validator
ReorderList	用鼠标拖动改变条目顺序
Rating	样式丰富的评级功能
Accordion	可折叠面板的集合
NoBot	拒绝机器人程序
CascadingDropDown	实现联动下拉框
ConfirmButtonExtender	带有确认功能的按钮
DragPanelExtender	可在页面中拖动的窗口
DynamicPopulateExtender	动态 UpdatePanel
FilteredTextBoxExtender	防患于未然的用户输入验证
NumericUpDownExtender	用上下箭头调整 TextBox 中的值
PagingBulletedListExtender	在客户端索引、分页和排序的 BulletedList
PasswordStrength	即时检验密码的强度
PopupControlExtender	帮助用户输入的面板
ResizableControlExtender	拖放边框改变大小的面板
AnimationExtender	与 Flash 媲美的 JavaScript 动画
UpdatePanelAnimationExtender	让 UpdatePanel 的更新不再单调
MutuallyExclusiveCheckBoxExtender	允许取消选择的单选按钮组

12.4　小　　结

ASP.NET AJAX 虽然发展历史不长,但它改变了 Web 应用程序的开发方式。使 Web 服务不需要漫长的页面等待,具有与桌面应用程序类似的用户体验。本章介绍了 Visual Studio 2008 默认安装的 ASP.NET AJAX 的核心基础,还介绍了 ASP.NET AJAX Control Toolkit 的安装和常用 AJAX 控件的说明。详细介绍了 ASP.NET AJAX 服务器控件 ScriptManager、UpdatePanel、UpdateProgress 和 Timer 的使用方法。

ScriptManager 控件是 ASP.NET AJAX 的核心,每个 ASP.NET AJAX 网页必须包含 ScriptManager 控件。UpdatePanel 控件定义了使用异步回发刷新的页面区域。 UpdateProgress 控件提供有关 UpdatePanel 局部页刷新时的状态信息。Timer 控件定义固定时间间隔来执行页面回发,通常和 UpdatePanel 配合使用。

12.5　习　　题

1. 填空题

(1) 通常称_____页面为无刷新 Web 页面。

(2) AJAX 应用程序所用到的技术包括_____、_____和_____。

(3) ASP.NET AJAX 框架由_____和_____组成。

(4) 若要使用 UpdatePanel 控件,则必须添加一个_____控件。

2. 是非题

(1) 一个页面上最多只能放置两个 UpdatePanel 控件。(　　　)

(2) ScriptManager 控件和 ScriptManagerProxy 控件用法相同。(　　　)

(3) ScriptManager 控件的 EnablePartialRendering 属性确定某个网页是否参与局部页刷新。默认情况下,属性 EnablePartialRendering 值为 true。(　　　)

(4) 在 Visual Studio 2008 中默认已安装了 ASP.NET AJAX Control Toolkit。(　　　)

(5) Timer 控件的属性 Interval 值是以秒为单位定义的,其默认值为 60 秒。(　　　)

3. 选择题

(1) 下列技术中,(　　　)不是 AJAX 应用程序所必需的。

A. XMLHttpRequest 对象　　　　　　　　B. JavaScript

C. XML　　　　　　　　　　　　　　　　　D. ASP.NET

(2) 下列控件中,(　　　)是 ASP.NET AJAX 页所必需的。

A. ScriptManager　　　　　　　　　　　　B. UpdatePanel

C. UpdateProgress　　　　　　　　　　　D. Timer

(3) 下面有关一个页面上可以使用几个 UpdatePanel 控件的选项中,(　　　)是正确的。

A. 一个　　　　　　　　　　　　　　　　B. 最多一个

C. 最少一个　　　　　　　　　　　　　　D. 多个

4. 简答题

（1）利用 AJAX 技术的 Web 应用程序和传统的 Web 应用程序比较有什么优点？

（2）AJAX 包括哪些技术？

（3）最常使用的 ASP.NET AJAX 服务器控件有哪些？

（4）如何在母版页中使用 ASP.NET AJAX？

5. 上机操作题

（1）建立并调试本章的所有实例。

（2）设计并实现一个基于 ASP.NET AJAX 的留言簿。

（3）设计一个 AJAX 相册浏览器，可以自动播放照片。

（4）设计一个无刷新数据查询网页，要求从下拉列表框中选择商品名后，在 GridView 显示查询结果。

第13章

Web服务和WCF服务

本章要点：

☞ 了解 Web 服务。

☞ 掌握建立 ASP.NET Web 服务和 WCF 服务的方法。

☞ 掌握使用 ASP.NET Web 服务和 WCF 服务的方法。

13.1　什么是 Web 服务

在实际应用中，特别是大型企业，数据常来源于不同的平台和系统。Web 服务为这种情况下数据集成提供了一种便捷的方式。通过访问和使用远程 Web 服务可以访问不同系统中的数据。在使用时，通过 Web 服务 Web 应用程序不仅可以共享数据，还可以调用其他应用程序生成的数据，而不用考虑其他应用程序是如何生成这些数据的。例如可以通过调用中国气象局的天气预报 Web 服务来获得天气预报数据，而不用考虑天气预报程序的实现，也不用对其进行维护。

注意：返回数据而不是返回页面是 Web 服务的重要特点。

除数据重用外，使用 Web 服务还能实现软件重用。例如，建立的网站需要让用户能查询联邦快递包裹、查看股市行情、在线购买电影票等，而这些软件功能在相应公司的 Web 应用程序中都已实现。一旦这些功能通过 Web 服务"暴露"出来，通过调用这些 Web 服务就非常容易地把这些功能集成到了要建设的网站中。当然，实际情况要获得其他公司的 Web 服务可能要付费的。

Web 服务需要一系列的协议来实现。在网络通信部分，继承了 Web 的访问方式，使用 HTTP 协议作为网络传输的基础，除此以外，还可以使用其他的传输协议如 SMTP、FTP 等。因为防火墙不会禁用 HTTP 协议，因此 Web 服务能跨越不同公司的防火墙。在消息处理部分，使用简单对象访问协议 SOAP 作为消息的传送标准。该标准定义了发送到 Web 服务的消息如何进行格式化和编码的规范。

Web 服务的运作还需要 Web 服务描述语言 WSDL 和统一描述发现集成协议 UDDI 的支持。其中，WSDL 基于 XML 格式，用于描述 Web 服务的信息，如该 Web 服务提供了什么类、有什么方法、需要什么参数等。UDDI 用来存储 Web 服务信息和发布 Web 服务，并能提供搜索 Web 服务的功能。实际上，这种搜索功能由 UDDI 本身提供的 Web 服务完成，以允许客户端使用标准的 SOAP 消息来搜索注册的 Web 服务信息。

13.2　建立 ASP.NET Web 服务

建立 Web 服务实质就是在支持 SOAP 通信的类中建立一个或多个方法。在 Visual Studio 2008 中,建立 Web 服务的模板有 ASP.NET Web 服务网站模板和 Web 服务模板。其中,ASP.NET Web 服务网站模板用于创建独立的网站,在创建时会自动在网站根文件夹下建立一个 Web 服务文件 Service.asmx,同时在 App_Code 文件夹下建立相应的类文件 Service.cs。当然,在这种网站中除包含 Web 服务文件外,还可以包含 Web 窗体等其他文件。反过来,要建立 Web 服务文件,也不必专门创建一个网站,可以利用 Web 服务模板在已有的 ASP.NET 网站中添加 Web 服务文件。

注意:ASP.NET Web 服务文件的扩展名为.asmx,而不是.aspx。

实例 13-1　建立 ASP.NET Web 服务

本实例将建立一个 ASP.NET Web 服务网站,在建网站时 Visual Studio 2008 自动建立了 Service.asmx 和 Service.cs。

操作时,选择"文件"→"新建"→"网站"命令,在打开的"添加新网站"对话框中选择"ASP.NET Web 服务"模板,如图 13-1 所示,输入网站名 AspService。单击"确定"按钮后会新建一个包含 ASP.NET Web 服务的新站点 AspService。在新站点中,Visual Studio 2008 已自动创建一个 ASP.NET Web 服务文件 Service.asmx,其对应的类文件 Service.cs 位于 App_Code 文件夹中,如图 13-2 所示。浏览 Service.asmx 呈现如图 13-3 所示的界面。当单击"服务说明"链接时会显示 Service 的 WSDL 描述,如图 13-4 所示;当单击 HelloWorld 链接时可测试建立的 Web 服务,如图 13-5 和图 13-6 所示。

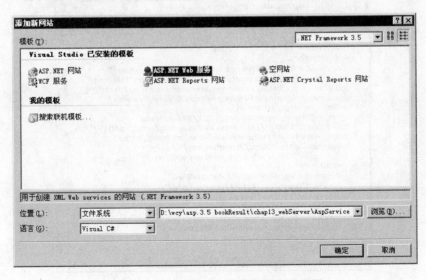

图 13-1　添加 ASP.NET Web 服务界面图

图 13-2　Service.cs 存放位置图

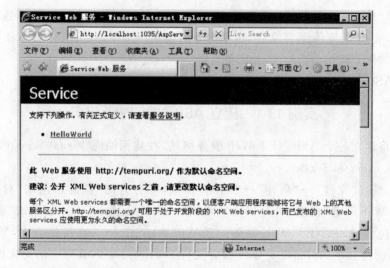

图 13-3　Service.asmx 浏览效果图

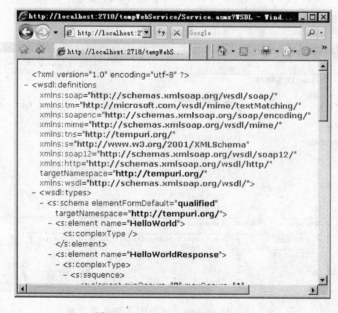

图 13-4　Service 对应的 WSDL

图 13-5　Service 测试效果图(一)

图 13-6　Service 测试效果图(二)

源程序：自动建立的 Service.asmx

```
<%@ WebService Language = "C#" CodeBehind = "~/App_Code/Service.cs" Class = "Service" %>
```

源程序：自动建立的 Service.cs

```
using System;
using System.Linq;
using System.Web;
using System.Web.Services;
using System.Web.Services.Protocols;
using System.Xml.Linq;

[WebService(Namespace = "http://tempuri.org/")]
[WebServiceBinding(ConformsTo = WsiProfiles.BasicProfile1_1)]
// 若要允许使用 ASP.NET AJAX 从脚本中调用此 Web 服务,请取消对下行的注释。
// [System.Web.Script.Services.ScriptService]
public class Service : System.Web.Services.WebService
{
    public Service () {

        //如果使用设计的组件,请取消注释以下行
```

```
        //InitializeComponent();
    }

    [WebMethod]
    public string HelloWorld() {
        return "Hello World";
    }
}
```

程序说明：

(1) 与 .aspx 文件相比，Service.asmx 文件中使用@WebService 指令代替了@Page 指令。

(2) 在 Service.cs 中，[WebService(Namespace="http://tempuri.org/")]表示本服务的命名空间。W3C 规定每一个 Web 服务都需要一个自己的命名空间来区别其他的 Web 服务，因此当正式发布 Web 服务时，需要将它改为开发者自己的命名空间，如公司网站的域名。

(3) [WebServiceBinding(ConformsTo=WsiProfiles.BasicProfile1_1)]表示本 Web 服务的规范为"WS-I 基本规范 1.1 版"。这种规范用于实现跨平台 Web 服务的互操作性。

(4) 创建 Web 服务实质就是创建 System.Web.Services.WebService 的一个子类，在创建类方法前必须加入[WebMethod]。如果不用[WebMethod]进行声明，则定义的方法只能在本服务内部调用。

13.3　调用 ASP.NET Web 服务

Web 服务不仅局限于 Web 应用程序中使用，还可以在 Windows 窗体、移动应用程序和数据库等中使用。本节主要讨论在 Web 应用程序中如何使用 Web 服务。若要允许使用 ASP.NET AJAX 从脚本库中调用 Web 服务，则需要导入命名空间 System.Web.Script.Services.ScriptService。

13.3.1　调用简单的 ASP.NET Web 服务

要使用 ASP.NET Web 服务只需将服务以 Web 引用的方式添加到项目中，然后通过创建 Web 服务的实例来使用服务。

实例 13-2　调用 ASP.NET Web 服务

本实例将调用实例 13-1 建立的 Web 服务。

(1) 添加 Web 引用。右击要调用 Web 服务的项目名，在弹出的快捷菜单中选择"添加 Web 引用"命令，弹出"添加 Web 引用"对话框，如图 13-7 所示。在 URL 框中填入 Web 服务的地址后，单击"前往"按钮将显示该 Web 服务的有关信息。在"Web 引用名"文本框中填入 AspServer，单击"添加引用"按钮，会自动将 Web 服务的代理文件 Service.discomap 添加到站点的 App_WebReferences 文件夹下的 AspServer 子文件夹中,如图 13-8 所示。

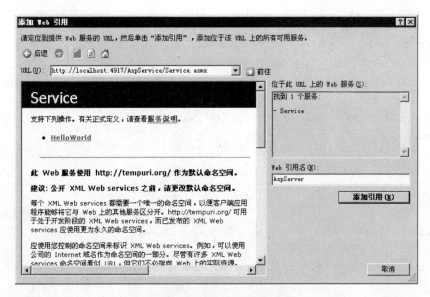

图 13-7 添加 Web 引用界面图

图 13-8 服务代理文件存放位置图

(2) 建立 Web 窗体文件并调用 Service。在 chap13 文件夹中新建 AspConsumer.aspx,添加一个 Button 控件 btnTestServer 和一个 Label 控件 lblShow,设计界面如图 13-9 所示。建立 AspConsumer.aspx.cs。最后,浏览 AspConsumer.aspx,页面效果如图 13-10 所示,单击其中的按钮则可调用 Web 服务。

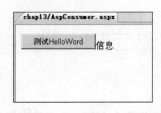

图 13-9 AspConsumer.aspx 设计界面图   图 13-10 AspConsumer.aspx 浏览效果图

源程序：AspConsumer.aspx

```
< % @ Page Language = "C♯" AutoEventWireup = "true" CodeFile = "AspConsumer.aspx.cs"
Inherits = "chap13_AspConsumer" % >
…（略）
<form id = "form1" runat = "server">
    <asp：Button ID = "btnTestServer" runat = "server" OnClick = "btnTestServer_Click" Text
= "测试 HelloWord" />
    <asp:Label ID = "lblShow" runat = "server" Text = "信息"></asp:Label>
</form>
…（略）
```

源程序：AspConsumer.aspx.cs

```
using System;

public partial class chap13_AspConsumer ：System.Web.UI.Page
{
    protected void btnTestServer_Click(object sender, EventArgs e)
    {
        localhost.Service serTest = new localhost.Service();
        lblShow.Text = serTest.HelloWorld();
    }
}
```

程序说明：

当单击"测试 HelloWorld"按钮时，首先建立 Service 的实例 serTest，再调用 HelloWorld()方法返回结果并显示在 lblShow 上。

13.3.2　Web 服务方法重载

方法重载是面向对象语言多态性的具体体现，它允许多个方法使用相同的名称。Web 服务通过方法的签名来实现方法的重载。在使用时要注意如下几个问题。

（1）对［WebMethod］使用属性 MessageName 来设置方法的签名。示例代码如下：

```
[WebMethod(MessageName = "HelloWorld")]
[WebMethod(MessageName = "HelloWorldbyName")]
```

（2）禁止 Web 服务遵循 WS-I 基本规范 1.1 版。
将代码：

```
[WebServiceBinding(ConformsTo = WsiProfiles.BasicProfile1_1)]
```

修改为：

```
[WebServiceBinding(ConformsTo = WsiProfiles.None)]
```

就可以了。还可以修改 web.config 文件来禁用 WS-I 基本规范 1.1 版。示例代码如下：

```
<configuration>
```

```
<system.web>
  <webServices>
    <conformanceWarnings>
      <remove name = 'BasicProfile1_1'/>
    </conformanceWarnings>
  </webServices>
</system.web>
</configuration>
```

实例 13-3　Web 服务方法重载

如图 13-11 所示,本实例将建立一个实现 HelloWorld()方法重载的 ASP. NET Web
服务。

源程序：OverloadService.asmx

```
< % @ WebService Language = "C # " CodeBehind = " ～/App_Code/OverloadService. cs" Class =
"OverloadService" % >
```

源程序：OverloadService.cs

```csharp
using System. Web. Services;

/// <summary>
/// OverloadService 的摘要说明
/// </summary>
[WebService(Namespace = "http://tempuri.org/")]
//[WebServiceBinding(ConformsTo = WsiProfiles.BasicProfile1_1)]
[WebServiceBinding(ConformsTo = WsiProfiles.None)]
[ToolboxItem(false)]
// 若要允许使用 ASP.NET AJAX 从脚本中调用此 Web 服务,请取消对下行的注释。
// [System. Web. Script. Services. ScriptService]
public class OverloadService : System. Web. Services. WebService
{
    [WebMethod(MessageName = "HelloWorld")]
    public string HelloWorld()
    {
        return "Hello World";
    }
    [WebMethod(MessageName = "HelloWorldbyName")]
    public string HelloWorld(string userName)
    {
        return "Hello World!" + userName;
    }
}
```

操作步骤：

(1) 在 AspService 网站根文件下新建 Web 服务 OverloadService. asmx。

（2）将自动生成的 OverloadService. cs 文件修改成如源程序 OverloadService. cs 形式。

（3）浏览 OverloadService. asmx，如图 13-11 所示，可以看到利用 MessageName 属性进行签名的两个 Web 服务方法。

图 13-11　OverloadService. asmx 浏览效果图

13.3.3　Web 服务的传输协议

Web 服务数据传输的格式可以使用 HTTP-GET、HTTP-POST 或 SOAP。当使用不同的传输协议时，调用 Web 服务的格式不同。

HTTP-GET 允许发送请求和参数。ASP. NET 1. 0 默认允许使用 HTTP-GET，而 ASP.NET 1.1 以后的版本 HTTP-GET 请求在默认情况下是禁止的，可以通过修改 web. config 文件启用。示例代码如下：

```
＜configuration＞
  ＜system.web＞
    ＜webServices＞
        ＜protocols＞
            ＜add name = "HttpGet"/＞
        ＜/protocols＞
    ＜/webServices＞
  ＜/system.web＞
＜/configuration＞
```

现在可以在浏览器地址栏输入包含参数的地址来测试 Web 服务了。在浏览器地址栏输入：

http://localhost:1035/AspService/OverloadService.asmx/HelloWorldbyName? userName = Mike

测试结果如图 13-12 所示，传送了参数 userName＝Mike。

图 13-12　HelloWorldbyName(HTTP-GET)测试结果图

与 HTTP-GET 方式不同,HTTP-POST 协议的参数以表单形式提交。浏览 OverloadService. asmx,如图 13-11 所示。选择第二个 HelloWorld,打开 HelloWorldbyName 测试页,如图 13-13 所示。填入值 John,单击"调用"按钮,测试结果如图 13-14 所示。该页使用一个表单,使用的是 HTTP-POST 协议,通过查看源文件可看到对应 HTML 表单的代码如下:

图 13-13　HelloWorldbyName(HTTP-POST)测试效果图(一)

图 13-14　HelloWorldbyName(HTTP-POST)测试效果图(二)

```
<form target = "_blank" action = 'http://localhost:1035/AspService/OverloadService.asmx/
HelloWorldbyName' method = "POST">
<table cellspacing = "0" cellpadding = "4" frame = "box" bordercolor = "#dcdcdc" rules =
"none" style = "border - collapse: collapse;">
<tr><td class = "frmHeader" background = "#dcdcdc" style = "border - right: 2px solid
white;">参数</td>
<td class = "frmHeader" background = "#dcdcdc">值</td></tr>
<tr><td class = "frmText" style = "color: #000000; font - weight: normal;">userName:</td>
<td><input class = "frmInput" type = "text" size = "50" name = "userName"></td></tr>
<tr><td></td>
<td align = "right"> <input type = "submit" value = "调用" class = "button"></td>
</tr></table>
</form>
```

13.4　WCF 服 务

在 .NET Framework 3.0 中，Microsoft 提出了 WCF(Windows Communication Foundation)服务。和 ASP.NET Web 服务不同，WCF 是面向服务(Service Oriented)的应用程序新框架。提出 WCF 的目的是为分布式计算提供可管理的方法，提供广泛的互操作性，并为服务定位提供直接的支持。WCF 包含一个 POX(Plain Old XML)的通用对象模型，以及可以利用多种协议进行传输的 SOAP 消息。由于 WCF 也可以深入支持 WS-I 定义的 Web 服务标准，因此它可以毫不费力地与其他 Web 服务平台进行互操作。

.NET Framework 3.5 中的 WCF 构建于 .NET Framework 3.0 的基础之上，将以 Web 为中心的通信、SOAP 和 WS-I 标准组合到了一个服务堆栈和对象模型中。这意味着可以构建这样一个服务，即采用 SOAP 和 WS-I 标准在企业内部或跨企业之间进行通信，同时还可以将同一服务配置为使用 Web 协议与外部通信。实际上，WCF 处理了服务中的烦琐细节工作，开发人员可以更加专注于服务所提供的功能。

只有 Windows Vista、Windows Server 2003 R2、Windows Server 2003 SP1 和 Windows XP Professional 才支持 WCF 的消息队列 MSMQ 功能，所以 WCF 应用程序只能运行在这些操作系统之上。

WCF 的大部分功能都包含在一个单独的程序集 System.ServiceModel.dll 中，命名空间为 System.ServiceModel。

13.4.1　建立 WCF 服务

建立一个 WCF 服务和建立 ASP.NET Web 服务不同。WCF 服务要建立服务接口文件和服务逻辑处理文件。在 Visual Studio 2008 中，建立 WCF 服务的模板有 WCF 服务网站模板和 WCF 服务模板。WCF 服务网站模板用于创建独立的网站，在创建时会自动在网站根文件夹下建立一个 WCF 服务文件 Service.svc，同时在 App_Code 文件夹下建立相应的类文件 IService.cs 和 Service.cs。其中 Service.svc 用于定义 WCF 服务，IService.cs 用于接口的定义，Service.cs 类实现服务逻辑处理。当然，在这种网站中除包含 WCF 服务文件外,还可以包含 Web 窗体等其他文件。反过来,要建立 WCF 服务文件,也不必专门创建一个网站,可以利用 WCF 服务模板在已有的 ASP.NET 网站中添加 WCF 服务文件。

实例 13-4 建立 WCF 服务

本实例通过建立两个整数加减运算的 WCF 服务,来详细介绍在 Visual Studio 2008 中创建 WCF 服务的基本步骤。

第一步:建立服务框架。

(1) 选择"文件"→"新建"→"网站"命令,在"添加新网站"对话框中选择新建"WCF 服务"模板,如图 13-15 所示,这里的网站名称为 WCFService。

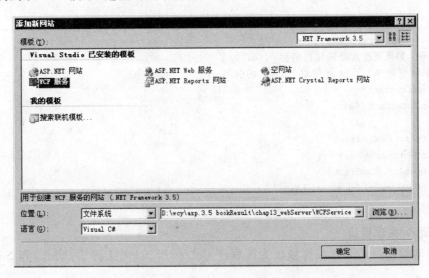

图 13-15 新建 WCF 服务网站界面图

(2) 右击 WCFService 项目,在弹出的快捷菜单中选择"添加新项"命令,选择"WCF 服务"模板,在"名称"文本框中填入 Cal.svc,如图 13-16 所示。

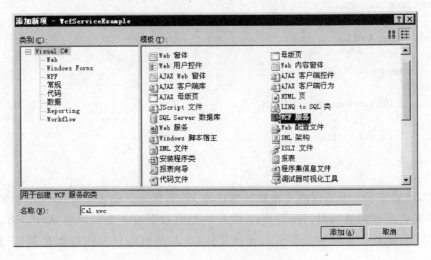

图 13-16 添加 WCF 服务界面图

（3）单击"添加"按钮则添加一个 WCF 服务到网站 WCFService 中。Visual Studio 2008 会自动建立三个文件：Cal. svc、ICal. cs 和 Cal. cs。自动建立的 Cal. svc 文件包含@ ServiceHost 指令，其中属性 Service 指定了 WCF 服务的名称。

源程序：Cal.svc

```
<%@ ServiceHost Language = "C#" Debug = "true" Service = "Cal" CodeBehind = "~/App_Code/Cal.cs" %>
```

第二步：建立接口文件。

将自动建立的 ICal. cs 文件修改为源程序 ICal. cs 形式，则添加了 WCF 服务的接口。这里添加了 Add()和 Subtract()两个接口方法。

源程序：ICal.cs

```
using System.ServiceModel;
// 注意：如果更改此处的接口名称 "ICal"，
//也必须更新 Web.config 中对 "ICal" 的引用。
[ServiceContract]
public interface ICal
{
    [OperationContract]
    int Add(int a, int b);
    [OperationContract]
    int Subtract(int a, int b);
}
```

第三步：实现接口。

将自动建立的 Cal. cs 文件修改为源程序 Cal. cs 形式，则实现了 Add()和 Subtract()方法。

源程序：Cal.cs

```
// 注意：如果更改此处的类名 "Cal"，
//也必须更新 Web.config 中对 "Cal" 的引用。
public class Cal : ICal
{
    public int Add(int a, int b)
    {
        return (a + b);
    }
    public int Subtract(int a, int b)
    {
        return (a - b);
    }
}
```

至此，已建立了一个实现两个整数加减法的 WCF 服务。浏览 Cal. svc，界面如图 13-17 所示。界面效果和浏览 ASP.NET Web 服务的界面效果有些类似。和 ASP.NET Web 服务一样，WCF 服务会自动生成 WSDL 描述文件，单击 WSDL 链接可以查看 WCF 服务的描述信息。

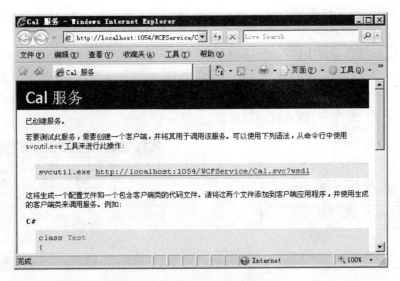

图 13-17　Cal.svc 服务浏览效果图

13.4.2　使用 WCF 服务

建好 WCF 服务后，就可以在其他应用程序中使用该服务了。和使用 ASP.NET Web 服务不同，使用 WCF 服务需要向项目中添加服务引用，而不是添加 Web 引用。

实例 13-5　使用 WCF 服务

本实例将使用实例 13-4 建立的 WCF 服务。

（1）添加服务引用。右击要调用 WCF 服务的项目名，在弹出的快捷菜单中选择"添加服务引用"命令，则弹出"添加服务引用"对话框，如图 13-18 所示。在地址栏中填入 WCF 服务的地址，单击"前往"按钮；待找到 WCF 服务后，输入命名空间 WcfServer，再单击"确定"

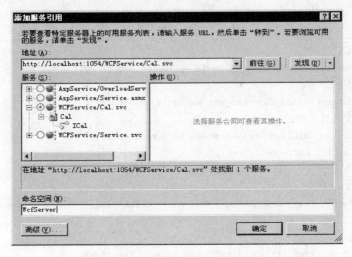

图 13-18　"添加服务引用"对话框

按钮,会自动将代理文件 Reference. svcmap 添加到网站的 App_WebReferences 文件夹下的 WcfServer 子文件夹中。

(2) 将已添加到项目中的 WCF 服务应用到 Web 窗体页中。在 chap13 文件夹中新建 WcfConsumerCal. aspx,添加两个 TextBox、两个 Button 和一个 Label 控件到页面上,设计界面如图 13-19 所示。建立 WcfConsumerCal. aspx. cs,最后浏览 WcfConsumerCal. aspx,页面效果如图 13-20 所示,输入值进行测试。

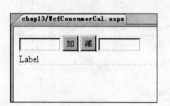 

图 13-19　WcfConsumerCal. aspx 设计界面图　　图 13-20　WcfConsumerCal. aspx 浏览效果图

源程序:WcfConsumerCal. aspx

```
< % @ Page Language = "C#" AutoEventWireup = "true" CodeFile = "WcfConsumerCal.aspx.cs"
Inherits = "chap13_WcfConsumerCal" % >
…(略)
<form id = "form1" runat = "server">
<div>
 <asp:TextBox ID = "txtA" runat = "server" Width = "74px"></asp:TextBox> 
 <asp:Button ID = "btnAdd" runat = "server" OnClick = "btnAdd_Click" Text = "加" /> 
 <asp:Button ID = "btnSubtract" runat = "server" OnClick = "btnSubtract_Click" Text = "减" />  
 <asp:TextBox ID = "txtB" runat = "server" Width = "73px"></asp:TextBox> <br />
 <asp:Label ID = "lblResult" runat = "server" Text = "Label"></asp:Label>
</div>
</form>
…(略)
```

源程序:WcfConsumerCal. aspx. cs

```
using System;
public partial class chap13_WcfConsumerCal : System. Web. UI. Page
{
    protected void btnAdd_Click(object sender, EventArgs e)
    {
        WcfServer. CalClient ws = new WcfServer. CalClient();
        int a = int. Parse(txtA. Text);
        int b = int. Parse(txtB. Text);
        int result = ws. Add(a, b);
        lblResult. Text = a. ToString() + " + " + b. ToString() + " = " + result. ToString();
        ws. Close();
    }
    protected void btnSubtract_Click(object sender, EventArgs e)
    {
```

```
    WcfServer.CalClient ws = new WcfServer.CalClient();
      int a = int.Parse(txtA.Text);
      int b = int.Parse(txtB.Text);
      int result = ws.Subtract(a, b);
      lblResult.Text = a.ToString() + " - " + b.ToString() + " = " + result.ToString();
      ws.Close();
    }
  }
```

程序说明：

（1）要使用 WCF 服务 Cal，首先应建立一个 CalClient 类对象，然后就可以使用 WCF 服务 Cal 中定义的方法。本例建立了 CalClient 类对象的实例 ws。

（2）当单击"加"按钮时，调用 ws 的 Add()方法返回计算结果并在 lblResult 中显示加法运算式，如图 13-20 所示。

（3）当单击"减"按钮时，则调用 ws 的 Subtract()方法返回计算结果并在 lblResult 中显示减法运算式。

（4）使用 WCF 服务后要调用 Close()方法关闭，如果在关闭后要继续使用，可以调用 Open()方法打开。

13.5 小 结

本章介绍了 Web 服务和 WCF 服务基本工作原理、建立和使用 ASP.NET Web 服务、WCF 服务的方法。

使用 Web 服务能实现数据重用和软件重用，这为建立松散耦合型的分布式系统提供了方便。实现 Web 服务需要 HTTP、SMTP、SOAP、WSDL 和 UDDI 等协议的支持。而 SOAP、WSDL 和 UDDI 等协议都是基于 XML 进行描述的。

Visual Studio 2008 提供的 Web 服务网站模板和 Web 服务模板为建立和使用 ASP.NET Web 服务提供了便捷途径。使用 ASP.NET Web 服务需要首先添加 Web 引用，再应用到 Web 窗体中。在调用 ASP.NET Web 服务时可以使用 HTTP-GET、HTTP-POST 和 SOAP 等协议。

Microsoft 在.NET Framework 3.0 中提出的 WCF 是面向服务的应用程序新框架，目的是为分布式计算提供管理方法和互操作性。WCF 只能在支持 MSMQ 功能的操作系统上使用。建立 WCF 服务可使用 WCF 服务网站模板和 WCF 服务模板。在建立时，需要建立服务定义文件、服务接口文件和服务逻辑处理文件。在使用 WCF 服务时，需要首先添加服务引用，再应用到 Web 窗体中。

13.6 习 题

1. 填空题

（1）ASP.NET Web 服务是基于＿＿＿＿＿＿创建的。

(2) ASP.NET Web 服务文件的扩展名是.asmx,其后台的编码文件一般位于文件夹中。

(3) ASP.NET Web 服务文件使用_____指令代替了@ Page 指令。

(4) ASP.NET Web 服务类和普通类的差别是方法前要添加_____。

(5) 若要允许使用 ASP.NET AJAX 从脚本中调用 ASP.NET Web 服务,则需在类前面添加_____。

(6) 对[WebMethod]使用_____属性来设置方法的签名。

(7) 要使用 WCF 必须导入的命名空间为_____。

2. 是非题

(1) Web 服务只能在 ASP.NET 应用程序中使用。(   )

(2) 要使用 ASP.NET Web 服务,只要在解决方案中添加引用即可。(   )

(3) ASP.NET Web 服务不允许方法重载。(   )

(4) ASP.NET 1.0 默认允许使用 HTTP-GET,ASP.NET 1.1 以后的版本 HTTP-GET 请求在默认情况是禁止的。(   )

3. 选择题

(1) Web 服务的通信使用协议不包括(   )。

A. HTTP   B. XML

C. TCP/IP   D. SOAP

(2) 如果要在项目中使用 ASP.NET Web 服务,则必须在项目中添加(   )。

A. 服务引用   B. Web 引用

C. XML 引用   D. Web 网站

(3) WCF 服务(   )。

A. 可以和 ASP.NET Web 服务在同一项目中使用,但不能跟其他服务一起使用

B. 不可以和 ASP.NET Web 服务在同一项目中使用

C. 只能在支持 WCF 消息队列(MSMQ)功能的操作系统上使用

D. 可以在 Microsoft 所有的操作系统上使用

4. 简答题

(1) 为什么要使用 Web 服务?

(2) ASP.NET Web 服务.asmx 文件包含什么指令? 该指令包括哪些属性?

(3) 什么是 WCF 服务? 与 ASP.NET Web 服务有何区别?

5. 上机操作题

(1) 建立并调试本章的所有实例。

(2) 设计一个根据邮编查找所在城市的 ASP.NET Web 服务,并测试该服务。

(3) 设计一个根据个人身份证号码返回个人出生信息(出生地、出生日期)的 WCF 服务,并测试该服务。

(4) WebXml.com.cn 提供了火车时刻表的 Web 服务,服务访问地址为:http://www.webxml.com.cn/WebServices/TrainTimeWebService.asmx。请编写使用该服务的应用程序,实现火车时刻表的查询功能,效果如图 13-21 和图 13-22 所示。

图 13-21　主页面效果图

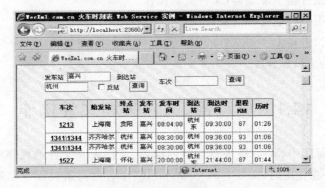

图 13-22　查询结果效果图

第14章

文件处理

本章要点：

☞ 掌握 Web 服务器上驱动器、文件夹的操作。
☞ 掌握 Web 服务器上文件的新建、移动、复制和删除操作。
☞ 掌握 Web 服务器上读写文件的方法。
☞ 熟悉文件的上传操作。

14.1　驱动器、文件夹和文件操作

在 Web 应用程序中，Web 服务器上的驱动器、文件夹和文件等操作很广泛，如越来越流行的网络硬盘。在使用时，需要导入 System. IO 命名空间来处理驱动器、文件夹和文件的基本操作。本节将介绍如何利用 DriveInfo 类获取驱动器信息、如何利用 Directory 和 DirectoryInfo 类操作文件夹、如何利用 File 和 FileInfo 类操作文件等。

14.1.1　获取驱动器信息

.NET Framework 3.5 新增加的 DriveInfo 类可以实现对指定驱动器信息的访问。利用 DriveInfo 类可以方便地获取 Web 服务器上每个驱动器的名称、类型、大小和状态信息等。常用的属性、方法如表 14-1 所示。

表 14-1　DriveInfo 类常用属性和方法表

属性、方法	说　　明
AvailableFreeSpace	获取驱动器可用空闲空间量。该属性会考虑磁盘配额，和 TotalFreeSpace 的值可能不同
DriveFormat	获取文件系统的名称，例如 NTFS 或 FAT32
DriveType	获取驱动器类型
IsReady	逻辑值，表示一个特定驱动器是否已准备好
Name	获取驱动器的名称
RootDirectory	获取驱动器的根文件夹
TotalFreeSpace	获取驱动器可用空闲空间总量

续表

属性、方法	说　明
TotalSize	获取驱动器上存储空间的总大小
VolumeLabel	获取或设置驱动器的卷标
GetDrives()	获取 Web 服务器上所有逻辑驱动器的名称

实例 14-1　显示 Web 服务器上所有驱动器的信息

如图 14-1 所示,页面加载时获取当前系统中所有驱动器的信息,每个驱动器以一个节点的形式显示在控件 TreeView1 中。

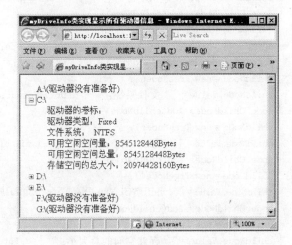

图 14-1　myDriveInfo.aspx 浏览效果图

源程序：myDriveInfo.aspx

```
<%@ Page Language = "C#" AutoEventWireup = "true" CodeFile = "myDriveInfo.aspx.cs"
Inherits = "chap14_myDriveInfo" %>
…(略)
<form id = "form1" runat = "server">
    <div>
        <asp:TreeView ID = "TreeView1" runat = "server">
        </asp:TreeView>
    </div>
</form>
…(略)
```

源程序：myDriveInfo.aspx.cs

```
using System;
using System.Web.UI.WebControls;
using System.IO;
public partial class chap14_myDriveInfo : System.Web.UI.Page
{
    protected void Page_Load(object sender, EventArgs e)
    {
```

```
if (!Page.IsPostBack)
{
    //获取 Web 服务器所有逻辑驱动器
    DriveInfo[] allDrives = DriveInfo.GetDrives();
    foreach (DriveInfo d in allDrives)
    {
        if (d.IsReady == true)    //驱动器准备好,显示驱动信息
        {
            TreeNode node = new TreeNode();
            node.Value = d.Name;
            TreeView1.Nodes.Add(node);
            TreeNode childNode = new TreeNode();
            childNode.Value = "  驱动器的卷标:" + d.VolumeLabel;
            node.ChildNodes.Add(childNode);
            childNode = new TreeNode();
            childNode.Value = "  驱动器类型:" + d.DriveType;
            node.ChildNodes.Add(childNode);
            childNode = new TreeNode();
            childNode.Value = "  文件系统:" + d.DriveFormat;
            node.ChildNodes.Add(childNode);
            childNode = new TreeNode();
            childNode.Value = "  可用空闲空间量:" + d.AvailableFreeSpace + "Bytes";
            node.ChildNodes.Add(childNode);
            childNode = new TreeNode();
            childNode.Value = "  可用空闲空间总量:" + d.TotalFreeSpace + "Bytes";
            node.ChildNodes.Add(childNode);
            childNode = new TreeNode();
            childNode.Value = "  存储空间的总大小:" + d.TotalSize + "Bytes";
            node.ChildNodes.Add(childNode);
        }
        else    //驱动器没有准备好
        {
            TreeNode nodeNotUse = new TreeNode();
            nodeNotUse.Value = d.Name + "(驱动器没有准备好)";
            TreeView1.Nodes.Add(nodeNotUse);
        }
    }
}
```

操作步骤:

(1) 在 chap14 文件夹中建立 myDriveInfo.aspx。添加一个 TreeView 控件。

(2) 建立 myDriveInfo.aspx.cs 文件。最后,浏览 myDriveInfo.aspx 进行测试。

程序说明:

实现文件操作需要导入命名空间 System.IO。程序利用 DriveInfo.GetDrives()获取所有驱动器对象集 allDrives,然后利用 foreach 语句遍历 allDrives,将驱动器的信息以节点的方式添加到控件 TreeView1 中。

14.1.2 文件夹操作

Web 应用程序中经常需要操作 Web 服务器的文件夹和子文件夹。System. IO 包含的 Directory 类和 DirectoryInfo 类提供的一组方法，可以实现创建和删除文件夹，复制、移动和重命名文件夹，遍历文件夹以及设置或获取文件夹信息等操作。Directory 类常用的方法如表 14-2 所示，DirectoryInfo 类常用的方法如表 14-3 所示。

表 14-2 Directory 类常用方法表

方 法	说 明
CreateDirectory()	创建指定路径中的文件夹
Delete()	删除指定的文件夹
Exists()	确定是否存在文件夹路径
GetCurrentDirectory()	获取应用程序的当前文件夹
GetDirectories()	获取指定文件夹中所有子文件夹名称的集合
GetDirectoryRoot()	返回指定路径的卷信息、根信息或两者同时返回
GetFiles()	返回指定文件夹中所有文件的集合
GetFileSystemEntries()	返回指定文件夹中所有文件和子文件夹的名称集合
GetLogicalDrives()	检索格式为"＜驱动器号＞:\"的逻辑驱动器的名称
GetParent()	检索指定路径的父文件夹，包括绝对路径和相对路径
Move()	将文件或文件夹及其内容移到新位置
SetCurrentDirectory()	将应用程序的当前工作文件夹设置为指定的文件夹

表 14-3 DirectoryInfo 类常用方法表

方 法	说 明
Create	创建文件夹
CreateSubdirectory()	在指定路径中创建一个或多个子文件夹
Delete()	删除当前文件夹
GetDirectories()	返回当前文件夹的子文件夹
GetFiles()	返回当前文件夹中所有文件的集合
MoveTo()	将当前文件夹移动到新位置
ToString()	返回用户所传递的原始路径

所有的 Directory 类的方法都是静态的，也就是说，这些方法可直接调用，并且所有的方法在执行时都将进行安全检查。DirectoryInfo 类的方法是实例方法，使用前必须建立 DirectoryInfo 类的实例。如果只想执行一个操作，使用 Directory 类的方法的效率要高。如果要多次使用某个对象，那么用 DirectoryInfo 类的相应实例方法可以避免多次安全检查。例如以下两组示例代码的功能相同，都建立"c:\temp\sub1"文件夹。

Directory 类静态方法 CreateDirectory() 的示例代码如下：

```
Directory.CreateDirectory(@"c:\temp\sub1");
```

DirectoryInfo 类实例方法 Create() 的示例代码如下：

```
DirectoryInfo dtyInfo = new DirectoryInfo(@"c:\temp\sub1");
dtyInfo.Create();
```

在文件夹和文件的操作中,最容易出错的是路径的处理。.NET Framework 提供了处理路径的 Path 类,利用 Path 类的静态方法可以很方便地处理路径。常用的方法如表 14-4 所示。

表 14-4　Path 类常用方法表

方　法	说　明
ChangeExtension()	更改路径字符串的扩展名
Combine()	合并两个路径字符串
GetDirectoryName()	返回指定路径字符串的文件夹信息
GetExtension()	返回指定路径字符串的扩展名
GetFileName()	返回指定路径字符串的文件名和扩展名
GetFileNameWithoutExtension()	返回不具有扩展名的文件名
GetFullPath()	返回指定路径字符串的绝对路径
GetPathRoot()	获取指定路径的根文件夹信息
GetRandomFileName()	返回随机文件夹名或文件名

实例 14-2　计算指定文件夹的大小

如图 14-2 所示,在文本框中输入合适的文件夹路径后,单击"计算目录大小"按钮,则遍历该文件夹下所有的子文件夹和文件并统计大小,并显示树型文件夹结构。本实例利用了 GetDirectories() 和 GetFiles() 方法,采用递归的方式遍历文件夹下所有的子文件夹和文件。

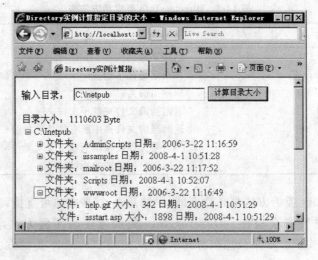

图 14-2　myDirectory.aspx 浏览效果图

源程序：myDirectory.aspx

```
<%@ Page Language = "C#" AutoEventWireup = "true" CodeFile = "myDirectory.aspx.cs"
Inherits = "chap14_myDirectory" %>
…(略)
```

```
<form id = "form1" runat = "server">
  <div>
      <asp:Label ID = "lblInput" runat = "server" Text = "输入目录："></asp:Label>
      <asp:TextBox ID = "txtInput" runat = "server" Width = "216px"></asp:TextBox>
      <asp:Button ID = "btnControl" runat = "server" OnClick = "btnControl_Click" Text = "计算
目录大小"Width = "101px" />
      <br />
      <br />
      <asp:Label ID = "lblShow" runat = "server" Text = "目录大小"></asp:Label>
  </div>
  <asp:TreeView ID = "trShow" runat = "server">
  </asp:TreeView>
</form>
…（略）
```

源程序：myDirectory.aspx.cs

```
using System;
using System.Web.UI.WebControls;
using System.IO;
public partial class chap14_myDirectory : System.Web.UI.Page
{
    protected void btnControl_Click(object sender, EventArgs e)
    {
        string path = txtInput.Text;    //获取文件夹路径
        if (Directory.Exists(path))    //如果文件夹存在则遍历文件夹
        {
            DirectoryInfo d = new DirectoryInfo(path);
            TreeNode node = new TreeNode(path);
            lblShow.Text = "文件夹大小：" + DirSize(d, node).ToString() + " Byte";
            trShow.Nodes.Add(node);
        }
        else    //如果文件夹不存在则显示提示信息
        {
            lblShow.Text = "文件夹不存在";
        }
    }
    /// <summary>
    /// DirSize：计算指定文件夹大小,并显示文件夹和文件
    /// </summary>
    /// <param name = "d">指定文件夹</param>
    /// <param name = "parent">上级文件夹</param>
    /// <returns>文件夹大小</returns>
    public static long DirSize(DirectoryInfo d, TreeNode parent)
    {
        long Size = 0;
        // 累计计算文件夹下文件大小
        FileInfo[] fis = d.GetFiles();    //获取文件夹下文件集
        foreach (FileInfo fi in fis)
        {
            //添加文件到 TreeView 中
            TreeNode node = new TreeNode();
```

```
                node.Value = "文件：" + fi.Name + "大小：" + fi.Length + "日期：" + fi.CreationTime;
                parent.ChildNodes.Add(node);
                //累计文件大小
                Size += fi.Length;
            }
            // 累计计算文件夹下子文件夹大小
            DirectoryInfo[] dis = d.GetDirectories();   //获取文件夹下子文件夹集
            foreach (DirectoryInfo di in dis)
            {
                //添加文件夹到 TreeView 中
                TreeNode nodeDi = new TreeNode();
                nodeDi.Value = di.Name;
                nodeDi.Text = "文件夹：" + di.Name + "日期：" + di.CreationTime;
                //递归调用 DirSize
                parent.ChildNodes.Add(nodeDi);
                Size += DirSize(di, nodeDi);
            }
            return (Size);   //返回 DirectoryInfo 对象 d 下文件夹大小
        }
    }
```

操作步骤：

(1) 在 chap14 文件夹中建立 myDirectory.aspx。添加一个 TreeView 控件、两个 Label 控件、一个 Button 控件和一个 TextBox 控件。设置各控件属性。

(2) 建立 myDirectory.aspx.cs 文件。最后，浏览 myDirectory.aspx 进行测试。

程序说明：

自定义的静态方法 DirSize() 分为两部分，对于文件夹下的文件利用语句：

```
FileInfo[] fis = d.GetFiles();
```

上述语句将返回文件集 FileInfo 对象，然后累计所有文件大小。

对于文件夹下的子文件夹利用语句：

```
DirectoryInfo[] dis = d.GetDirectories();
```

上述语句将返回 DirectoryInfo 对象，然后利用递归调用 DirSize() 方法计算子文件夹下所有文件大小的和。同时利用语句：

```
parent.ChildNodes.Add(nodeDi);
parent.ChildNodes.Add(node);
```

上述语句将文件夹和文件添加到 TreeView 控件中，形成文件夹树。

14.1.3　文件操作

相比较而言，文件的操作比文件夹操作更加频繁。ASP.NET 3.5 中的 File、FileInfo 类提供用于创建、复制、删除、移动和打开文件的方法。File 类常用的方法如表 14-5 所示，FileInfo 类常用的方法如表 14-6 所示。File 类和 FileInfo 类有些方法的功能相同，但 File

类中的方法都是静态方法,而 FileInfo 类中的方法都是实例方法。

表 14-5　File 类常用方法表

方　　法	说　　明
AppendAllText()	将指定的字符串追加到文件中,如果文件不存在则创建该文件
AppendText()	创建一个 StreamWriter,能将 UTF-8 编码文本追加到现有文件
Copy()	复制文件
Create()	在指定路径中创建文件
CreateText()	创建或打开一个文件用于写入 UTF-8 编码的文本
Delete()	删除文件
Exists()	确定文件是否存在
GetCreationTime()	返回文件或文件夹的创建日期和时间
GetLastAccessTime()	返回上次访问文件或文件夹的日期和时间
GetLastWriteTime()	返回上次写入文件或文件夹的日期和时间
Move()	移动文件
Open()	打开指定路径上的 FileStream
OpenRead()	打开现有文件以进行读取
OpenText()	打开现有 UTF-8 编码文本文件以进行读取
OpenWrite()	打开现有文件并进行写入
ReadAllText()	打开一个文本文件,将文件的所有行读入到一个字符串,然后关闭该文件
Replace()	使用其他文件的内容替换指定文件的内容,这一过程将删除原始文件,并创建被替换文件的备份
SetCreationTime()	设置文件的创建日期和时间
SetLastAccessTime()	设置文件的上次访问日期和时间
SetLastWriteTime()	设置文件的上次写入日期和时间
WriteAllText()	创建一个新文件,在文件中写入内容,然后关闭文件。如果目标文件已存在,则覆盖该文件

表 14-6　FileInfo 类常用方法表

方　　法	说　　明
AppendText()	创建一个 StreamWriter,向文件追加文本
CopyTo()	复制文件
Create()	创建文件
CreateText()	创建写入新文本文件的 StreamWriter
Delete()	删除文件
MoveTo()	将指定文件移到新位置,并提供指定新文件名的选项
Open()	用各种读/写访问权限和共享特权打开文件
OpenRead()	创建只读 FileStream
OpenText()	创建使用 UTF-8 编码、从现有文本文件中进行读取的 StreamReader
OpenWrite()	创建只写 FileStream
Replace()	使用当前文件替换指定文件的内容,这一过程将删除原始文件,并创建被替换文件的备份
ToString()	以字符串形式返回路径

实例 14-3 文件的创建、复制、删除和移动操作

如图 14-3 所示,本实例将根据提供的源文件和目标文件路径,演示文件的创建、复制、删除和移动操作,并给出相应操作的信息提示。如图 14-4 所示,输入源文件路径,再单击"移动"按钮时,执行移动操作。如图 14-5 所示,输入源文件和目标文件路径,再单击"复制"按钮时,执行复制操作。

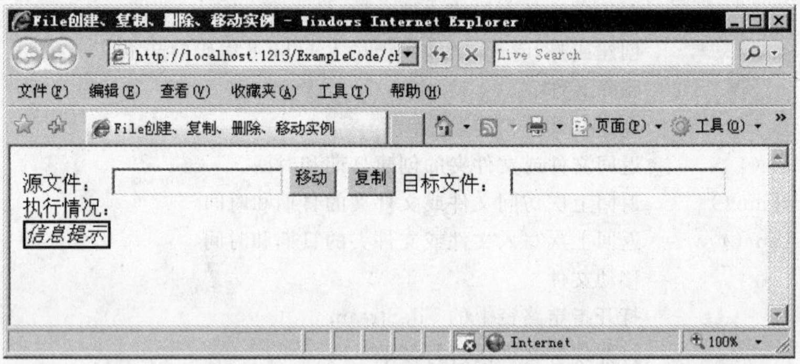

图 14-3 myFileInfo.aspx 浏览效果图

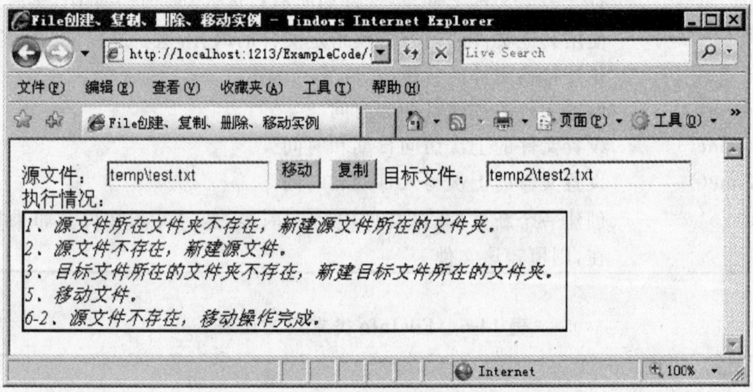

图 14-4 移动文件操作效果图

图 14-5 复制文件操作效果图

源程序：myFileInfo.aspx

```
< % @ Page Language = "C#" AutoEventWireup = "true" CodeFile = "myFileInfo.aspx.cs"
Inherits = "chap14_myFileInfo" % >
…（略）
<form id = "form1" runat = "server">
<div>
    <asp:Label ID = "lblSouce" runat = "server" Text = "源文件："></asp:Label>
    <asp:TextBox ID = "txtSouce" runat = "server" Width = "134px"></asp:TextBox>
    <asp:Button ID = "btnMoveFile" runat = "server" OnClick = "btnMoveFile_Click" Text = "移动" />
     <asp:Button ID = "btnCopyFile" runat = "server" OnClick = "btnCopyFile_Click" Text =
"复制" />
    <asp:Label ID = "lblTarget" runat = "server" Text = "目标文件："></asp:Label>
    <asp:TextBox ID = "txtTarget" runat = "server" Width = "169px"></asp:TextBox>
    <br />
    <asp:Label ID = "lblRun" runat = "server" Text = "执行情况："></asp:Label>
    <br />
    <asp:Label ID = "lblMessage" runat = "server" BorderWidth = "2px" Font - Italic = "True"
        Text = "信息提示"></asp:Label>
</div>
</form>
…（略）
```

源程序：myFileInfo.aspx.cs

```
using System;
using System.IO;

public partial class chap14_myFileInfo : System.Web.UI.Page
{
    //移动按钮事件处理程序,执行移动文件操作
    protected void btnMoveFile_Click(object sender, EventArgs e)
    {
        //获取源文件和目标文件路径
        string pathSouce = txtSouce.Text.Trim();
        string pathTarget = txtTarget.Text.Trim();
        //两个路径字符串不空则执行移动操作
        if((pathSouce.Length>0)&&(pathTarget.Length>0))
        {
            lblMessage.Text = MoveCopyFile(pathSouce, pathTarget,false);
        }
    }
    //复制按钮事件处理程序,执行复制文件操作
    protected void btnCopyFile_Click(object sender, EventArgs e)
    {
        //获取源文件和目标文件路径
        string pathSouce = txtSouce.Text.Trim();
        string pathTarget = txtTarget.Text.Trim();
        //两个路径字符串不空则执行复制操作
        if ((pathSouce.Length > 0) && (pathTarget.Length > 0))
        {
            lblMessage.Text = MoveCopyFile(pathSouce, pathTarget, true);
        }
```

```
        }
        //移动或复制文件,KeepSource 值为 True 则复制,False 则移动
        private string MoveCopyFile(string pathSouce,string pathTarget,bool KeepSource)
        {
            String resMsg = "";
            //获取站点根文件夹
            string pathRoot = Server. MapPath("");
            //组合获取源文件路径
            pathSouce = Path. Combine(pathRoot,pathSouce);
            //组合获取目标文件路径
            pathTarget = Path. Combine(pathRoot,pathTarget);
            try
            {
                //获取源文件所在的文件夹
                string directoryName = Path. GetDirectoryName(pathSouce);
                //文件夹不存在则新建
                if (! Directory. Exists(directoryName))
                {
                    Directory. CreateDirectory(directoryName);
                    resMsg = resMsg + "1、源文件所在文件夹不存在,新建源文件所在的文件夹。<br>";
                }
                //判断源文件是否存在,不存在则新建文件
                if (! File. Exists(pathSouce))
                {
                    using (FileStream fs = File. Create(pathSouce)) { }
                    resMsg = resMsg + "2、源文件不存在,新建源文件。<br>";
                }
                //获取目标文件所在的文件夹
                directoryName = Path. GetDirectoryName(pathTarget);
                //文件夹不存在则新建
                if (! Directory. Exists(directoryName))
                {
                    Directory. CreateDirectory(directoryName);
                    resMsg = resMsg + "3、目标文件所在的文件夹不存在,新建目标文件所在的文件夹。
        <br>";
                }
                //KeepSource 为 true 保留源文件则复制文件,否则移动文件
                if (KeepSource)
                {
                    //复制文件,如果目标文件存在则覆盖
                    File. Copy(pathSouce, pathTarget,true);
                    resMsg = resMsg + "5、复制文件。<br>";
                }
                else
                {
                    //判断目标文件是否存在,存在则删除文件
                    if (File. Exists(pathTarget))
                    {
                        File. Delete(pathTarget);
                        resMsg = resMsg + "4、目标文件存在,删除目标文件。<br>";
                    }
```

```
        //移动文件
        File.Move(pathSouce, pathTarget);
        resMsg = resMsg + "5、移动文件。<br>";
    }
    //查看源文件是否存在,区分移动和复制操作
    if (File.Exists(pathSouce))
    {
        resMsg = resMsg + "6-1、源文件存在,复制操作完成。<br>";
    }
    else
    {
        resMsg = resMsg + "6-2、源文件不存在,移动操作完成。<br>";
    }
}
catch (Exception e)
{
    resMsg = resMsg + "7、程序执行异常。错误信息：" + e.ToString();
}
//返回执行信息
return resMsg;
    }
}
```

操作步骤：

(1) 在 chap14 文件夹中建立 myFileInfo.aspx。参考源代码添加控件并设置属性。

(2) 建立 myFileInfo.aspx.cs 文件。最后,浏览 myFileInfo.aspx 进行测试。

程序说明：

如果源文件夹不存在,利用 Directory.CreateDirectory(directoryName)将创建文件夹。如果文件不存在,那么利用 using(FileStream fs = File.Create(pathSouce)){ }将创建一个空文件,然后会自动关闭 fs 对象。

程序中判断文件是否存在,实现文件的移动、复制和删除的语句分别是：

```
File.Exists(pathTarget)
File.Move(pathSouce, pathTarget);
File.Copy(pathSouce, pathTarget,true);   //true 表示覆盖文件
File.Delete(pathTarget);
```

另外还可以利用 FileInfo 类的属性 CreationTime 获取文件的创建时间,属性 Length 来获取文件大小等信息。

14.2　读写文件

读写文件是 Web 应用程序中的一个重要操作。在保存程序的数据、动态生成网页或修改应用程序的配置信息等方面都需要读写文件。例如在大型的新闻发布系统中常根据数据库信息生成静态网页文件。在.NET Framework 中采用基于 Stream 类和 Read/Writer 类读写 I/O 数据的通用模型,使得文件读写操作非常简单,如图 14-6 所示。

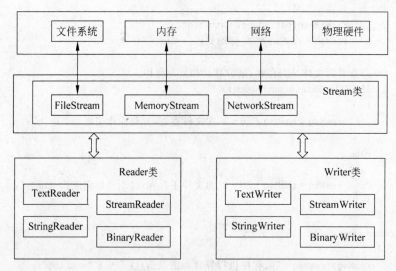

图 14-6   读写 I/O 数据的通用模型图

14.2.1   Stream 类

在 .NET 中读写数据都使用数据流的形式实现。Stream 类为 I/O 数据读写提供了基本的功能,但是 Stream 类是一个抽象类,所以要使用它的派生类完成不同数据流的操作。例如 MemoryStream 类实现内存操作,FileStream 类实现文件操作等。

下面以常用的 FileStream 类为例说明。

FileStream 类能完成对文件进行读取、写入、打开和关闭操作,并对其他与文件相关的操作系统句柄进行操作,如管道、标准输入和标准输出等。读写操作可以指定为同步或异步操作,默认情况下以同步方式打开文件。

FileStream 类的常用属性如表 14-7 所示。

表 14-7   FileStream 类常用属性表

属　　　性	说　　　明
CanRead	当前数据流是否支持读取
CanWrite	当前数据流是否支持写入
Length	数据流长度(用字节表示)
Name	获取传递给构造函数的 FileStream 的名称
ReadTimeout	获取或设置一个值(以毫秒为单位),确定数据流在超时前尝试的读取时间
WriteTimeout	获取或设置一个值(以毫秒为单位),确定数据流在超时前尝试的写入时间

FileStream 类常用的方法如表 14-8 所示。

注意:Read()和 Write()实现对文件的同步读写操作,这也是最常用的方法。而 BeginRead()、EndRead()方法和 BeginWrite()、EndWrite()方法实现对文件的异步读写操作。当异步写文件时需要利用 Lock()、UnLock()方法解决文件共享冲突问题。

表 14-8 FileStream 类常用方法表

方　　法	说　　明
BeginRead()	开始异步读
BeginWrite()	开始异步写
Close()	关闭当前数据流并释放与之关联的所有资源
EndRead()	等待挂起的异步读取完成
EndWrite()	结束异步写
Flush()	将缓冲区中数据流数据写入文件,然后清除缓冲区中的数据
Lock()	允许读取访问的同时防止其他进程更改 FileStream
Read()	从数据流中读取字节块并将该数据写入给定缓冲区中
ReadByte()	从文件中读取一个字节,并将读取位置偏移一个字节
Unlock()	允许其他进程访问以前锁定的某个文件的全部或部分
Write()	将缓冲区读取的数据写入数据流
WriteByte()	将一个字节写入文件流的当前位置

利用 FileStream 类读取文件的基本流程是:

```
//获取文件物理路径
string fileName = Server.MapPath("test.txt");
//建立 FileStream 类对象实例 fs,文件存在则打开,不存在则创建
FileStream fs = new FileStream(fileName, FileMode.OpenOrCreate);
//定义字节数组 data,数组长度为文件长度
byte[] data = new byte[fs.Length];
//读取文件内容到数组 data
fs.Read(data, 0, (int)fs.Length);
//关闭 FileStream,释放占用的资源
fs.Close();
```

利用 FileStream 类写文件的基本流程是:

```
//获取文件物理路径
string fileName = Server.MapPath("test.txt");
//建立 FileStream 类对象实例 fs,若文件存在则以添加方式打开,不存在则创建
FileStream fs = new FileStream(fileName, FileMode.Append);
//将写入字符串存放到字节数组 data 中
byte[] data = Encoding.ASCII.GetBytes("Add string!");
//将字节数组 data 写入 FileStream 缓冲区
fs.Write(data, 0, data.Length);
//将缓冲区中数据流数据写入文件,然后清除缓冲区中的数据。
fs.Flush();
//关闭 FileStream,释放占用的资源
fs.Close();
```

注意:如果写入的内容中包含中文,则要用 UTF-8 编码,代码要相应地改为:Encoding. UTF8.GetBytes("中文 English!"),否则会出现乱码。

数据流在使用后要调用数据流的 Close() 方法来关闭数据流,如 fs.Close();语句。另外也可以利用 using 来确保数据流在使用后被关闭。因为在 using 语句关闭时会自动调用数据流对象的 Dispose() 方法,Dispose() 方法会调用数据流的 Close() 方法来关闭数据流。所以可以将数据流操作语句块放在 using 语句中,例如利用 FileStream 类写文件的代码可

以修改为以下形式：

```
using (FileStream fs = new FileStream(fileName, FileMode.Append))
{
    byte[] data = Encoding.ASCII.GetBytes("Add string!");
    fs.Write(data, 0, data.Length);
}
```

FileStream 类的构造函数有许多重载版本，下面是最常见的一种，使用指定的路径、文件模式、读/写权限和共享权限来创建 FileStream 类的实例：

```
public FileStream(string path,FileMode mode,FileAccess access,FileShare share)
```

参数的含义如下：

- path——指定 FileStream 对象将读取或写入文件的相对路径或绝对路径。
- mode——FileMode 常量，确定如何打开或创建文件。如值 Open 表示打开文件，文件不存在则出错；值 Create 表示建立文件，将覆盖存在的文件；值 Append 表示以添加方式打开存在的文件，如果文件不存在，则创建文件。
- access——FileAccess 常量，它确定 FileStream 对象访问文件的方式。如值 Read 表示对象可读，值 Write 表示对象可写，值 ReadWrite 表示对象可读写。
- share——FileShare 常量，确定文件如何由进程共享。如值 None 表示不允许共享文件，值 Write、Read、ReadWrite、Delete 依次表示随后可以读、写、读写、删除文件。

实例 14-4　利用 FileStream 类读写文件

如图 14-7 所示，如果 Web 应用程序根文件夹下的 chap14 文件夹中不存在文件 test.txt，则新建 test.txt 文件，并写入"The First Line!"。如果存在文件 test.txt，则打开并读取该文件。单击"添加"按钮可以将文本框中输入的内容添加到文件末尾，然后再读取文件内容并显示在页面上，如图 14-8 所示。

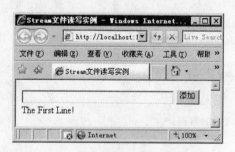

图 14-7　FileStream 类读文件效果图

图 14-8　FileStream 类写文件效果图

源程序：myFileStream.aspx

```
<%@ Page Language = "C#" AutoEventWireup = "true" CodeFile = "myFileStream.aspx.cs"
Inherits = "chap14_myFileStream" %>
…（略）
<form id = "form1" runat = "server">
  <div>
      <asp:TextBox ID = "txtAppend" runat = "server" Width = "253px"></asp:TextBox>
```

```
        <asp:Button ID = "btnAppend" runat = "server" Text = "添加" OnClick = "btnAppend_Click" />
        <br />
        <asp:Label ID = "lblShow" runat = "server" Text = "Label"></asp:Label>
    </div>
</form>
…(略)
```

源程序：myFileStream.aspx.cs

```
using System;
using System.IO;
using System.Text;
public partial class chap14_myFileStream : System.Web.UI.Page
{
    protected void Page_Load(object sender, EventArgs e)
    {
        string fileName = Path.Combine(Request.PhysicalApplicationPath, @"chap14\test.txt");
        if (File.Exists(fileName))   //文件存在
        {
            lblShow.Text = ReadText();   //读写文件显示到 lblShow
        }
        else   //文件不存在
        {
            AppendText("The First Line!");   //新建文件,添加内容
            lblShow.Text = "The First Line!";
        }
    }
    protected void btnAppend_Click(object sender, EventArgs e)
    {
        string appStr = txtAppend.Text.Trim();
        if (appStr.Length > 0)   //输入不空
        {
            AppendText(appStr);   //添加到文件后面
            lblShow.Text = ReadText();   //读写文件显示到 lblShow
        }
    }
    /// <summary>
    /// AppendText:添加内容到 test.txt 文件中
    /// </summary>
    /// <param name = "addText">文件名</param>
    private void AppendText(string addText)
    {
        //获取文件的物理路径
        string fileName = Path.Combine(Request.PhysicalApplicationPath, @"chap14\test.txt");
        //创建一个输入数据流
        FileStream sw = File.Open(fileName, FileMode.Append, FileAccess.Write, FileShare.None);
        byte[] data = Encoding.ASCII.GetBytes(addText);
        sw.Write(data, 0, data.Length);
        sw.Flush();
        sw.Close();
    }
    /// <summary>
```

```
/// ReadText：从 test.txt 文件中读写所有内容
/// </summary>
/// <returns>返回文件内容字符串</returns>
private string ReadText()
{
    //获取文件的物理路径
    string fileName = Path.Combine(Request.PhysicalApplicationPath, @"chap14\test.txt");
    //创建一个输出数据流
    FileStream sr = File.Open(fileName, FileMode.Open, FileAccess.Read, FileShare.Read);
    byte[] data = new byte[sr.Length];
    sr.Read(data, 0, (int)sr.Length);
    sr.Close();
    //返回内容字符串
    return Encoding.ASCII.GetString(data);
}
}
```

操作步骤：

（1）在 chap14 文件夹中建立 myFileStream.aspx。添加一个 TextBox 控件、一个 Button 控件和一个 Label 控件，并设置属性。

（2）建立 myFileStream.aspx.cs 文件。最后，浏览 myFileStream.aspx 进行测试。

程序说明：

如图 14-7 所示，最初在站点根文件夹下的 chap14 文件夹中不存在 test.txt 文件，则调用 AppendText("The First Line!")；执行文件写操作。单击"添加"按钮则添加内容到文件末尾；然后执行 lblShow.Text＝ReadText()；语句，读取 test.txt 文件内容并显示在控件 lblShow 上，如图 14-8 所示。

Request.PhysicalApplicationPath 获取网站的根文件夹，Path.Combine() 方法的作用是将两个路径合并为一个路径字符串。

Encoding.ASCII 表示编码采用的是 ASCII 编码方式，所以，如果在文本框中填入汉字则会出现乱码。另外，要使用 Encoding 类则需要导入命名空间 System.Text。

14.2.2   Reader 和 Writer 类

和 Stream 类不同，Reader 和 Writer 类可以完成在数据流中读写字节等操作。这样就可以只考虑数据的处理，而不必关心操作的细节。.NET Framework 针对不同的数据流类型提供了不同的 Reader 和 Writer 类。不同的文件类型由对应的特定类进行读写。表 14-9 和表 14-10 分别列出了部分 Reader 类和 Writer 类。

表 14-9   Reader 类对应表

Reader 类	说　　明
System.IO.TextReader	抽象类，读取一系列字符
System.IO.StreamReader	从字节数据流中读取字符，派生于 TextReader
System.IO.StringReader	将文本读取为一系列内存字符串，派生于 TextReader
System.IO.BinaryReader	从数据流中把基本数据类型读取为二进制值

表 14-10　Writer 类对应表

Writer 类	说　　明
System. IO. TextWriter	抽象类,写入一系列字符
System. IO. StreamWriter	把字符写入数据流,派生于 TextWriter
System. IO. StringWriter	将文本写入为内存字符串,派生于 TextWriter
System. IO. BinaryWriter	将二进制基本数据写入数据流

1. TextReader 和 TextWriter 类

TextReader 和 TextWriter 类作为抽象类,用于读写文本类型的内容,在使用时,应建立它们的派生类对象实例,如:

```
TextReader sr = new StreamReader(fileName);
```

TextReader 类的常用方法如表 14-11 所示,TextWriter 类的常用方法如表 14-12 所示。

表 14-11　TextReader 类的常用方法表

方　　法	说　　明
Peek()	读取下一个字符,但不使用该字符。当读到文件尾时,返回值−1,可以根据返回值判断是否已到文件尾
Read()	从输入数据流中读取数据
ReadBlock()	从当前数据流中读取最大 count 值的字符,再从 index 值开始将该数据写入缓冲区
ReadLine()	从当前数据流中读取一行字符并将数据作为字符串返回
ReadToEnd()	读取从当前位置到结尾的所有字符并将它们作为一个字符串返回
Close()	关闭 TextReader 并释放与之关联的所有系统资源

表 14-12　TextWriter 类的常用方法表

方　　法	说　　明
Write()	将给定数据类型写入文本数据流,不加换行符
WriteLine()	写入一行,并加一个换行符
Flush()	将缓冲区数据写入文件,然后再清除缓冲区中内容。如不使用该方法,将在关闭文件时把缓冲区中数据写入文件
Close()	关闭当前编写器并释放任何与该编写器关联的系统资源

实例 14-5　使用 StreamReader 和 StreamWriter 读写文本文件

如图 14-9 所示,单击"写文本文件"按钮,则在当前文件夹的 temp 文件夹下建立一个文本文件 txtFileName.txt,并写入一行文本"李明 23"。单击"读文本文件"按钮,则读取文件内容并显示在 Label 控件 lblShow 中。

源程序:TextReaderWriter.aspx

```
< % @ Page Language = "C♯" AutoEventWireup = "true" CodeFile = "TextReaderWriter.aspx.cs"
    Inherits = "chap14_TextReaderWriter" % >
…(略)
<form id = "form1" runat = "server">
```

```
<div>
    <asp:Button ID = "btnWrite" runat = "server" OnClick = "btnWrite_Click" Text = "写文本文件" />
    <asp:Button ID = "btnRead" runat = "server" OnClick = "btnRead_Click" Text = "读文本文件" />
    <br />
    <asp:Label ID = "lblShow" runat = "server" Text = "Label"></asp:Label>
</div>
</form>
…(略)
```

源程序：TextReaderWriter.aspx.cs

```csharp
using System;
using System.IO;

public partial class chap14_TextReaderWriter : System.Web.UI.Page
{
    //写文件
    protected void btnWrite_Click(object sender, EventArgs e)
    {
        string bootDir = Server.MapPath("");  //获取当前路径
        string fileName = Path.Combine(bootDir, @"temp\txtFileName.txt");  //指定文件
        TextWriter sw = new StreamWriter(fileName);  //建立 TextWriter 对象,覆盖模式
        sw.Write("李明 ");  //写字符串到缓冲区
        sw.WriteLine(23);  //写整数到缓冲区
        sw.Flush();  //将缓冲区数据写入文件,然后再清除缓冲区中内容
        sw.Close();  //关闭编写器并释放系统资源
    }
    //读文件
    protected void btnRead_Click(object sender, EventArgs e)
    {
        string bootDir = Server.MapPath("");  //获取当前路径
        string fileName = Path.Combine(bootDir, @"temp\txtFileName.txt");  //指定文件
        TextReader sr = new StreamReader(fileName);  //建立 TextReader 对象
        string tmpStr = sr.ReadToEnd();  //读取所有数据到 tmpStr 中
        sr.Close();  //关闭编写器并释放系统资源
        lblShow.Text = tmpStr;  //在 lblShow 显示文本内容
    }
}
```

图 14-9　读写文本文件效果图

操作步骤：

（1）在 chap14 文件夹中添加 TextReaderWriter. aspx。添加一个 Label 控件和两个 Button 控件，属性设置见源程序 TextReaderWriter. aspx。

（2）建立 TextReaderWriter. aspx. cs 文件。最后，浏览 TextReaderWriter. aspx 进行测试。

程序说明：

如果当前文件夹下的 temp\txtFileName. txt 不存在则新建文件，否则打开该文件，并以覆盖方式写入文件内容。如果要求添加内容到文件中则需要将代码修改为如下形式：

```
TextWriter sw = new StreamWriter(fileName, true);
```

其中参数 true 表示添加模式，随后再调用 Write()方法会将数据添加到文本数据流中。

2. BinaryReader 和 BinaryWriter 类

BinaryReader 和 BinaryWriter 类用来读写二进制数据文件。BinaryWriter 类将数据以其内部格式写入文件，所以在读取数据时需要使用不同的 Read 方法。例如可利用 ReadString()方法读取字符，而整数的读取需要使用 ReadInt32()方法。

实例 14-6　使用 BinaryReader 和 BinaryWriter 读写二进制数据文件

如图 14-10 所示，单击"写二进制文件"按钮，则在当前文件夹的 temp 文件夹下建立一个二进制文件 binaryfile. bin，并写入字符串"李明"和整数 23。单击"读二进制文件"按钮，则读取 binaryfile. bin 文件内容并显示在 Label 控件 lblShow 中。

图 14-10　读写二进制文件效果图

源程序：BinaryReaderWriter. aspx

```
< % @ Page Language = "C # " AutoEventWireup = "true" CodeFile = "BinaryReaderWriter. aspx. cs"
    Inherits = "chap14_BinaryReaderWriter" % >
…（略）
<form id = "form1" runat = "server">
<div>
    <asp:Button ID = "btnWrite" runat = "server" OnClick = "btnWrite_Click" Text = "写二进制文件" />
    <asp:Button ID = "btnRead" runat = "server" OnClick = "btnRead_Click" Text = "读二进制文件" />
    <br />
    <asp:Label ID = "lblShow" runat = "server" Text = "Label"></asp:Label></div>
</form>
…（略）
```

源程序：BinaryReaderWriter.aspx.cs

```csharp
using System;
using System.IO;

public partial class chap14_BinaryReaderWriter : System.Web.UI.Page
{
    //写文件
    protected void btnWrite_Click(object sender, EventArgs e)
    {
        string bootDir = Server.MapPath("");    //获取当前路径
        string fileName = Path.Combine(bootDir, @"temp\binaryfile.bin");    //指定文件
        BinaryWriter bw = new BinaryWriter(File.OpenWrite(fileName));    //建立 BinaryWriter 对象
        string name = "李明";
        int age = 23;
        bw.Write(name);    //写字符串
        bw.Write(age);    //写整数
        bw.Flush();
        bw.Close();
    }
    //读文件
    protected void btnRead_Click(object sender, EventArgs e)
    {
        string bootDir = Server.MapPath("");    //获取当前路径
        string fileName = Path.Combine(bootDir, @"temp\binaryfile.bin");    //指定文件
        BinaryReader br = new BinaryReader(File.OpenRead(fileName));    //建立 BinaryReader 对象
        string name;
        int age;
        name = br.ReadString();    //读字符串
        age = br.ReadInt32();    //读整数
        br.Close();    //关闭编写器并释放系统资源
        lblShow.Text = "Name:" + name + " Age:" + age.ToString();    //在 lblShow 中显示内容
    }
}
```

操作步骤：

(1) 在 chap14 文件夹中建立 BinaryReaderWriter.aspx。添加一个 Label 控件和两个 Button 控件，属性设置见源程序 BinaryReaderWriter.aspx。

(2) 建立 BinaryReaderWriter.aspx.cs 文件。最后，浏览 BinaryReaderWriter.aspx 进行测试。

程序说明：

写入的 name 值是字符串类型，age 值是整型，所以在读取数据时对应地使用了 ReadString()和 ReadInt32()方法。

14.3　文　件　上　传

在 Web 应用程序中经常需要上传文件。控件 FileUpload 为用户提供了一种将文件上传到 Web 服务器的简便方法。在上传文件时还可以限制文件的大小，在保存上传的文件之

前检查其属性等。控件 FileUpload 在 Web 页面上显示为一个文本框和一个"浏览"按钮。用户可以在文本框中输入希望上传到 Web 服务器的文件的名称；单击"浏览"按钮将显示一个文件导航对话框，可以选择需要上传的文件。当用户已选定要上传的文件并提交网页时，该文件将作为 HTTP 请求的一部分上传。控件 FileUpload 定义的语法格式如下：

```
<asp: FileUpload ID = "Uploader" runat = "server" />
```

控件的 PostedFile 属性可以获取使用 FileUpload 控件上传的文件 HttpPostedFile 对象。使用该对象还可访问上传文件的其他属性。如属性 ContentLength 能获取上传文件的长度，属性 ContentType 能获取上传文件的 MIME 内容类型，属性 FileName 能获取上传文件的文件名称。另外，还可以使用 SaveAs() 方法将上传的文件保存到 Web 服务器。以下示例代码表示将上传的文件保存到 Web 服务器的 c:\Uploads 文件夹中。

```
Uploader.PostedFile.SaveAs(@"c:\Uploads\newfileName");
```

如果要将文件保存到当前 Web 应用程序的指定文件夹中。可首先使用 HttpRequest. PhysicalApplicationPath 属性来获取当前 Web 应用程序的根文件夹物理路径，再组合要存放文件的文件夹名。下面的示例代码段实现了将文件以原文件名保存到网站根文件夹下 Uploads 文件夹中的功能。

```
//保存位置为根文件夹下的 Uploads 文件夹
string uploadDirectory = Path. Combine(Request. PhysicalApplicationPath, "Uploads");
//获取原文件名
string serverFileName = Path. GetFileName(Uploader. PostedFile. FileName);
//生成要保存的物理路径,包含文件名
string fullUploadPath = Path. Combine(uploadDirectory,serverFileName);
//上传文件并保存到 Uploads 文件夹
Uploader. PostedFile. SaveAs(fullUploadPath);
```

调用 HttpPostedFile 对象的属性 ContentLength 可获取上传文件的大小，因此，可通过判断该值大小来限制上传文件的大小。还可以调用 Path. GetExtension() 方法来获取要上传文件的扩展名，这样就能限制上传文件的类型。

实例 14-7 利用 FileUpload 实现文件上传

本实例可以将文件上传到网站根文件夹下的 Uploads 文件夹中。同时限制上传文件的大小不能超过 200KB，文件的扩展名必须为 bmp、jpg 或 gif 等。

源程序：myUploadFile.aspx

```
<%@ Page Language = "C#" AutoEventWireup = "true" CodeFile = "myUploadFile.aspx.cs"
Inherits = "chap14_myUploadFile" %>
…(略)
<form id = "form1" runat = "server">
<div>
  <asp:FileUpload ID = "Uploader" runat = "server" />
  <asp:Button ID = "btnUpload" runat = "server" OnClick = "btnUpload_Click" Text = "上传文件"
Height = "26px" />
  <br />
```

```
   <asp:Label ID = "lblInfo" runat = "server" Text = "Label"></asp:Label>
</div>
</form>
…（略）
```

源程序：myUploadFile.aspx.cs

```csharp
using System;
using System.IO;

public partial class chap14_myUploadFile : System.Web.UI.Page
{
    private string uploadDirectory;    //文件保存路径
    protected void Page_Load(object sender, EventArgs e)
    {
        // 默认将文件保存到站点根文件夹下的 Uploads 中
        uploadDirectory = Path.Combine(Request.PhysicalApplicationPath, "Uploads");
    }
    protected void btnUpload_Click(object sender, EventArgs e)
    {
        // 判断是否有文件提交
        if (Uploader.PostedFile.FileName == "")
        {
            lblInfo.Text = "No file specified.";
        }
        else
        {   // 判断文件大小是否超过 200KB
            if (Uploader.PostedFile.ContentLength > 204800)
            {
                lblInfo.Text = "文件不能超过 200KB.";
            }
            else
            {
                // 判断文件类型.
                string extension = Path.GetExtension(Uploader.PostedFile.FileName);
                switch (extension.ToLower())
                {
                    case ".bmp":
                    case ".gif":
                    case ".jpg":
                        break;
                    default:
                        lblInfo.Text = "文件类型不是 * .bmp| * .gif| * .jpg ";
                        return;
                }
                // 以下代码将保存文件到 Web 服务器中 uploadDirectory 变量指定的路径下
                //文件名维持原文件名不变
                string serverFileName = Path.GetFileName(Uploader.PostedFile.FileName);
                string fullUploadPath = Path.Combine(uploadDirectory, serverFileName);
                try
                {
                    Uploader.PostedFile.SaveAs(fullUploadPath);    //上传文件
```

```
            lblInfo.Text = "文件: " + serverFileName;
            lblInfo.Text += " 成功上传到 ";
            lblInfo.Text += fullUploadPath;
        }
        catch (Exception ee)
        {
            lblInfo.Text = ee.Message;   //上传文件失败,显示出错信息
        }
    }
  }
 }
}
```

操作步骤:

(1) 在 chap14 文件夹中建立 myUploadFile.aspx。添加一个 Label 控件、一个 Button 控件和一个 FileUpload 控件,并设置属性。

(2) 建立 myUploadFile.aspx.cs 文件。最后,浏览 myUploadFile.aspx 进行测试。

14.4 小 结

本章围绕文件操作介绍了 .NET Framework 中 System.IO 命名空间中的相关类,例如 DriveInfo 类、Directory 和 DirectoryInfo 类、File 和 FileInfo 类、Path 类等。用户可以利用这些类来管理 Web 服务器上的文件系统。本章还学习了读写文件的方法,在 .NET Framework 中采用基于 Stream 类和 Reader/Writer 类读写 I/O 数据的通用模型,使得文件读写操作非常简单。本章还介绍了利用 FileUpload 控件上传文件到 Web 服务器的方法,利用控件的属性 PostedFile 获取的 HttpPostedFile 对象可以方便地限制上传文件的大小,利用 Path.GetExtension() 方法获取要上传文件的扩展名来限制上传文件的类型。

14.5 习 题

1. 填空题

(1) 要管理 Web 服务器上的文件系统,需要导入的命名空间是_____。

(2) 如果在 C:\Program Files 中安装了 Visual Studio 2008,则 Directory.GetCurrentDirectory() 的值是_____。

(3) HttpPostedFile 对象的_____方法可以将文件上传到 Web 服务器。

(4) 可以调用_____方法来返回要上传的文件的扩展名。

(5) 利用 File 类的_____可以确定指定的文件是否存在。

(6) Directory 类的 SetCurrentDirectory() 方法的功能是_____。

2. 是非题

(1) Web 应用程序中可以使用 DirectoryInfo 类管理客户端文件系统。( )

(2) TextReader 派生于 StreamReader。( )

（3）包含在 using 语句内的代码段在执行完毕后会自动关闭打开的数据流。（   ）

3. 选择题

（1）DriveInfo 类的（   ）属性可以获取驱动器上存储空间的总容量。

A. AvailableFreeSpace   B. TotalFreeSpace

C. TotalSize   D. Size

（2）Directory 类的（   ）方法可以获取 Web 应用程序的当前工作文件夹。

A. GetCurrentDirectory()   B. GetDirectories()

C. GetDirectoryRoot()   D. GetLogicalDrives()

（3）FileStream 类提供的一组操作数据流的方法中，（   ）可以同步操作文件。

A. BeginWrite()   B. BeginRead()

C. EndRead()   D. Write()

（4）利用 FileUpload 控件的 PostedFile 属性不可以完成的操作是（   ）。

A. 上传文件   B. 获取上传的文件类型

C. 获取上传的文件大小   D. 下载文件

4. 简答题

（1）文件和数据流有何区别和联系？

（2）Directory 类具有哪些文件夹管理的功能，它们是通过哪些方法来实现的？

（3）比较 FileStream、StreamReader 和 StreamWriter 类各有什么功能，它们之间有何联系？

5. 上机操作题

（1）建立并调试本章的所有实例。

（2）设计一个简单的留言本。要求留言包含标题、内容、留言人和留言时间。每条留言单独保存为一个文本文件，并选择合适的文件名进行保存（要解决文件重名问题）。

（3）编写一个 Web 应用程序，要求综合应用 Directory 类的主要方法。首先确定指定的文件夹是否存在，如果存在，则删除该文件夹；如果不存在，则创建该文件夹。然后，移动此文件夹到新的位置。

（4）编写一个 Web 应用程序，要求实现后台文件夹和文件管理功能，包括：

① 以 File、Image、Flash 和 Media 子文件夹实现文件的分类管理。

② 实现在当前位置新建文件夹和上传文件等功能，页面效果参考图 14-11。

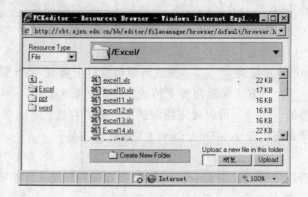

图 14-11   习题效果参考图

第15章

MyPetShop综合实例

本章要点：

☞ 了解 MyPetShop 系统的总体设计。

☞ 熟悉系统数据库设计。

☞ 掌握用户控件设计。

☞ 掌握前台功能模块设计。

☞ 掌握购物车模块。

☞ 掌握订单处理模块。

☞ 掌握后台功能管理模块。

15.1 系统总体设计

本节将介绍 MyPetShop 应用程序的总体设计,包括系统功能模块设计、用户控件设计、系统数据库总体设计和 web.config 配置文件的设计。

15.1.1 系统功能模块设计

MyPetShop 系统是一个具备基本功能的电子商务网站。如图 15-1 所示,系统主要包括五个功能模块：前台商品浏览模块、用户注册登录模块、购物车模块、订单结算模块和后台管理功能模块。

图 15-1 系统功能模块设计图

1. 前台商品浏览模块

按照电子商务网站的一般规划和人们使用电子商务网站的习惯,前台商品浏览模块主要实现按照各种条件显示、查看商品的前台显示功能。用户使用前台商品浏览模块的流程如图 15-2 所示。

2. 用户注册登录模块

用户注册和登录模块与通常的会员系统类似,用户注册以后就可以成为系统的会员。

用户只有在成功登录系统后，才可以实现商品的购买。注册用户还具有修改密码和找回密码的功能。用户使用本模块的主要流程如图 15-3 所示。

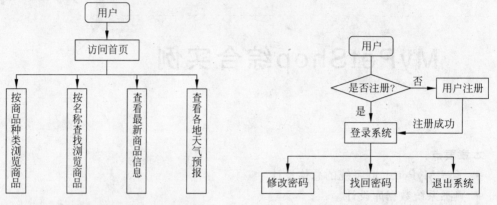

图 15-2   前台商品浏览模块使用流程图   图 15-3   用户登录注册模块使用流程图

3. 购物车模块

购物车是每个电子商务站点的基本元素。本系统应用 Profile 个性化用户配置技术实现购物车模块，允许匿名用户访问购物车。购物车中包含了用户决定购买的所有商品信息，包括商品编号、商品名称、商品价格、购买数量以及用户应付总价等。用户在查看商品详细信息时，如果决定购买即可将商品加入购物车，然后可以继续浏览其他产品。

该模块的使用流程如图 15-4 所示。

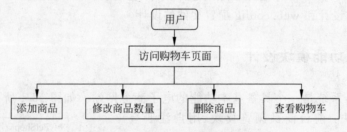

图 15-4   购物车模块使用流程图

4. 订单结算模块

用户完成购物后即可进入结算中心，系统对用户的产品及数量进行价格计算，最后生成用户应付款金额。然后用户向系统下达订单并提供送货地址和付款方式等信息。该模块的使用流程如图 15-5 所示。

5. 后台管理功能模块

后台管理功能模块是根据系统数据维护要求而设计的后台管理平台，只有拥有管理员角色的用户才可进入后台功能模块实现系统的维护与管理。

该模块的使用流程如图 15-6 所示。

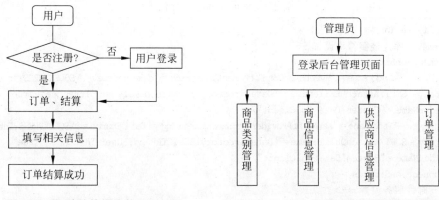

图 15-5 订单结算模块使用流程图　　　　图 15-6 后台管理功能模块使用流程图

15.1.2 用户控件

MyPetShop 应用程序中的用户控件主要是为了统一网页风格,根据具体功能的需要共设计了六个用户控件:

- Navigation1 用户控件——根据用户的不同角色,显示不同的登录状态信息。
- Navigation2 用户控件——根据站点地图实现站点导航功能。
- Category 用户控件——实现商品类别显示功能。
- NewProduct 用户控件——实现最新商品显示功能。
- PetTree 用户控件——实现商品类别及所有商品导航功能。
- Weather 用户控件——实现全国所有省、直辖市的主要城市天气预报功能。

15.1.3 系统数据库总体设计

MyPetShop 应用程序使用 SQL Server Express 2005 数据库进行开发,所使用的数据库为 MyPetShop. mdf 和系统数据库 ASPNETDB. mdf。

MyPetShop 数据库由开发人员建立,共包含五个表:Category、Product、Supplier、Order 和 OrderItem。其中 Category 表存储商品类别信息,Product 表存储商品详细信息,Supplier 表存储供应商详细信息,OrderItem 表存储订单的详细信息,Order 表存储订单信息。

ASPNETDB 数据库由系统自动生成,主要为了存储实现 Profile 用户个性化配置功能、Web 部件功能、成员资格管理和角色管理等功能相关的数据。

15.1.4 web.config 配置文件

MyPetShop 应用程序启用了 Web 部件功能、Profile 个性化用户配置、Forms 身份验证和 URL 授权、成员资格和角色管理等功能,因此必须对 web. config 配置文件进行相应的配置。

源程序：web.config 部分代码

```xml
<configuration>
<!-- 数据库连接字符串设置 -->
<connectionStrings>
        <add name = "MyPetShopConn" connectionString = "data source = .\SQLEXPRESS;Integrated
Security = SSPI;AttachDBFilename = |DataDirectory|MyPetShop.mdf;User Instance = true"
providerName = "System.Data.SqlClient"/>
        <add name = "AspNetDbProvider" connectionString = "Data Source = .\SQLEXPRESS;Integrated
Security = SSPI;AttachDBFilename = |DataDirectory|ASPNETDB.mdf;User Instance = true"
providerName = "System.Data.SqlClient"/>
</connectionStrings>
<!-- 邮件服务设置 -->
<mailSettings>
  <smtp deliveryMethod = "Network">
    <network defaultCredentials = "false" host = "smtp.126.com" port = "25"   userName = "jxssg"
password = "..."   />
  </smtp>
</mailSettings>
</system.net>
<system.web>
<!-- Web 部件设置 -->
<webParts enableExport = "true">
    <personalization defaultProvider = "AspNetSqlProvider">
        <providers>
                <add connectionStringName = "AspNetDbProvider" applicationName = "/"
name = "AspNetSqlProvider" type = "System.Web.UI.WebControls.WebParts.SqlPersonalizationProvider"/>
        </providers>
        <authorization>
                <allow users = " * " verbs = "enterSharedScope"/>
                <allow users = " * " verbs = "modifyState"/>
        </authorization>
    </personalization>
</webParts>
<!-- Forms 窗体验证和 URL 授权设置 -->
<authentication mode = "Forms">
    <forms name = "Hstear" loginUrl = "Login.aspx" protection = "All" path = "/" timeout = "40"/>
</authentication>
<!-- 成员资格管理设置 -->
<membership defaultProvider = "AspNetSqlMembershipProvider">
    <providers>
        <clear/>
        <add connectionStringName = "AspNetDbProvider" enablePasswordRetrieval = "false"
enablePasswordReset = "true" requiresQuestionAndAnswer = "true" applicationName = "/"
requiresUniqueEmail = "false" passwordFormat = "Hashed" maxInvalidPasswordAttempts = "5"
minRequiredPasswordLength = "7" minRequiredNonalphanumericCharacters = "1" passwordAttemptWindow = "10"
passwordStrengthRegularExpression = "" name = "AspNetSqlMembershipProvider"
type = "System.Web.Security.SqlMembershipProvider, System.Web, Version = 2.0.0.0, Culture = neutral,
PublicKeyToken = b03f5f7f11d50a3a"/>
    </providers>
</membership>
```

```
<!-- 角色管理设置 -->
<roleManager enabled = "true" cacheRolesInCookie = "true">
    <providers>
        <clear/>
        <add connectionStringName = "AspNetDbProvider" applicationName = "/"
name = "AspNetSqlRoleProvider" type = "System.Web.Security.SqlRoleProvider, System.Web, Version = 2.0.0.0,
Culture = neutral, PublicKeyToken = b03f5f7f11d50a3a"/>
    </providers>
</roleManager>
<!-- Profile 个性化用户属性设置 -->
<profile enabled = "true" defaultProvider = "TableProfileProvider" automaticSaveEnabled = "true">
    <providers>
        <clear/>
        <add name = "TableProfileProvider" type = "System.Web.Profile.SqlProfileProvider"
connectionStringName = "AspNetDbProvider" applicationName = "aa"/>
    </providers>
    <properties>
      <group name = "Cart">
        <add name = "ProId" type = "System.Collections.ArrayList" allowAnonymous = "true"/>
        <add name = "ProName" type = "System.Collections.ArrayList" allowAnonymous = "true"/>
        <add name = "Qty" type = "System.Collections.ArrayList" allowAnonymous = "true"/>
        <add name = "ListPrice" type = "System.Collections.ArrayList" allowAnonymous = "true"/>
        <add name = "TotalPrice" allowAnonymous = "true"/>
      </group>
    </properties>
</profile>
<!-- 匿名用户使用 Profile 设置 -->
<anonymousIdentification enabled = "true" cookieName = ".DBANON" cookieTimeout = "43200"
cookiePath = "/" cookieRequireSSL = "false" cookieSlidingExpiration = "true" cookieProtection = "All"
cookieless = "UseCookies"/>
</system.web>
</configuration>
```

15.2　MyPetShop 数据库设计

　　MyPetShop 数据库存储了商品类别、商品、供应商、订单等信息。本节将介绍 MyPetShop 数据库中包含的表及表与表之间的联系。

15.2.1　数据表设计

1. 商品分类信息表

　　商品分类信息表(Category)主要包括商品分类编号、分类名称和类别描述等,详细信息如表 15-1 所示。

表 15-1   商品分类信息表

字　段	说　明	类　型	备　注
CategoryId	商品分类编号	int	主键，自动递增
Name	商品分类名称	varchar(80)	允许为空
Descn	商品类别描述	varchar(255)	允许为空

2. 商品信息表

商品信息表(Product)主要包括商品编号、商品分类编号、商品单价、商品成本、供应商编号、商品名称、商品介绍、商品图片和商品库存等，详细信息如表 15-2 所示。

表 15-2   商品信息表

字　段	说　明	类　型	备　注
ProductId	商品编号	int	主键，自动递增
CategoryId	所属商品分类编号	int	外键，不允许为空
ListPrice	商品单价	decimal(10,2)	允许为空
UnitCost	商品成本	decimal(10,2)	允许为空
SuppId	供应商编号	int	外键
Name	商品名称	varchar(80)	允许为空
Descn	商品介绍	varchar(255)	允许为空
Image	商品图片	varchar(80)	存储图片路径
Qty	商品库存	int	不允许为空

3. 供应商信息表

供应商信息表(Supplier)主要包括供应商编号、供应商名称、供应商地址、供应商所在省份、供应商所在城市、城市邮编和供应商电话等内容，详细信息如表 15-3 所示。

表 15-3   供应商信息表

字　段	说　明	类　型	备　注
SuppId	供应商编号	int	主键，自动递增
Name	供应商名称	varchar(80)	允许为空
Addr1	供应商地址 1	varchar(80)	允许为空
Addr2	供应商地址 2	varchar(80)	允许为空
City	供应商所在城市	varchar(80)	允许为空
State	供应商所在省份	varchar(80)	允许为空
Zip	城市邮编	varchar(5)	允许为空
Phone	供应商电话	varchar(40)	允许为空

4. 订单信息表

订单信息表（Order）主要包括订单编号、用户名、订单日期、用户地址、用户所在城市、用户所在省份、城市邮编、用户电话和订单状态等，详细信息如表 15-4 所示。

表 15-4　订单信息表

字　段	说　明	类　型	备　注
OrderId	订单编号	int	主键,自动递增
UserName	用户名	varchar(80)	不允许为空
OrderDate	订单日期	datetime	不允许为空
Addr1	用户地址 1	varchar(80)	允许为空
Addr2	用户地址 2	varchar(80)	允许为空
City	用户所在城市	varchar(80)	允许为空
State	用户所在省份	varchar(80)	允许为空
Zip	城市邮编	varchar(5)	允许为空
Phone	用户电话	varchar(40)	允许为空
Status	订单状态	varchar(10)	允许为空

5. 订单详细信息表

订单详细信息表（OrderItem）主要包括订单详细信息编号、订单编号、商品名称、商品单价、购买数量和总价等，详细信息如表 15-5 所示。

表 15-5　订单详细信息表

字　段	说　明	类　型	备　注
ItemId	订单详细信息编号	int	主键,自动递增
OrderId	订单编号	int	外键,不允许为空
ProName	商品名称	varchar(80)	允许为空
ListPrice	商品单价	decimal(10,2)	允许为空
Qty	购买数量	int	不允许为空
TotalPrice	总价	decimal(10,2)	允许为空

15.2.2　数据表联系设计

为实现系统所需的功能提供数据支持，考虑数据间的参照完整性要求，MyPetShop 数据库中各数据表的联系如图 15-7 所示。

其中，Product 表中的 CategoryId 和 SuppId 都是外键，分别与 Category 表和 Supplier 表关联。OrderItem 表中的 OrderId 是外键，与 Order 表关联。另外，OrderItem 表中的 ProName 和 ListPrice 虽然不是外键，但其数据都来自 Product 表。

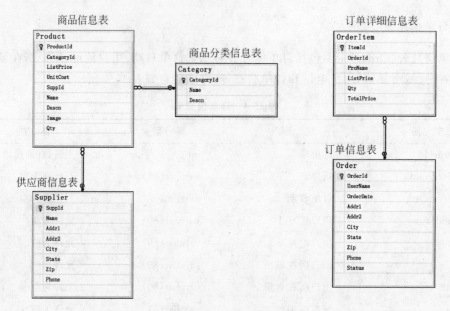

图 15-7 数据表之间联系图

15.3 用户控件设计

本节将介绍 MyPetShop 应用程序中的商品类别列表、用户状态、站点导航、最新商品列表、商品类别及商品导航和天气预报等用户控件。

15.3.1 商品类别列表用户控件

商品类别列表用户控件由 Category.ascx 实现，主要包括一个 GridView 控件，用于显示商品类别及该类别所有的商品数量，其中商品类别显示为超链接，通过单击商品类别可进入该类别的商品列表页面。运行效果如图 15-8 所示。

图 15-8 商品类别列表用户控件运行效果图

15.3.2 用户状态用户控件

用户状态用户控件由 Navigation1.ascx 实现，主要包括 LoginView、LoginName 和 LoginStatus 控件，实现根据不同角色用户的不同状态显示不同的用户状态信息和可操作菜单。比如，用户未登录时显示"您还未登录"状态信息，当 Member 角色的用户登录时显示"Welcome：用户名"状态信息，同时显示密码修改、购物记录和退出登录三个可操作菜单。当 Admin 角色的用户登录时显示"Welcome：用户名"状态信息，同时显示密码修改、系统管理和退出登录三个可操作菜单。

用户状态用户控件执行效果如图 15-9～图 15-11 所示。

您还未登录！

Welcome：coulder 密码修改 购物记录 退出登录

图 15-9　用户未登录状态图 　　　　　图 15-10　Member 角色用户登录状态图

Welcome：Administrator 密码修改 系统管理 退出登录

图 15-11　Admin 角色用户登录状态图

15.3.3　站点导航用户控件

站点导航用户控件由 Navigation2.ascx 实现，主要包括一个 SiteMapPath 控件，实现站点导航功能，如访问用户注册页面时，站点导航将显示为"首页—>注册"。实现站点导航功能的关键是创建站点地图 Web.sitemap 文件。

源程序：Web.sitemap

```xml
<?xml version = "1.0" encoding = "utf-8" ?>
<siteMap xmlns = "http://schemas.microsoft.com/AspNet/SiteMap - File - 1.0" >
    <siteMapNode url = "~/Default.aspx" title = "首页" description = "首页">
        <siteMapNode url = "~/NewUser.aspx" title = "注册" description = "注册" />
        <siteMapNode url = "~/Login.aspx" title = "登录" description = "登录" />
        <siteMapNode url = "~/OrderList.aspx" title = "购物记录" description = "购物记录" />
        <siteMapNode url = "~/ChangePwd.aspx" title = "更改密码" description = "更改密码" />
        <siteMapNode url = "~/GetPwd.aspx" title = "取回密码" description = "取回密码" />
        <siteMapNode url = "~/Search.aspx" title = "搜索页面" description = "搜索页面" />
        <siteMapNode url = "~/ProcShow.aspx" title = "产品详细" description = "产品详细" />
        <siteMapNode url = "~/ShopCart.aspx" title = "购物车" description = "购物车">
            <siteMapNode url = "~/SubmitCart.aspx" title = "订单提交" description = "订单提交">
            </siteMapNode>
        </siteMapNode>
        <siteMapNode url = "~/Map.aspx" title = "网站地图" description = "网站地图" />
        <siteMapNode url = "~/Default2.aspx" title = "测试" description = "测试" />
    </siteMapNode>
</siteMap>
```

当用户访问产品详细信息页面时，站点导航用户控件的运行效果如图 15-12 所示。

您的位置：首页 > 产品详细

图 15-12　访问产品详细信息页面时，站点导航控件运行效果图

15.3.4　最新商品列表用户控件

最新商品列表用户控件由 NewProduct.ascx 实现，主要包括一个 GridView 控件，用于显示最新商品信息，包括商品名称和商品价格信息，单击商品名称将进入商品详细信息页面。

最新商品列表用户控件运行效果如图 15-13 所示。

15.3.5   商品类别及商品导航用户控件

商品类别及商品导航用户控件由 PetTree.ascx 实现,主要包含一个 TreeView 控件,用于实现商品类别及所属类别所有商品的导航功能。

商品类别及商品导航用户控件运行效果如图 15-14 所示。

图 15-13   最新商品列表用户控件运行效果图   图 15-14   商品类别及商品导航用户控件运行效果图

15.3.6   天气预报用户控件

天气预报用户控件由 Weather.ascx 实现,主要通过调用 Web 服务,显示全国所有省、直辖市的主要城市最近三天的天气情况。

实现天气预报控件有两个关键步骤:一是添加天气预报 Web 服务引用,二是调用天气预报 Web 服务的相关方法再显示天气预报信息,如 GetCityWeather(string cityCode)方法用于获取相应城市的天气预报信息。

天气预报用户控件运行效果如图 15-15 所示。

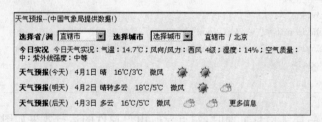

图 15-15   天气预报用户控件运行效果图

注意:由于所添加的天气预报 Web 服务来源于 Internet,因此在添加服务和进行效果测试时必须连通 Internet。

15.4   前台显示页面设计

15.4.1   母版页的设计

MyPetShop 应用程序使用了母版页技术,通过将网站 Logo 标志、导航条、站点导航、版权声明以及商品搜索功能等整合在一起,大大提高了开发效率,降低了维护强度。同时还应用了 ASP. NET AJAX 技术和 Web 部件功能。

在设计母版页时有四个关键步骤:

(1)创建母版页时选择"AJAX 母版页",以便能使用 ASP. NET AJAX 技术。

(2)添加 Web 部件。其中包含了一个 WebPartManager 控件以便能使用 Web 部件功能。

(3)将用户控件添加到母版页中。其中使用了用户状态用户控件和站点导航用户控件。

(4)实现商品搜索功能。本系统中的商品搜索功能使用 ASP. NET AJAX 技术,运用 ASP. NET AJAX Control Toolkit 组件中的 AutoComplete Extender 控件实现典型的 AJAX TextBox 自动完成功能,实现商品名称的模糊查找,并将所有与搜索关键字模糊匹配的商品以列表的形式显示。在母版页中只提供商品搜索前台显示模块,具体的商品模糊搜索功能将在后面的商品搜索页面中详细叙述。

母版页界面设计如图 15-16 所示。

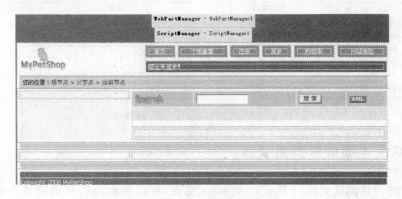

图 15-16　母版页界面设计图

15.4.2　应用程序首页 Default.aspx

MyPetShop 应用程序的首页由 Default. aspx 实现。在首页中除了显示母版页中的内容外,还显示最新商品信息、商品分类信息和天气预报信息等。

在首页前台页面设计中,主要涉及三部分内容。

(1)使用 ASP. NET AJAX 技术。利用 UpdatePanel 控件实现局部页刷新效果。

(2)添加自定义用户控件。主要使用了三个用户控件:最新商品列表用户控件、商品类别列表用户控件和天气预报用户控件。单击最新商品列表或商品类别列表中的信息,可以跳转到商品详细信息浏览页面。单击天气预报用户控件中"更多信息"链接,将跳转到天气预报详细信息页面。

(3)添加 Web 部件控件,这是首页前台页面设计中的主要部分。在应用程序首页中共使用了五个 WebPartZone 控件,每个 WebPartZone 控件内的 WebPart 控件分别对应商品类别列表用户控件、用户状态用户控件、最新商品列表用户控件、商品类别及商品导航用户控件和天气预报用户控件。

浏览时,因为天气预报信息通过 Web 服务方式从中国气象局获取,因此要求连通

Internet。效果如图 15-17 所示。

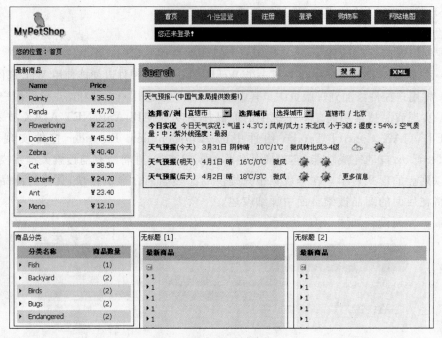

图 15-17 　首页 Default. aspx 效果图

15.4.3　商品详细信息浏览页面

商品详细信息浏览页面由 ProShow. aspx 实现，可以按商品类别浏览该类别所有商品的详细信息，也可以按商品编号浏览特定商品详细信息。

ProShow. aspx 界面设计主要包括两部分内容。

（1）添加 PetTree 用户控件。

（2）创建一个 GridView 控件。GridView 控件以列表形式显示商品详细信息，并提供分页显示功能和购买商品按钮。GridView 控件每页显示四个商品的详细信息，用户通过单击"购买"按钮可将商品编号作为参数传递到购物车页面，并将该商品加入到购物车中。

商品详细信息浏览页面效果如图 15-18 和图 15-19 所示。

15.4.4　商品搜索页面

商品搜索页面由 Search. aspx 实现，主要实现模糊查找商品并显示商品详细信息的功能。模糊查找商品是指根据用户指定的查询关键字（页面传递过来的参数）在 MyPetShop 数据库中实现全文模糊查找，所有匹配的商品详细信息都将以列表的形式显示。

Search. aspx 界面设计与 ProShow. aspx 非常相似，除了引用母版页外只需添加一个 PetTree 用户控件和一个 GridView 控件。GridView 控件以列表形式显示商品详细信息，并提供分页显示功能和购买商品按钮。GridView 控件每页显示四个商品的详细信息，用户通过单击"购买"按钮可将商品编号作为参数传递到购物车页面，并将该商品加入到购物车中。

商品搜索页面浏览效果如图 15-20 和图 15-21 所示。

图 15-18 Flowerloving 单个商品详细信息页面运行效果图

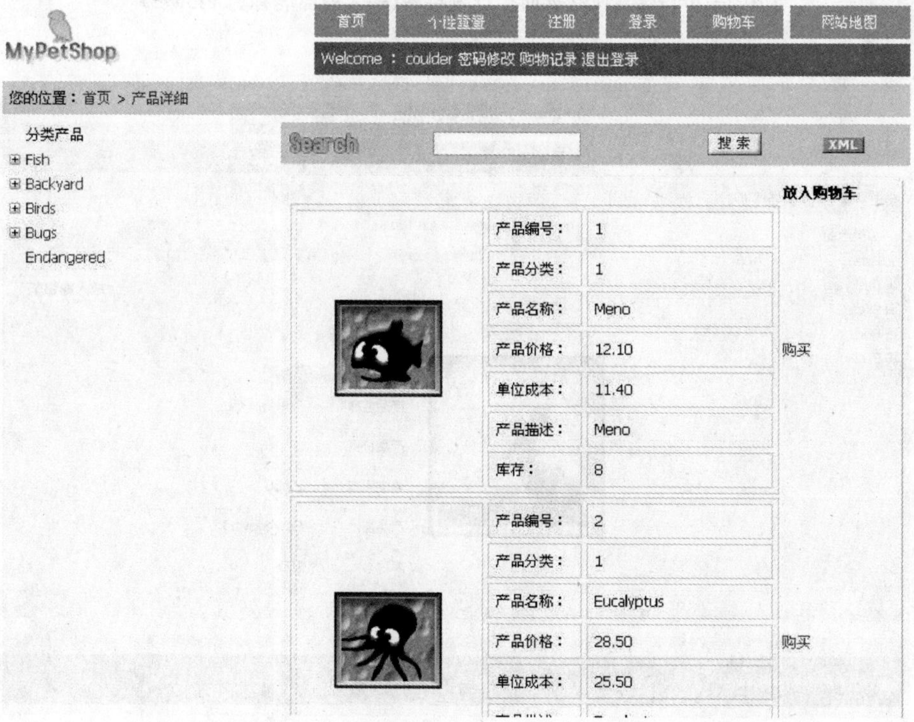

图 15-19 Fish 类所有商品详细信息页面运行效果图

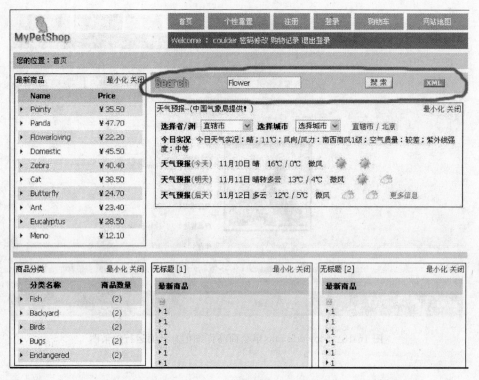

图 15-20 商品搜索页面运行效果图(输入商品名称为 Flower)

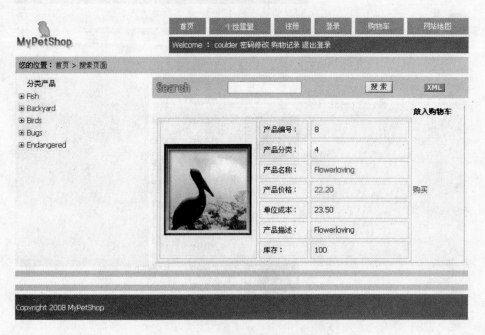

图 15-21 模糊搜索商品结果图

15.5　用户注册和登录模块

用户注册和登录模块是所有电子商务系统中必备的功能模块，主要为用户提供如下功能：注册新用户、登录系统、修改用户密码、找回用户密码和退出系统等。

MyPetShop应用程序中的用户注册和登录模块启用了Forms身份验证机制和URL授权机制，并充分运用了登录系列控件及成员资格和角色管理功能。

15.5.1　注册新用户

注册新用户功能由NewUser.aspx页面实现，主要涉及登录系列控件的CreateUserWizard控件，为用户提供注册新用户功能。在注册过程中需要提供的信息包括用户名、密码和确认密码、电子邮件、安全提示问题和安全答案等。NewUser.aspx浏览效果如图15-22所示。

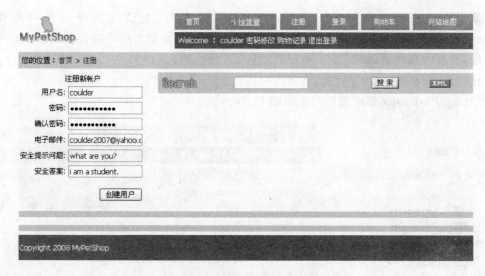

图15-22　注册新用户页面运行效果图

15.5.2　用户登录

用户登录由Login.aspx页面实现，为注册用户提供登录功能，主要涉及登录系列控件的Login控件。在登录时用户必须提供正确的用户名和密码信息才能正常登录，登录页面还提供了"我还没注册！"超链接和"忘记密码了？"超链接，单击"我还没注册！"超链接将被重定向到注册新用户页面NewUser.aspx，单击"忘记密码了？"超链接将被重定向到找回密码页面GetPwd.aspx。Login.aspx浏览效果如图15-23所示。

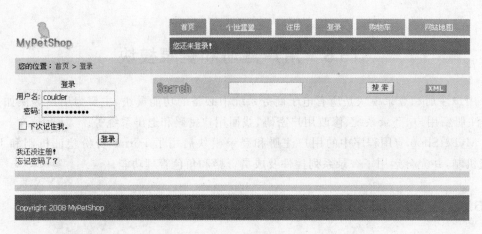

图 15-23　用户登录页面运行效果图

15.5.3　修改用户密码

修改用户密码功能由 ChangePwd. aspx 页面实现,主要涉及登录系列控件的 LoginView 控件和 ChangePassword 控件。修改用户密码页面为用户提供了修改用户密码的功能,在修改用户密码时,若用户未登录需要提供原密码、新密码和确认新密码信息;若用户已登录,需要提供新密码和确认新密码信息。

ChangePwd. aspx 页面浏览效果如图 15-24 所示。

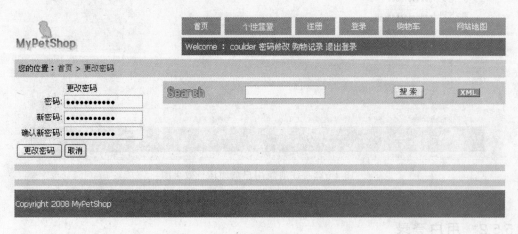

图 15-24　修改用户密码页面运行效果图

15.5.4　找回用户密码

找回用户密码功能由 GetPwd. aspx 页面实现,主要涉及登录系列控件的 PasswordRecovery 控件。找回用户密码页面为用户提供了找回自己密码的功能,当用户忘记密码时,通过输入自己的用户名,正确回答注册用户时填写的密码安全问题的答案,即可找回自己的个人密码。系统将以邮件的形式把密码发送到用户注册时填写的邮箱中。

要实现邮件发送功能,必须启用邮件服务功能。首先需在 web.config 文件中进行启用邮件服务功能的相关设置,有关设置代码可查看 15.1.4 小节 web.config 中"邮件服务设置"部分的代码。

其次,需要编写邮件内容,并以 PasswordMail.txt 文件存放于网站根文件夹下,内容如下所示:

```
======================================================
<br>
您好,这是一封密码找回邮件,请注意及时修改自己的密码<br>
并删除本邮件,谢谢使用! <br>
用户名:<% userName %>    <br>
新密码:<% password %>    <br>
欢迎再次光临本站    <br>
======================================================
```

找回用户密码页面浏览效果如图 15-25 和图 15-26 所示。

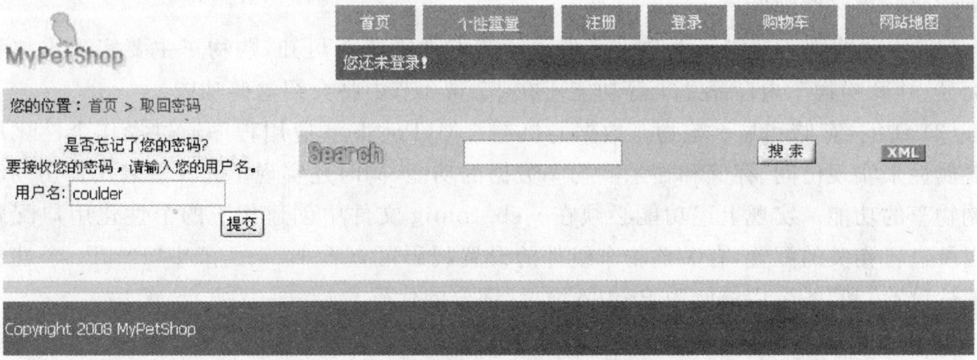

图 15-25　找回用户密码页面运行效果图

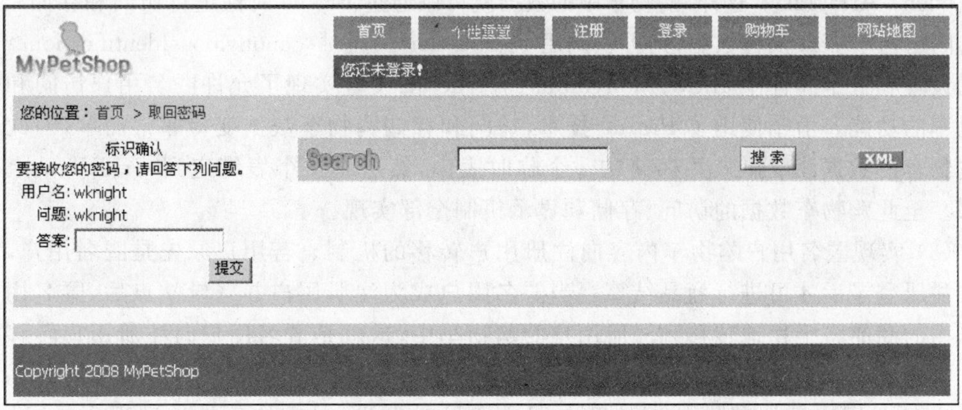

图 15-26　输入安全密码问题答案页面运行效果图

15.5.5　退出系统

退出系统功能由 Navigation1.ascx 用户控件内的 LoginStatus 控件实现。当用户登录系统后，LoginStatus 控件显示"退出登录"。单击"退出登录"按钮后将从系统中注销用户。

15.6　购物车模块

购物车功能模块是所有电子商务系统中必备的功能模块，主要实现设计、查看和管理购物车的功能，包括购物车的组件设计、添加商品到购物车、查看购物车中的商品、修改购物车中的商品四大部分。购物车功能模块由 ShopCart.aspx 页面实现。

15.6.1　购物车组件的设计与实现

MyPetShop 应用程序采用 Profile 个性化用户配置技术设计和实现购物车组件。这里着重需要解决三个问题。

（1）实现购物车功能。由购物车模块的基本功能需求可知，购物车主要实现添加和删除商品、计算购物车内商品总价等功能。在 15.6.3 节中将介绍这些功能。

（2）访问、存储和显示购物车数据的机制。MyPetShop 应用程序通过操作个性化用户配置属性来实现访问、存储和显示购物车数据的功能，同时还实现了允许匿名用户访问和使用购物车的功能。实现上述功能必须在 web.config 文件中创建相应的个性化用户配置属性以及进行相关的配置，有关购物车组件的设置代码可查看 15.1.4 节中"Profile 个性化用户属性设置"和"匿名用户使用 Profile 设置"部分的代码。

由 web.config 的＜profile＞配置节内容可知，MyPetShop 应用程序定义了一个用户配置属性组，名称为 Cart，包括五个属性，分别是商品编号（ProId）、商品名称（ProName）、购买数量（Qty）、商品单价（ListPrice）和购买总价（TotalPrice），其中前四个属性的类型都是 System.Collections.ArrayList。这样，购物车中的数据就可以通过 Profile 属性进行访问和存储。例如要访问购物车 Cart 属性数据，则可以调用 Profile.Cart。同时＜anonymousIdentification＞配置节的设置和五个属性中 allowAnonymous＝"true"的设置实现了允许匿名用户访问和使用购物车的功能。由于使用了 Profile 技术，访问和存储购物车数据变得非常简单，因此可以将购物车的数据读取出来并存储在一个临时表中，然后将这个表绑定到 GridView 上显示出来。至此购物车数据的访问、存储和显示机制全部实现。

（3）实现匿名用户购物车内容向注册用户转移的机制。若用户原先是匿名用户，那么必须注册登录后才可进行商品结算。当匿名用户成为注册用户并登录站点后，匿名用户购物车内的商品将平稳地转移到注册用户的购物车中，这就是匿名用户向注册用户转移的机制。实现该机制的关键是在 ProfileModule 类的 MigrateAnonymous 事件中编写代码。该事件在包含用户配置属性数据的匿名用户登录时发生，对应的事件处理程序是 Profile_MigrateAnonymous。

注意：Profile_MigrateAnonymous 事件代码包含于 Global.asax 文件中。

源程序：Profile_MigrateAnonymous 事件代码

```
void Profile_MigrateAnonymous(Object sender, ProfileMigrateEventArgs pe)
    {
        //将匿名用户的购物车信息迁移到登录用户
        ProfileCommon anonProfile = Profile.GetProfile(pe.AnonymousID);
        if (anonProfile.Cart.ListPrice.Count != 0)
        {
            Profile.Cart.ListPrice = anonProfile.Cart.ListPrice;
            Profile.Cart.ProId = anonProfile.Cart.ProId;
            Profile.Cart.ProName = anonProfile.Cart.ProName;
            Profile.Cart.Qty = anonProfile.Cart.Qty;
        }
        //删除匿名用户相关联的 Profile 和 Cookie 信息
        ProfileManager.DeleteProfile(pe.AnonymousID);
        AnonymousIdentificationModule.ClearAnonymousIdentifier();
    }
```

15.6.2　ShopCart.aspx 页面界面设计

ShopCart.aspx 页面实现了购物车的全部功能，包括购物车中删除商品、修改购买数量和清空购物车等管理功能。在购物车页面前台界面中共有一个用于显示购物车内全部商品的 GridView 控件和四个实现购物车相关操作的 Button 控件。界面设计效果如图 15-27所示。

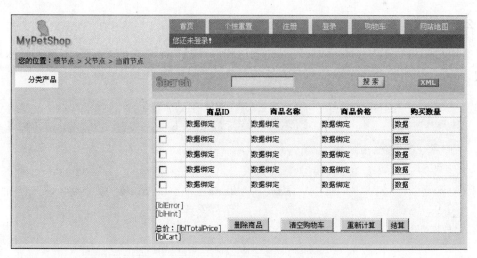

图 15-27　购物车页面设计界面图

15.6.3　购物车功能的设计与实现

购物车功能是围绕购物车的相关操作而发生的，主要涉及购物车以下几个功能模块：

添加购物车商品、删除购物车商品、修改购物车商品的数量、清空购物车和购买结算等。

1. 添加购物车商品

在浏览商品详细信息页面时,单击"购买"按钮后用户将被重定向到 ShopCart.aspx 页面,同时该商品的商品编号作为参数也以查询字符串方式传递到了该页面,并在 ShopCart.aspx 页面的 Page_Load 事件中完成添加购物车商品和显示购物车商品的功能。浏览效果如图 15-28 所示。

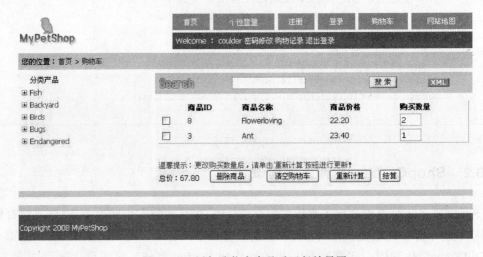

图 15-28 添加购物车商品后运行效果图

2. 删除购物车商品

当用户不想购买某个商品时,可以先选中相应商品前面的复选框,然后单击"删除商品"按钮,即可实现删除购物车中的商品。运行效果如图 15-29 和图 15-30 所示。

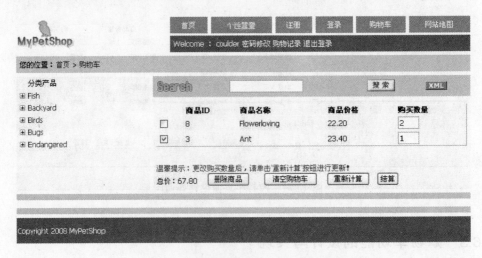

图 15-29 删除购物车商品前运行效果图

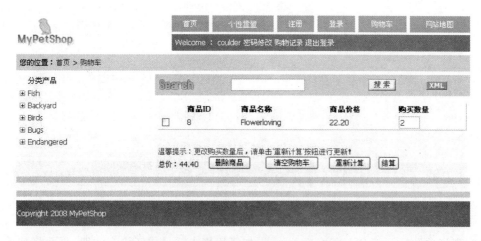

图 15-30　删除购物车商品后运行效果图

3. 修改购物车中商品的数量

当用户将一件商品添加到了购物车后,如果还想多买几件相同的商品,则可通过修改购物车中商品的数量来实现。在显示购物车商品信息列表中,用户只需修改相应商品"购买数量"一列中文本框的值,然后单击"重新计算"按钮即可重新计算购买商品的总价。运行效果如图 15-31 所示。

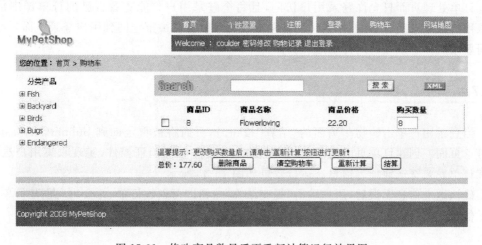

图 15-31　修改商品数量后再重新计算运行效果图

4. 清空购物车中商品

在用户把商品添加到购物车后,若不想购买商品,甚至不想保存购物车中商品时,用户可以单击"清空购物车"按钮删除购物车中的全部商品记录。在清空购物车后用户将被重定向到应用系统首页 Default. aspx 页面。清空购物车后再访问购物车运行效果如图 15-32 所示。

5. 结算购物车中所有商品

用户选定需要购买的商品后,可单击"结算"按钮进行商品结算。如果用户已登录,页面

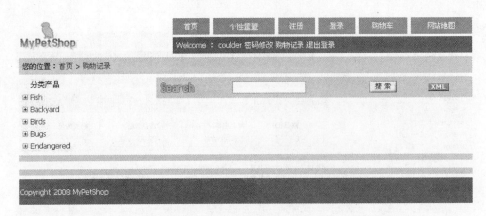

图 15-32   清空购物车后运行效果图

将跳转到订单结算页面 SubmitCart. aspx；如果用户未登录或还没有注册，页面将被重定向到用户登录页面 Login. aspx。当然，实际工程中结算还需要与电子支付等联系。

15.7   订 单 处 理

订单处理功能模块主要实现订单管理功能，主要包括创建订单和查看订单功能。上述功能分别由 SubmitCart. aspx 和 OrderList. aspx 页面实现。

订单处理页面只允许登录用户访问，且每个登录用户只能查看自己的订单详细信息。如果用户未登录或者未注册，当访问订单处理页面时都将被重定向到用户登录页面，待用户注册登录后才可继续访问订单处理页面。

15.7.1   创建订单

当登录用户单击购物车页面的"结算"按钮时，页面将被重定向到 SubmitCart. aspx 创建订单页面。创建订单页面主要包括文本输入控件和数据验证控件，实现收集用户送货地址和订单发票寄送地址等信息。运行效果如图 15-33 所示。

确认地址信息无误后，用户单击"提交结算"按钮即可创建订单，并会出现创建订单成功提示信息。运行效果如图 15-34 所示。

15.7.2   查看订单

查看订单功能允许用户查看自己的所有订单信息，由 OrderList. aspx 页面实现。当用户成功购买商品后就会产生相应的订单，用户可通过单击用户状态用户控件中的"购物记录"按钮重定向到查看订单页面，查看自己的所有购物记录。

查看订单页面主要包括一个 GridView 控件，用于显示该用户的所有订单信息。运行效果如图 15-35 所示。

注意：只有 Member 角色的用户登录后才能看到"购物记录"按钮。所有通过 MyPetShop 应用程序注册的用户都属于 Member 角色。

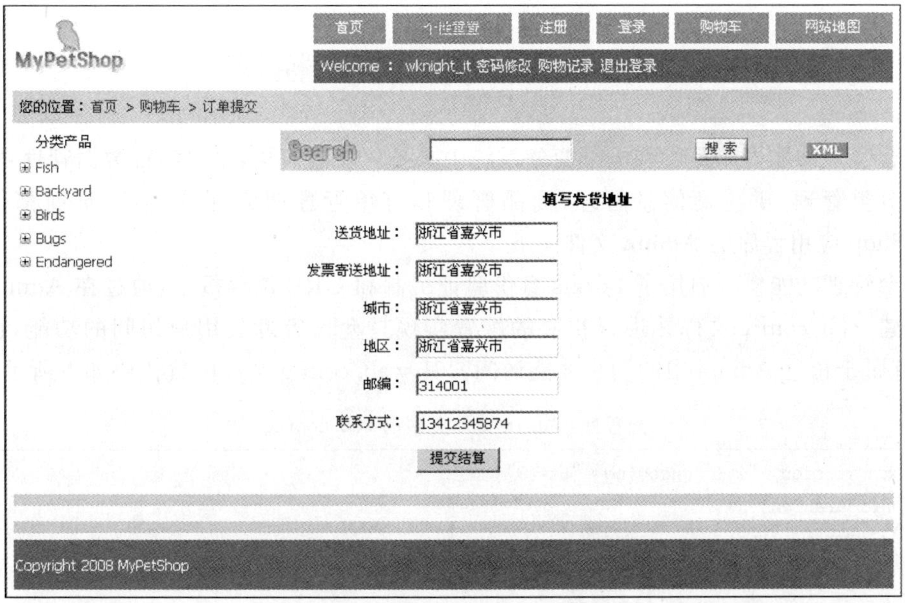

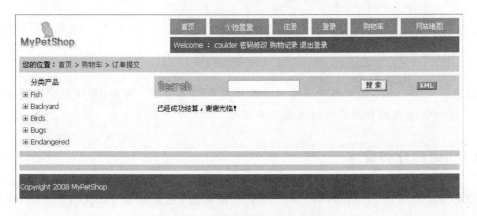

图 15-33 创建订单页面运行效果图

图 15-34 订单创建成功运行效果图

图 15-35 查看用户所有订单信息运行效果图

15.8　后台管理功能模块

后台管理功能模块是所有电子商务系统中必备的功能模块,主要实现数据管理功能,包括商品分类管理、供应商信息管理、商品管理和订单管理四大部分,实现页面都保存在MyPetShop 应用程序的 Admin 文件夹下。

后台管理功能模块启用了 Forms 身份验证机制和 URL 授权机制,通过在 Admin 文件夹下新建 web.config 文件并进行相应的配置实现只允许管理员用户访问的功能,也就是说,只有属于角色 Admin 中的用户才能访问。其 web.config 文件配置代码如下所示。

源程序:Admin 文件夹中的 web.config

```
<?xml version = "1.0" encoding = "utf-8"?>
<configuration>
    <system.web>
        <authorization>
            <allow roles = "Admin" />
            <deny roles = "Member" />
            <deny users = "?" />
        </authorization>
    </system.web>
</configuration>
```

注意:MyPetShop 应用程序未考虑管理员用户注册功能。因此,要注册管理员用户可通过 MyPetShop 应用程序的网站配置工具实现。

15.8.1　商品分类管理

商品分类管理由 CategoryMaster.aspx 页面实现,主要涉及 LinqDataSource 控件和DetailsView 控件,实现商品分类信息管理功能。DetailsView 控件以分页方式显示商品分类信息,单击"编辑"、"删除"、"新建"按钮分别可以实现修改、删除和添加商品分类信息功能。

商品分类管理页面运行效果如图 15-36~图 15-38 所示。

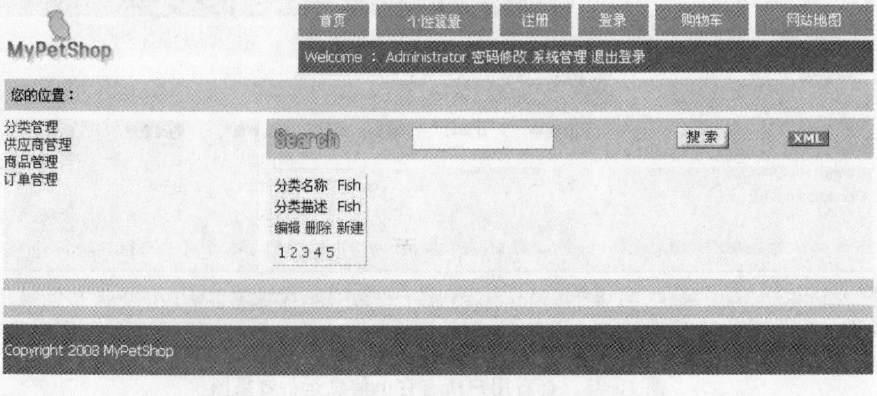

图 15-36　商品分类管理页面运行效果图

图 15-37　修改商品分类信息运行效果图

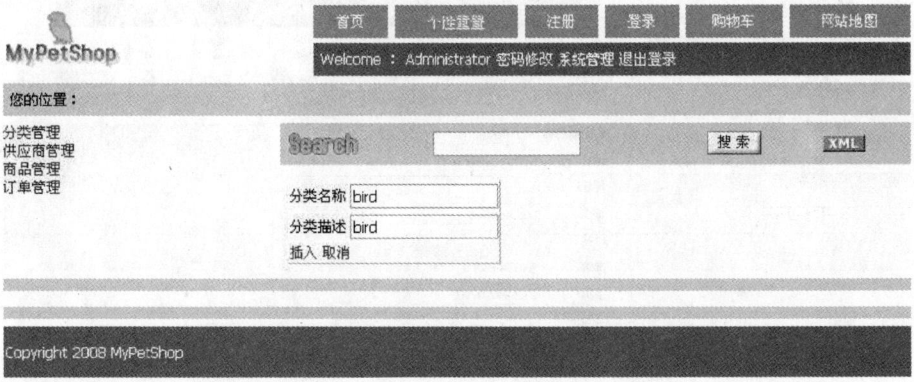

图 15-38　添加商品分类信息运行效果图

15.8.2　供应商信息管理

供应商信息管理由 SupplierMaster.aspx 页面实现，主要涉及 LinqDataSource 控件和 DetailsView 控件，实现供应商信息管理功能。DetailsView 控件以分页方式显示供应商信息，单击"编辑"、"删除"、"新建"按钮分别可以实现修改、删除和添加供应商信息功能。

供应商信息管理页面运行效果如图 15-39～图 15-41 所示。

15.8.3　商品信息管理

商品信息管理由 ProductMaster.aspx 页面实现，主要涉及 LinqDataSource 控件和 GridView 控件，实现商品信息管理功能。GridView 控件以分页方式显示商品信息。

商品信息管理页面运行效果如图 15-42 所示。

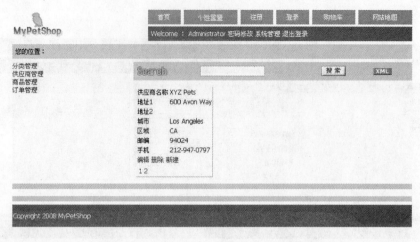

图 15-39　供应商信息管理页面运行效果图

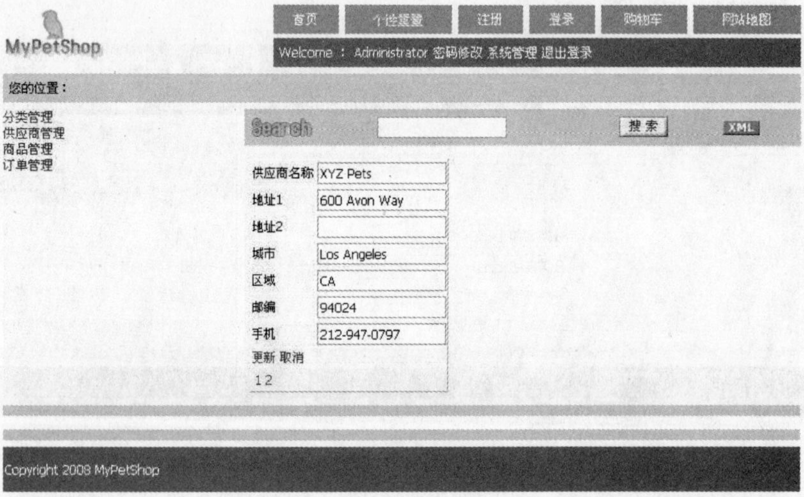

图 15-40　修改供应商信息运行效果图

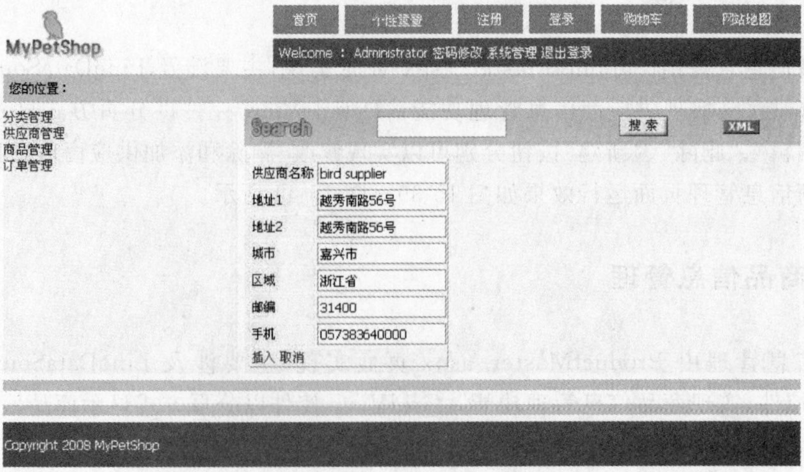

图 15-41　添加供应商信息运行效果图

图 15-42 商品信息管理页面运行效果图

1. 添加商品信息

添加商品信息由 AddPro.aspx 页面实现。当单击商品信息管理页面中"添加商品"链接按钮后,页面重定向到 AddPro.aspx。在 AddPro.aspx 页面中,使用了多种服务器控件和数据验证控件用于商品信息的输入。用户输入正确的商品信息后,单击"添加商品"按钮实现添加商品信息。

AddPro.aspx 运行效果如图 15-43 所示。

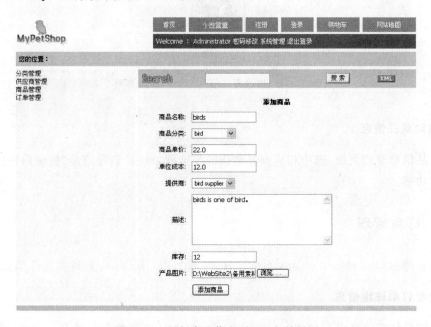

图 15-43 添加商品信息页面运行效果图

2. 修改商品信息

修改商品信息由 ProductSub. aspx 页面实现。当单击商品信息管理页面中的商品名称超链接后,页面重定向到 ProductSub. aspx,同时商品编号作为 QueryString 参数传递到 ProductSub. aspx。ProductSub. aspx 页面使用了多种服务器控件和数据验证控件按照接收到的商品编号显示相应的商品信息。当用户修改商品信息后,单击"修改商品"按钮将把修改后的商品信息保存到 MyPetShop. mdf。

ProductSub. aspx 运行效果如图 15-44 所示。

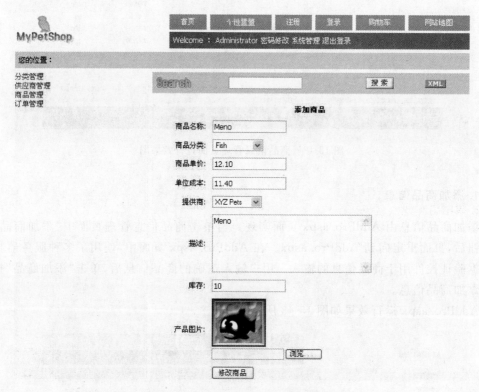

图 15-44 修改商品信息页面运行效果图

3. 删除商品信息

在商品信息管理页面,选中相应商品前面的复选框,单击"删除商品"按钮即可实现删除商品信息功能。

15.8.4 订单管理

订单管理由 OrderMaster. aspx 页面实现,主要利用 GridView 控件实现订单管理功能。

1. 查看订单详细信息

查看订单详细信息由 OrderSub. aspx 实现。每个订单都包含一种及一种以上的商品,当管理员用户想查看订单详细信息时,可单击订单管理页面中的"订单详细"超链接,页面将重定向到 OrderSub. aspx,同时将订单编号作为 QueryString 参数传递到 OrderSub. aspx 中。OrderSub. aspx 页面通过获取订单编号显示相应订单的详细订单信息,包括组成订单的详细购买信息和订单的地址信息等。运行效果如图 15-45 所示。

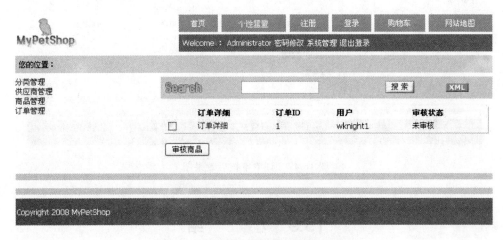

图 15-45　订单详细信息页面运行效果图

2. 审核订单

当用户单击"结算"创建订单后,此时订单状态为"未审核"。只有通过管理员审核,用户的购物行为才算是真正成功。

在订单管理页面,选择订单列表中相应订单信息前的复选框,单击"审核商品"按钮即可审核通过相应的订单,此时该订单状态变为"已审核"。运行效果如图 15-46 和图 15-47 所示。

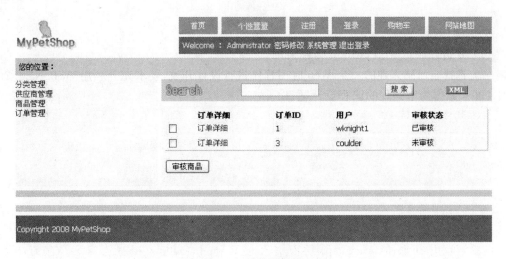

图 15-46　订单审核前效果图

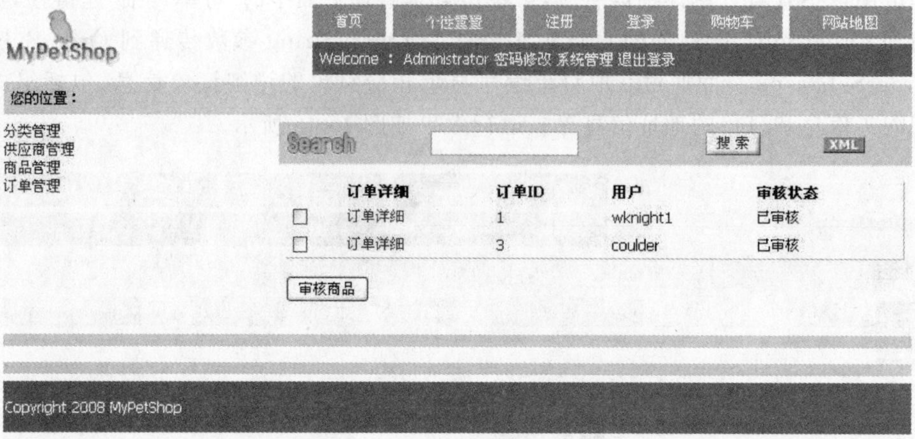

图 15-47   订单审核后效果图

15.9   小   结

本章主要介绍 MyPetShop 综合实例的开发过程，主要包括系统总体设计、数据库设计、用户控件设计、前台页面设计、购物车模块设计、订单处理模块设计和后台功能管理模块设计等。通过这些内容，读者不仅可以进一步掌握 ASP.NET 3.5 的新功能特性，如语言集成查询 LINQ，而且还可以掌握典型的三层架构的设计思路。希望读者通过学习 MyPetShop 应用程序，了解其设计思想，进而熟悉、掌握 Web 应用程序开发的一般方法。

15.10   习   题

上机操作题

（1）分析并调试 MyPetShop 综合实例。

（2）选择自己感兴趣的一个 Web 应用程序进行设计开发，要求充分利用 ASP.NET 3.5 技术（可考虑作为本课程的课程设计题目）。

读者意见反馈

亲爱的读者：

感谢您一直以来对清华版计算机教材的支持和爱护。为了今后为您提供更优秀的教材，请您抽出宝贵的时间来填写下面的意见反馈表，以便我们更好地对本教材做进一步改进。同时如果您在使用本教材的过程中遇到了什么问题，或者有什么好的建议，也请您来信告诉我们。

地址：北京市海淀区双清路学研大厦 A 座 602 室　　计算机与信息分社营销室　收

邮编：100084　　　　　　　　　　　电子邮件：jsjjc@tup.tsinghua.edu.cn

电话：010-62770175-4608/4409　　　邮购电话：010-62786544

教材名称：Web 程序设计——ASP.NET 实用网站开发

ISBN 978-7-302-19803-1

个人资料

姓名：_____　年龄：_____所在院校/专业：_____

文化程度：_____　通信地址：_____

联系电话：_____　电子信箱：_____

您使用本书是作为：□指定教材 □选用教材 □辅导教材 □自学教材

您对本书封面设计的满意度：

□很满意 □满意 □一般 □不满意　改进建议_____

您对本书印刷质量的满意度：

□很满意 □满意 □一般 □不满意　改进建议_____

您对本书的总体满意度：

从语言质量角度看　□很满意 □满意 □一般 □不满意

从科技含量角度看　□很满意 □满意 □一般 □不满意

本书最令您满意的是：

□指导明确 □内容充实 □讲解详尽 □实例丰富

您认为本书在哪些地方应进行修改？（可附页）

_____

_____

您希望本书在哪些方面进行改进？（可附页）

_____

_____

电子教案支持

敬爱的教师：

为了配合本课程的教学需要，本教材配有配套的电子教案（素材），有需求的教师可以与我们联系，我们将向使用本教材进行教学的教师免费赠送电子教案（素材），希望有助于教学活动的开展。相关信息请拨打电话 010-62776969 或发送电子邮件至 jsjjc@tup.tsinghua.edu.cn 咨询，也可以到清华大学出版社主页（http://www.tup.com.cn 或 http://www.tup.tsinghua.edu.cn）上查询。

高等学校教材·计算机应用
系列书目

书　号	书　名	作　者
9787302143338	计算机网络技术及应用教程	杨青等
9787302080732	计算机网络技术教程——基础理论与实践	胡伏湘等
9787302120193	计算机网络教程	王群
9787302140108	计算机网络实用技术教程	李冬等
9787302118619	计算机网络与通信	陈向阳等
9787302104926	计算机网络与应用	石良武
9787302110453	计算机维修技术	易建勋
9787302082392	计算机信息技术应用基础	杜茂康等
9787302109341	计算机信息技术应用教程	彭宗勤等
9787302112563	计算机应用基础	刘毅等
9787302132608	计算机应用技术基础	范慧琳等
9787302133155	计算机应用技术学习指导与实验教程——例题精解与练习、上机实践	范慧琳等
9787302090731	计算机英语实用教程	张强华
9787302119715	计算机硬件技术基础	曹岳辉等
9787302086307	计算机与网络应用基础教程	朱根宜
9787302091929	建筑 CAD 技术应用教程	吴涛
9787302087571	局域网技术与应用	李琳
9787302140696	局域网与城域网技术	王文鼐等
9787302089070	科技情报检索	田质兵等
9787302133735	面向对象程序设计与 Visual C++ 6.0 教程题解与实验指导	陈天华
9787302123118	面向对象程序设计与 Visual C++ 6.0 教程	陈天华
9787302090700	面向对象技术与 Visual C++	甘玲
9787302123231	面向对象技术与 Visual C++学习指导	甘玲等
9787302116981	软件技术基础教程	周肆清等
9787302133766	实用计算机技术——公安司法应用实践	汤艳君等
9787302142157	数据结构——C++语言描述	朱振元等
9787302140757	数据库及其应用	肖慎勇等
9787302104728	数据库及其应用学习与实验指导教程	肖慎勇等
9787302142966	数据库系统及应用(Visual FoxPro)第二版	邓洪涛
9787302086253	数据库系统及应用(Visual FoxPro)	邓洪涛
9787302124962	数据库与网络技术	翟延富
9787302128649	数据通信与网络应用	吴金龙等
9787302091295	统计分析方法——SAS 实例精选	周爽
9787302124795	图形图像处理应用教程	张思民等
9787302143086	网络工程规划与设计	陈向阳等
9787302124300	网络基础与应用实务教程	段宁华
9787302142690	网络医学信息应用	刘汉义等
9787302115595	网络远程教学技术基础(含上机指导)	黄景碧等
9787302091875	网页设计教程	侯文彬等
9787302101819	网站建设——基于 Windows Server 2003 和 Linux 9	葛秀慧
9787302103417	微机组装与维护	查志琴等
9787302120513	信息检索	陈雅芝
9787302093619	运筹学算法与编程实践——Delphi 实现	刘建永等
9787302112006	中文信息处理技术——原理与应用	李宝安等